中等职业教育课程改革系列新教材

电器及PLC控制技术与实训
（西门子）

主　编　崔金华
副主编　邓奔戈
参　编　朱高德　修胜全
田　玲　于新艳

机械工业出版社

本书是根据教育部颁发的《中等职业学校机电技术应用专业教学指导方案》中《电器及PLC控制教学基本要求》，参照有关行业的职业技能鉴定规范及中级技术工人等级标准而编写的。本书结合目前中等职业学校的实际，贯彻了以服务为宗旨、以就业为导向、以能力为本位的指导思想。

本书共分七章，主要内容包括：常用低压电器、三相异步电动机的电气控制电路、PLC概述、PLC的基本指令系统及编程、PLC的步进指令及编程、PLC的功能指令及编程、变频器及应用等。

本书采用理论与实践一体化的教学方式，以西门子S7-200系列PLC和MM420变频器为应用实例，注重案例教学，力求深入浅出、简明扼要、通俗易懂、图文并茂。本书可作为中等职业学校机电技术应用、电气自动化及生产过程自动化等相关专业的教材，也可供广大电气技术人员参考。

为方便教学、本书配有电子课件、电子教案、教学动画等资源。选用本书作为教材的教师可打电话010-88379195索取或登录www.cmpedu.com网站，注册、免费下载。

图书在版编目（CIP）数据

电器及PLC控制技术与实训：西门子/崔金华主编. —北京：机械工业出版社，2017.3（2023.6重印）
中等职业教育课程改革系列新教材
ISBN 978-7-111-56167-5

Ⅰ.①电…　Ⅱ.①崔…　Ⅲ.①电器控制系统-中等专业学校-教材②PLC技术-中等专业学校-教材　Ⅳ.①TM571

中国版本图书馆CIP数据核字（2017）第036916号

机械工业出版社（北京市百万庄大街22号　邮政编码100037）
策划编辑：赵红梅　责任编辑：赵红梅　责任校对：潘　蕊
封面设计：马精明　责任印制：任维东
北京中兴印刷有限公司印刷
2023年6月第1版第9次印刷
184mm×260mm · 12.75印张 · 306千字
标准书号：ISBN 978-7-111-56167-5
定价：39.80元

电话服务	网络服务
客服电话：010-88361066	机　工　官　网：www.cmpbook.com
010-88379833	机　工　官　博：weibo.com/cmp1952
010-68326294	金　　书　　网：www.golden-book.com
封底无防伪标均为盗版	机工教育服务网：www.cmpedu.com

前　言

为适应当今高新技术的迅速发展，同时充分考虑中等职业教育的特点，力求体现“学中做、做中学”和理实一体化教学模式，本书根据教育部颁发的《中等职业学校机电技术应用专业教学指导方案》中《电器与PLC控制技术》的要求，贯彻以学生为主体、以就业为导向、以培养学生技能为目标的职业教育理念为依据编写而成。本书的主要内容包括：常用低压电器、三相异步电动机的电气控制电路、PLC概述、PLC的基本指令系统及编程、PLC的步进指令及编程、PLC的功能指令及编程、变频器及应用等。

本书编写过程中力求体现以下特色：

(1) 实训内容通用性强，突出实践技能的培养。本书实训并不限于某一专用实训台，而是采用从各实训台中提炼的通用实训技能。在电气控制线路的实训中，为方便学生进行实际接线训练，书中加入实物接线图。

(2) 书中PLC采用了西门子的S7-200，变频器采用了西门子的MM420，所选机型充分考虑到市场的流行机型与中职学校的实训应用，所选内容以必需、够用为原则，所选案例尽量精简，编写时力求深入浅出、简明扼要、通俗易懂、图文并茂。

(3) 本书内容结合工程技术前沿，充分考虑中等职业学校的实训教学与技能大赛的需要，力求通过简单的案例、系统的应用，提高学生的编程水平，书中【想想练练】可以拓宽学生的思路，巩固所学知识，提高学生能力；实训内容与各章节内容互为补充，避免重复知识点。

本书参考学时为110，由于不同地区存在差异，具体的学时数可由任课教师做适当调整。具体学时安排建议如下：

章序	教学内容	参考学时		
		理论教学	实训教学	小　计
第一章	常用低压电器	6	4	10
第二章	三相异步电动机的电气控制电路	8	10	18
第三章	PLC概述	7	2	9
第四章	PLC的基本指令系统及编程	21	14	35
第五章	PLC的步进指令及编程	9	6	15
第六章	PLC的功能指令及编程	8	4	12
第七章	变频器及应用	7	4	11
合　计		66	44	110

本书由淄博工业学校崔金华任主编并编写了第四章，韶关市高技能公共实训基地管理中心邓奔戈任副主编并编写了第五章，其他参与编写人员及分工如下：烟台理工学校修胜全编写第一章，鲁中中等专业学校田玲编写第二章，淄博工业学校朱高德编写第三、六章，淄博工业学校于新艳编写第七章，全书由崔金华统稿。

由于编者水平有限，书中错误之处在所难免，敬请读者批评指正。

编　者

二维码清单

资源名称	二维码	资源名称	二维码
CTD 减计数器		CTU 加计数器	
交流接触器结构原理		低压断路器(空气开关)原理结构	
按钮开关结构原理		时间继电器结构原理	
热继电器结构原理		长动原理	
Y-△减压起动原理		反接制动原理	
能耗制动原理		变极调速原理	
TON 及 TOF 定时器		二分频程序	
单一顺序功能图的演示		单按钮双路单通控制	

（续）

资源名称	二维码	资源名称	二维码
变频器常规操作		并发顺序功能图的演示	
彩灯闪烁电路的编程		手动与自动转换控制电路	
星三角减压起动控制线路演示		有局部循环的顺序功能图演示	
点动与连续		电动机正反转及计数编程演示	
自动仓库管理		设置更改参数 P0004	
选择顺序功能图的演示			

目　录

第一章　常用低压电器

低压电器通常是指工作在交流 1000V 或直流 1200V 以下起保护、控制、调节、转换等功能作用的电器设备。按其用途或所控制对象的不同，可分为低压配电电器和低压控制电器。低压配电电器包括刀开关、转换开关、熔断器和断路器等；低压控制电器包括接触器、继电器、主令电器和电磁铁等。低压电器是电力拖动自动控制系统的基本组成元件。掌握低压电器的正确使用、维护与检测方法，对学习典型控制电路很有帮助。

【知识目标】

1. 了解各类常用低压电器的结构与工作原理。
2. 掌握常用低压电器的用途、外形、选用与安装方法。

【技能目标】

1. 会正确选用低压电器。
2. 会对常用低压电器进行拆装及调整。

第一节　低 压 开 关

低压开关一般为非自动切换电器，主要用作隔离、接通和分断电路，多数作为机床电路的电源开关、局部照明电路的控制，有时也可用来直接控制小容量电动机的起动、停止和正反转。常用的低压开关主要有刀开关、组合开关和低压断路器等。

一、刀开关

1. 外形、结构和符号

刀开关是结构最简单、应用最广泛的一种手动电器。常用的 HK 系列瓷底胶盖刀开关如图 1-1 所示。

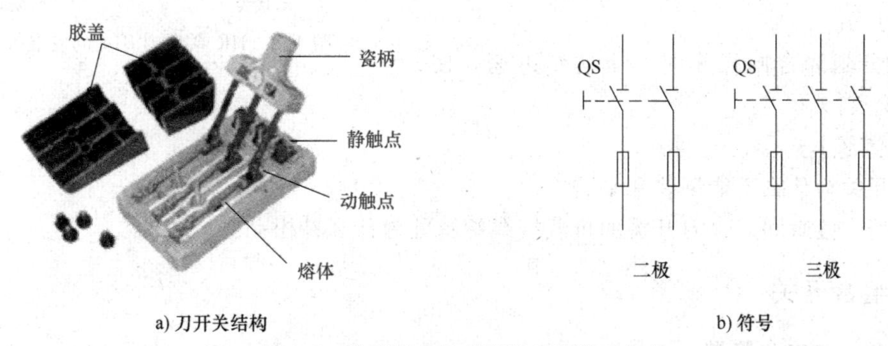

a) 刀开关结构　　b) 符号

图 1-1　常用的 HK 系列瓷底胶盖刀开关

HK 系列瓷底胶盖刀开关由刀开关和熔断器组合而成，开关的瓷底座上装有进线座、静触点、熔体、出线座和带瓷质手柄的刀式动触点，上面盖有胶盖，以防止操作时触及带电体

或分断时产生的电弧灼伤人手。

2. 选用

在一般的照明电路和功率小于 5.5kW 的电动机控制电路中广泛采用刀开关。HK1 系列刀开关的主要技术参数见表 1-1。

表 1-1 HK1 系列刀开关的主要技术参数

型号	极数	额定电流/A	额定电压/V	可控制电动机的最大容量/kW		熔体线径/mm
				220V	380V	
HK1—15/2	2	15	220	1.5		1.45~1.59
HK1—30/2	2	30	220	3.0		2.30~2.52
HK1—60/2	2	60	220	4.5		3.36~4.00
HK1—15/3	3	15	380		2.2	1.45~1.59
HK1—30/3	3	30	380		4.0	2.30~2.52
HK1—60/3	3	60	380		5.5	3.36~4.00

具体选用方法如下：

1）用于照明和电热负载时，选用额定电压 220V，额定电流不小于电路所有负载额定电流之和的两极开关。

2）用于控制电动机的直接起动和停止时，选用额定电压 380V，额定电流不小于电动机额定电流 3 倍的三极开关。

3. 安装与使用

1）HK 系列刀开关必须垂直安装在控制屏或开关板上，合闸状态时手柄要向上，不得倒装或平装，否则在分断状态时手柄有可能松动落下引起误合闸，造成人身安全事故。

2）开关距地面的高度为 1.3~1.5m，接线时进线和出线不能接反，电源线接在上端，负载接在熔体下端，这样在开关断开后，闸刀和熔体上都不会带电，如图 1-2 所示。

3）更换熔体时，必须在闸刀断开的情况下按原规格更换。

4）在分闸和合闸操作时，应动作迅速，使电弧尽快熄灭。

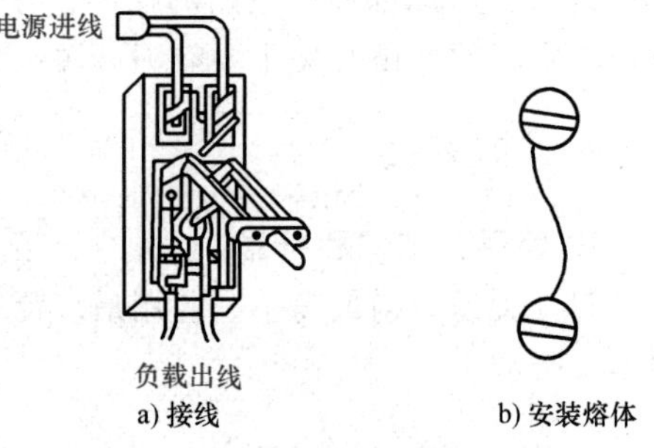

图 1-2 HK 系列刀开关的安装

【想想练练】

1. 刀开关为什么不能倒装和平装？

2. 使用一段时间后，刀开关的负载接线螺钉处为什么易松动？

二、组合开关

1. 外形、结构和符号

组合开关又称转换开关，它具有体积小、触点对数多、接线方式灵活、操作方便等特点。常用的 HZ10 系列组合开关如图 1-3 所示。

开关的静触点和动触点分别装在数层成型的胶木绝缘垫板内，动触点套在附有手柄的方

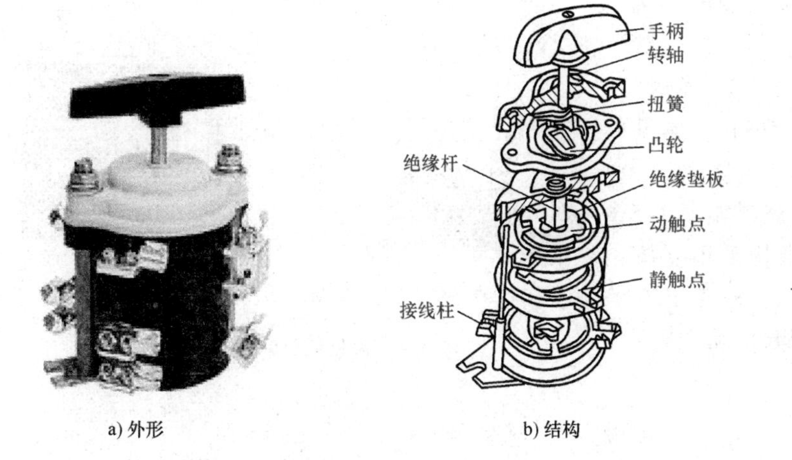

a) 外形　　b) 结构　　c) 符号

图 1-3　常用的 HZ10 系列组合开关

形绝缘转轴上，当转轴顺时针或逆时针转动 90°时，带动三对动触点分别与三对静触点同时接触或分离，实现接通或分断电路的目的。

2. 选用

组合开关多用作机床电气控制电路中的电源引入开关，也可以用于 5kW 以下小容量电动机不经常起、停和正反转的控制。常用 HZ10 组合开关的技术参数见表 1-2。

表 1-2　常用 HZ10 组合开关的技术参数

型号	额定电流/A	额定电压/V	可控制电动机最大容量/kW
HZ10—10/3	10	AC 380	1.7
HZ10—25/3	25		5.5
HZ10—60/3	60		10
HZ10—100/3	100		22

组合开关应根据电源种类、电压等级、所需触点数、接线方式和负载容量进行选用。

1）用于一般照明、电热电路时，其额定电流应大于或等于被控电路的负载电流总和。

2）用作设备电源引入开关时，其额定电流应稍大于或等于被控电路的负载电流总和。

3）用于直接控制电动机时，其额定电流一般取电动机额定电流的 1.5~2.5 倍。

3. 安装使用

1）HZ10 系列组合开关应安装在控制箱内，其操作手柄最好在控制箱的前面或侧面，开关为断开状态时应使手柄在水平位置。

2）若需在箱内操作，开关最好安装在箱内右上方，并且在它的上方不安装其他电器，若安装有其他电器应采取隔离或绝缘措施。

3）组合开关通断能力较低，不能用来分断故障电流。用于控制电动机正反转时，必须在电动机完全停止转动后才能反向起动，且每小时的接通次数不能超过 15~20 次。

三、低压断路器

1. 外形、结构和符号

低压断路器又叫自动空气开关，简称断路器。它集控制和多种保护功能于一体，在正常情况下可用于不频繁接通和断开电路以及控制电动机的运行。当电路发生短路、过载和失压等故障时，能自动切断电路（俗称跳闸）。常见低压断路器的外形如图 1-4 所示。

DZ5—20 型低压断路器如图 1-5 所示。低压断路器的结构采用立体布置，操作机构在中间，外壳上有“分”按钮（红色，稍低）和“合”按钮（绿色，稍高）。

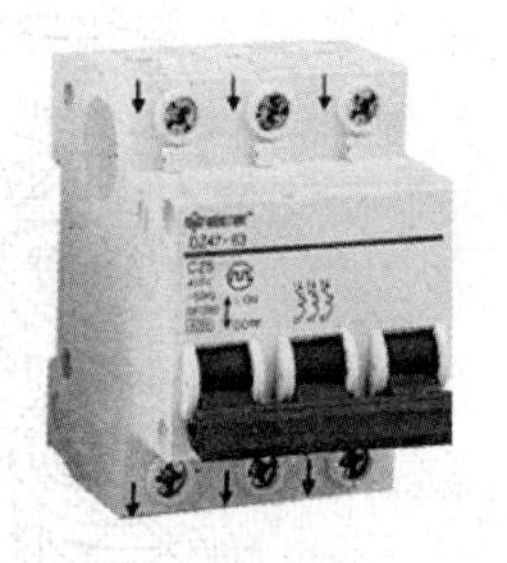

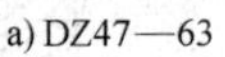
a) DZ47—63

b) DZ5

图 1-4　常见低压断路器的外形

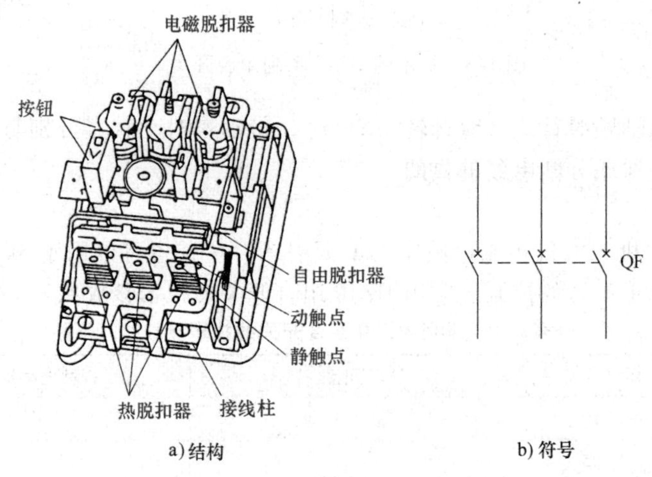

a) 结构　　b) 符号

图 1-5　DZ5—20 型低压断路器

图 1-6 所示为低压断路器的工作原理图，壳内底座上部为热脱扣器，由热元件和双金属片构成，作过载保护。下部为电磁脱扣器，由电流线圈和铁心组成，作短路保护。欠电压脱扣器是指当电路中的电压不足或失去电压时切断电路，起到欠电压保护作用。主触点系统在操作机构的下面，由动触点和静触点组成，用以接通和分断主电路，并采用栅片灭弧。另外，还有常开和常闭辅助触点各一对，可用作信号指示或控制电路用。主、辅触点接线柱伸出壳外，便于接线。

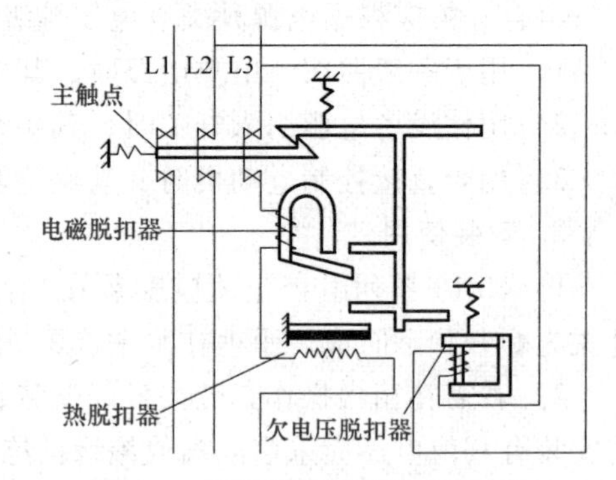

图 1-6　低压断路器的工作原理图

2. 选用

DZ5—20 型低压断路器的技术参数见表 1-3。

低压断路器的选用原则如下：

1）低压断路器的额定电压和额定电流应不小于线路的正常工作电压和负载电流。

2）热脱扣器的脱扣整定电流应等于所控制负载的额定电流。

3）电磁脱扣器的脱扣整定电流应大于负载正常工作时可能出现的峰值电流。用于控制电动机的断路器，其值应大于 1.5~1.7 倍的电动机起动电流。

表 1-3　DZ5—20 型低压断路器的技术参数

型号	额定电压/V	额定电流/A	极数	脱扣器形式	热脱扣器额定电流/A	磁脱扣器瞬时动作整定值/A
DZ5—20/330 DZ5—20/230	AC380 DC220	20	3 2	复式	0.15、0.2、0.3、0.45、0.65、1、1.5、2、3、4.5、6.5、10、15、20	为热脱扣器额定电流的8~12倍
DZ5—20/320 DZ5—20/220	AC380 DC220	20	3 2	电磁式		
DZ5—20/310 DZ5—20/210	AC380 DC220	20	3 2	热脱扣器式		

3. 安装与使用

1）低压断路器应垂直于配电板安装，电源引线接到上端，负载引线接到下端。

2）低压断路器的各脱扣器动作值一经调整好，就不允许随意变动，以免影响其动作值。

3）断路器上的灰尘应定期清除，并定期检查各脱扣器动作值，给动作机构添加润滑剂。

4）断路器用作电源总开关或电动机的控制开关时，在电源进线侧必须加装刀开关或熔断器，以形成明显的断点。

【想想练练】

低压断路器跳闸后，如何操作合闸？

第二节　熔　断　器

熔断器在线路中用作短路保护。使用时，熔断器应串接在所保护的电路中。正常情况下，熔断器的熔体相当于一段导线；当线路或设备发生短路时，熔体能迅速熔断以分断电路，起到保护作用；有时，熔体还可以起到使电路与电源隔离的作用。

一、常见熔断器的外形结构和符号

熔断器主要由熔体、安装熔体的熔管和熔座三部分组成。常见的熔断器有 RC 系列瓷插式熔断器、RL 系列螺旋式熔断器、RM 系列无填料封闭管式熔断器、RT 系列有填料封闭管式熔断器、RS 系列快速熔断器和 RZ 系列自恢复熔断器，其外形结构和符号如图 1-7 所示。

二、熔断器的选用

熔断器有不同的类型和规格。但对这些熔断器共同的要求是：在电气设备正常运行时，熔断器应不熔断；在发生短路时，熔断器应立即熔断；在电路电流正常变化时，熔断器应不熔断；在电气设备持续过载时，熔断器应延时熔断。

1. 熔断器类型的选用

根据使用场合选用熔断器的类型：对于照明电路，一般选用 RT 系列圆筒帽形熔断器或 RC 系列瓷插式熔断器；对于电动机控制电路，一般选用 RL 系列螺旋式熔断器；对于半导体元器件保护，一般选用 RS 系列快速熔断器。

2. 熔断器规格的选用

1）熔断器的选用：熔断器的额定电压必须大于或等于电路的额定电压；熔断器的额定

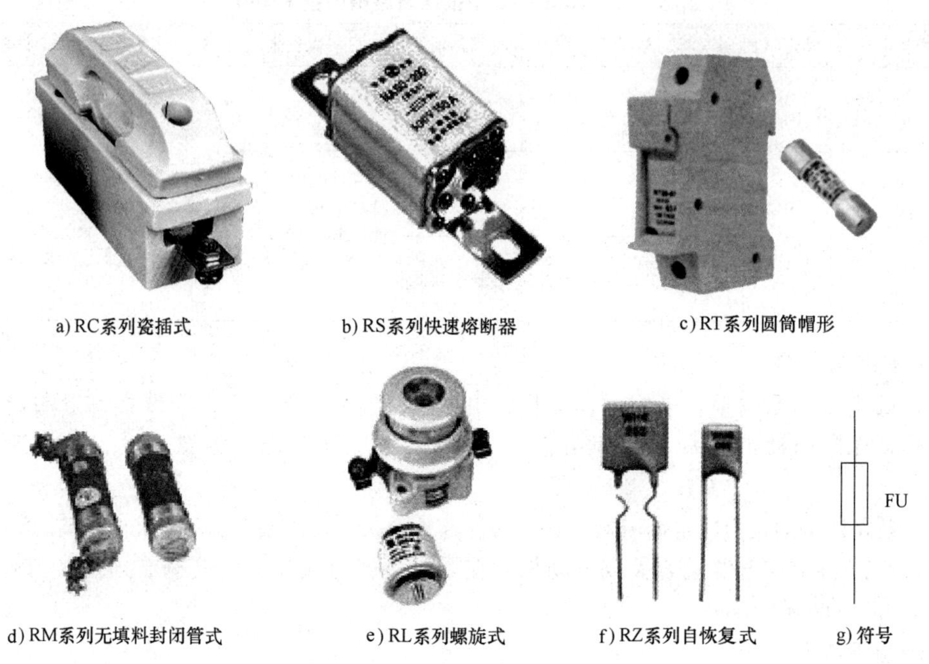

a) RC系列瓷插式　b) RS系列快速熔断器　c) RT系列圆筒帽形

d) RM系列无填料封闭管式　e) RL系列螺旋式　f) RZ系列自恢复式　g) 符号

图 1-7　熔断器的外形结构和符号

电流必须大于或等于所装熔体的额定电流；熔断器的分断能力应大于电路中可能出现的最大短路电流。

2）熔体额定电流的选用：对于变压器、电炉和照明等负载，熔体的额定电流应略大于或等于负载电流；对于输配电线路，熔体的额定电流应略大于或等于线路的安全电流；对于控制电路中电动机的短路保护，要根据电动机的起动条件和时间长短来选用熔体的额定电流。对于一台电动机的短路保护，熔体的额定电流应大于或等于电动机额定电流的 1.5~2.5 倍；对于多台电动机的短路保护，熔体的额定电流应大于或等于其中最大容量电动机的额定电流的 1.5~2.5 倍加上其余电动机额定电流的总和。

常见熔断器的技术参数见表 1-4。

表 1-4　常见熔断器的技术参数

型号	额定电压/V	额定电流/A	熔体额定电流等级/A	极限分断能力/kA	功率因数
RC1A	380	5	2、5	0.25	0.8
		10 15	2、4、6、10 6、10、15	0.5	
		30	20、25、30	1.5	0.7
		60 100 200	40、50、60 80、100 120、150、200	3	0.6
RL1	500	15 60	2、4、6、10、15 20、25、30、35、40、50、60、	2 3.5	≥0.3
		100 200	60、80、100 100、125、150、200	20 50	

（续）

型号	额定电压/V	额定电流/A	熔体额定电流等级/A	极限分断能力/kA	功率因数
RM10	380	15	6、10、15	1.2	0.8
		60	15、20、25、35、45、60	3.5	0.7
		100 200 350	60、80、100 100、125、160、200 200、225、260、300、350	10	0.35
		600	350、430、500、600	12	0.35
RT0	380	100 200 400 600	30、40、50、60、100 120、150、200、250 300、350、400、450 500、550、600	50	>0.3

三、熔断器的安装与使用

1）熔断器兼作隔离器件使用时，应安装在控制开关的电源进线端；若仅作短路保护时，应安装在控制开关的出线端。

2）瓷插式熔断器应垂直安装。

3）螺旋式熔断器的电源线应接在瓷底座的下接线座上，负载线应接在螺纹壳的上接线座上。

4）更换熔体或熔管时，必须切断电源，不允许带负荷操作。

【想想练练】

在机床电路中，熔断器的作用是什么？怎样选择？

第三节　主 令 电 器

主令电器属于控制电器，用作接通或断开控制电路，以达到发号施令的目的。常用的主令电器有按钮和行程开关等。

一、按钮

按钮是一种可以手动操作接通或分断小电流控制电路，具有储能复位的控制开关。它一般不直接控制主电路的通断，而是在控制电路中通过控制接触器、继电器等电器实现控制主电路通断的目的。

1. 外形、结构和符号

按钮一般由按钮帽、复位弹簧、桥式动触点、静触点、外壳及支柱连杆等组成。按静态时触点的分合状态划分，可分为常闭按钮、常开按钮和复合按钮。

常开按钮：未按下时，触点是断开的；按下时，触点闭合；当松开后，按钮自动复位。

常闭按钮：未按下时，触点是闭合的；按下时，触点断开；当松开后，按钮自动复位。

复合按钮：将常开按钮和常闭按钮组合为一体。按下复合按钮时，其常闭触点先分断，然后常开触点再闭合；当松开按钮时，常开触点先断开，然后常闭触点再闭合。

常用按钮的外形、结构和符号如图 1-8 所示。

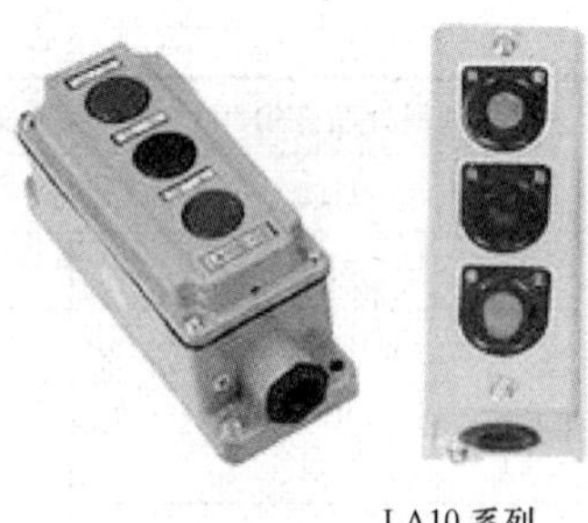

LA10 系列

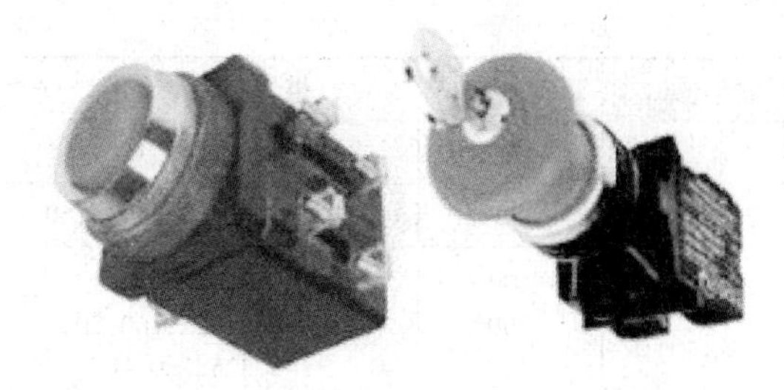

LA18 系列

a) 外形

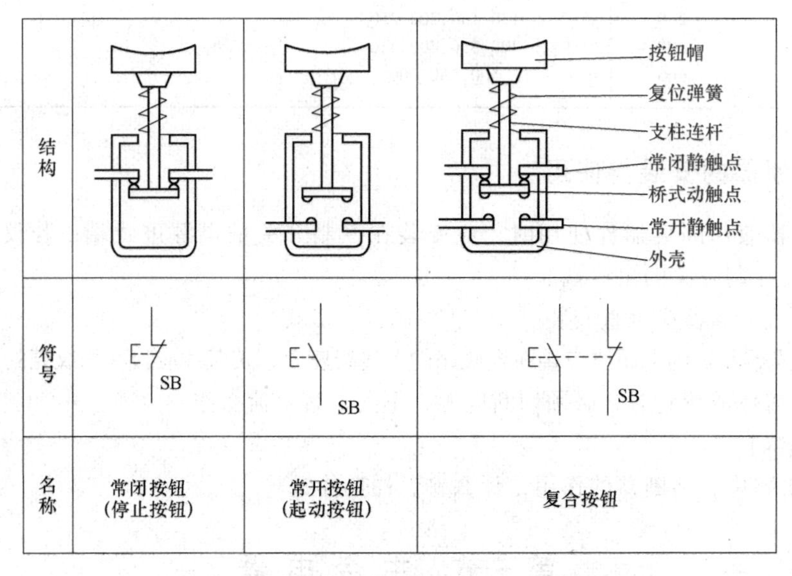

b) 结构与符号

c) LA10—3H 的内部实物结构图

图 1-8　常用按钮的外形、结构和符号

2. 选用

1）根据使用场合和具体用途选用按钮的种类。嵌装在操作面板上的按钮一般选用开启式；需显示工作状态的一般选用带指示灯式；在重要场所为了防止无关人员误操作，一般选用钥匙式；在有腐蚀的场所一般选用防腐式。

2）根据工作状态指示和工作情况要求选用按钮或指示灯的颜色。急停选用红色；停止或分断选用黑色或白色，优先选用黑色；起动或接通选用绿色；应急或干预选用黄色。

3）根据控制回路的需要选择按钮的数量。

常用按钮的技术参数见表 1-5。

表 1-5　常用按钮的技术参数

型号	形式	触点数量		按钮	
		常开	常闭	钮数	颜色
LA10—1	元件	1	1	1	黑、绿、红
LA10—3K	开启式	3	3	3	
LA10—3H	保护式	3	3	3	
LA10—3S	防水式	3	3	3	
LA18—22	一般式	2	2	2	红、绿、黄、白、黑
LA18—22J	紧急式				红
LA18—22X	旋钮式				黑
LA18—22Y	钥匙式				锁心本色
LA19—11	一般式	1	1	1	红、绿、黄、白、黑
LA19—11J	紧急式				红
LA19—11D	带指示灯式				红、绿、白、黑
LA20—3K	开启式	3	3	3	白、绿、红
LA20—3H	保护式				

3. 安装与使用

1）按钮应根据电动机起动的先后顺序，自上到下或从左到右排列在面板上。

2）同一机床运动部件有多种工作状态时，应使每一对相反状态的按钮安装在一起。

3）指示灯按钮不宜用于需要长期通电显示处。

【想想练练】

如何正确选用按钮？

二、行程开关

行程开关又称位置开关或限位开关，其触点的动作不是靠手去操纵，而是利用机械设备的某些运动部件的碰撞来完成操作。行程开关主要用来限制机械运动的位置或行程，使运动机械按一定位置或行程自动停止、反向运动、变速运动或自动往返运动等。

1. 外形、结构和符号

常见的行程开关可分为按钮式和旋转式两种。JLXK1 系列行程开关的外形、结构及符号如图 1-9 所示。

2. 选用

行程开关主要根据动作要求、安装位置及触点数量来选用。常用的 JLXK1 系列行程开关的技术参数见表 1-6。

3. 安装与使用

1）安装行程开关时，安装位置要准确、牢固，滚轮的方向不能装反。

2）由于行程开关经常受到撞块的碰撞，安装螺钉容易松动造成位移，所以应经常检查。

3）行程开关在不工作时应处于不受外力的释放状态。

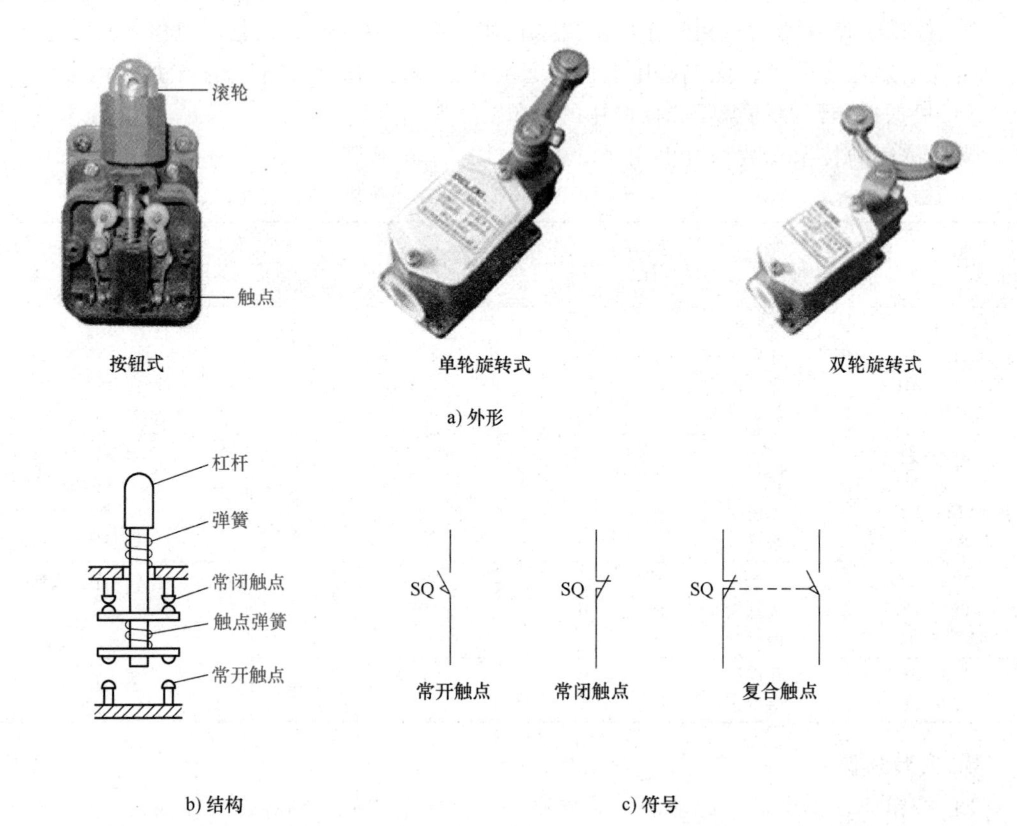

图1-9　JLXK1系列行程开关的外形、结构及符号

表1-6　常用的JLXK1系列行程开关的技术参数

型号	额定电压 额定电流	类型	触点对数		工作行程	触点转换时间
			常开	常闭		
JLXK1—111	500V 5A	单轮防护式	1	1	12°~15°	≤0.04s
JLXK1—211		双轮防护式			约45°	
JLXK1—311		按钮防护式			1~3mm	
JLXK1—411		按钮旋转防护式			1~3mm	

【想想练练】

撞块碰撞行程开关后，触点不动作，会是什么原因造成的？

第四节　交流接触器

交流接触器是一种用来频繁地接通或断开交流主电路及大容量控制电路的自动切换电器。

一、交流接触器的外形、结构和符号

交流接触器主要由电磁机构、触点系统、灭弧装置和辅助部件组成。

1. 电磁机构

电磁机构由线圈、动铁心（衔铁）和静铁心组成。其作用是利用电磁线圈的通电或断电，使静铁心吸合或释放衔铁，从而带动动触点与静触点闭合或分断，实现接通或断开电路的目的。

交流接触器电磁线圈中通过的是交流电，所以铁心中产生交变的磁通。当磁通过零时，产生的电磁吸力也为零，将引起电磁铁的铁心发生振动，产生噪声，解决的办法是在铁心部分端面上嵌装短路环。

2. 触点系统

按通断能力的不同，触点可分为主触点和辅助触点。主触点用于通断电流较大的主电路，通常为三对常开触点。辅助触点用于通断电流较小的控制电路，一般常开、常闭触点各两对。触点的常开和常闭，是指电磁机构未通电动作时触点的状态。常开触点与常闭触点是联动的。当线圈通电时，常闭触点先断开，常开触点再闭合。当线圈断电时，常开触点先恢复断开，常闭触点再恢复闭合。

3. 灭弧装置

交流接触器在断开大电流或高电压时，在动、静触点之间会产生很强的电弧。灭弧装置的作用是熄灭触点分断时产生的电弧，容量在10A以上的接触器都有灭弧装置。

4. 辅助部件

辅助部件包括反作用弹簧、缓冲弹簧、触点压力弹簧、传动机构及外壳。反作用弹簧安装在衔铁和线圈之间，当线圈断电后，推动衔铁释放，带动触点复位；缓冲弹簧安装在静铁心和线圈之间，用来缓冲衔铁在吸合时对静铁心和外壳的冲击力；触点压力弹簧安装在动触点上面，增大动、静触点间的压力，从而增大接触面积，减少接触电阻，防止触点过热损伤；传动机构的作用是在衔铁或反作用弹簧的作用下，带动动触点与静触点的接通或分断。

常见交流接触器的外形、结构和符号如图1-10所示。

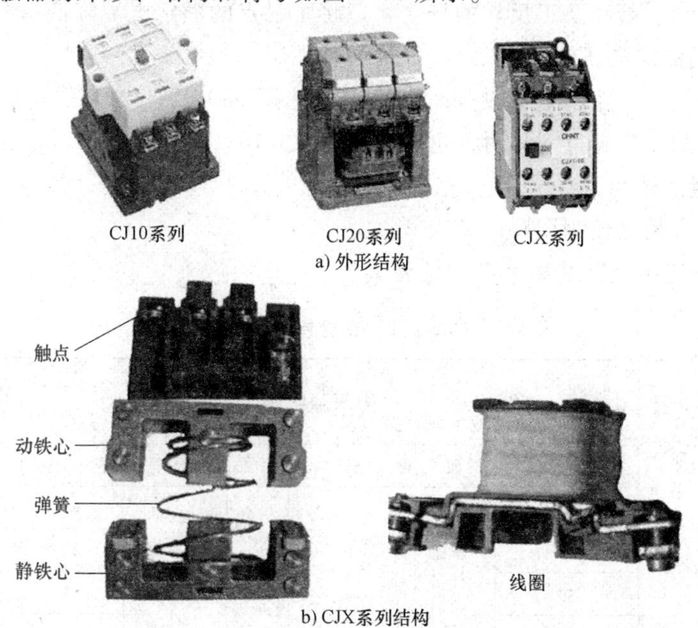

图1-10　常见交流接触器的外形、结构和符号

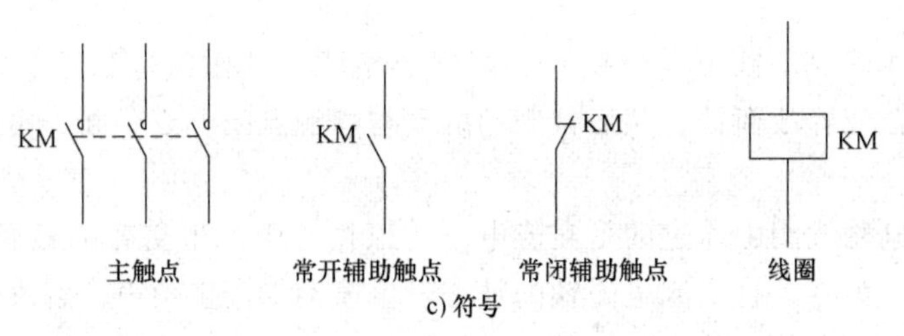

图 1-10　常见交流接触器的外形、结构和符号（续）

二、交流接触器的工作原理

图 1-11 所示是交流接触器的工作原理图。当线圈通电后，线圈电流产生磁场，使静铁心产生电磁吸力，将动铁心（衔铁）吸合。衔铁带动触点动作，使常闭触点断开，常开触点闭合。当线圈断电时，电磁吸力消失，衔铁在复位弹簧力的作用下释放，各触点随之复位。

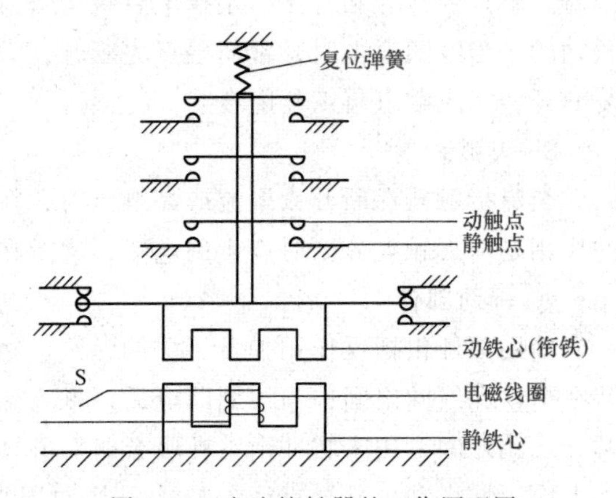

图 1-11　交流接触器的工作原理图

三、交流接触器的选用

1. 主触点的选用

1）主触点的额定电压　主触点的额定电压应大于或等于所控制线路的额定电压。

2）主触点的额定电流　主触点的额定电流应大于或等于负载的额定电流。若交流接触器使用在频繁起动、制动及正反转的场合，应将主触点的额定电流降低一个等级使用。

2. 吸引线圈额定电压的选用

当控制线路简单、使用电器较少时，可直接选用 380V 或 220V 的电压线圈。若线路较复杂、使用电器的个数超过 5 只时，可选用 36V 或 110V 的电压线圈。

3. 触点数量的选用

触点的数量应满足控制线路的要求。

CJ10 系列交流接触器的技术参数见表 1-7。

表 1-7　CJ10 系列交流接触器的技术参数

型号	触点额定电压/V	主触点		辅助触点		线圈		可控制三相异步电动机的最大功率/kW	
		额定电流/A	对数	额定电流/A	对数	电压/V	功率/W	220V	380V
CJ10—10	380	10	3	5	2 常开 2 常闭	可为 36、110、220、380	11	2.2	4
CJ10—20		20					22	5.5	10
CJ10—40		40					32	11	20
CJ10—60		60					70	17	30

四、交流接触器的安装与使用

1）交流接触器在安装前应检查铭牌与线圈的技术参数是否符合实际使用要求。

2）交流接触器一般应安装在垂直面上，倾斜度不得超过 5°；若有散热孔，则应将有孔的一面放在垂直方向上，便于散热。

3）安装孔的螺钉应装有弹簧垫圈和平垫圈。

4）交流接触器的触点应清洁。

5）带有灭弧罩的交流接触器不允许不带灭弧罩或带着破损的灭弧罩运行。

【想想练练】

交流接触器的电压过高或过低时，为什么都会造成线圈过热而烧毁？

第五节　继　电　器

继电器是一种根据电或非电信号的变化，接通或断开小电流电路，以实现自动控制和保护电力拖动装置的电器。

继电器主要用来感知信号，一般不用来直接控制大电流的主电路，而用于控制电路中。继电器的分断能力很小，一般在 5A 或 5A 以下，因此继电器一般不设灭弧装置。

一、热继电器

热继电器是利用电流的热效应原理来切断电路的一种自动电器，是专门用来对连续运行的电动机实现过载及断相保护，以防电动机因过热而烧毁的一种保护电器。

1. 外形、结构和符号

热继电器主要由热元件、双金属片、脱扣机构、触点、复位按钮和整定电流装置等组成。

常见热继电器的外形、结构和符号如图 1-12 所示。

2. 工作原理

热继电器的热元件串接在主电路中，常闭触点串接在控制电路中。当电动机过载时，主电路中的电流超过允许值而使双金属片受热时，它便向左弯曲，通过导板推动杠杆机构使常闭触点断开，常闭触点是接在电动机的控制电路中的，控制电路断开而使接触器的线圈断电，从而断开电动机主电路。

3. 选用

1）根据所保护电动机的额定电流来确定热继电器的规格。热继电器的额定电流一般略大于电动机的额定电流。

2）根据需要的整定电流值选择热元件的编号和电流等级。热元件的整定电流一般应为电动机额定电流的 0.95~1.05 倍。

3）根据电动机定子绕组的连接方式选择热继电器的结构形式。电动机的定子绕组作Y联结一般选用普通三相结构的热继电器，作△联结一般选用带断相保护装置三相结构的热继电器。

常用 JR36—20 型热继电器的技术参数见表 1-8。

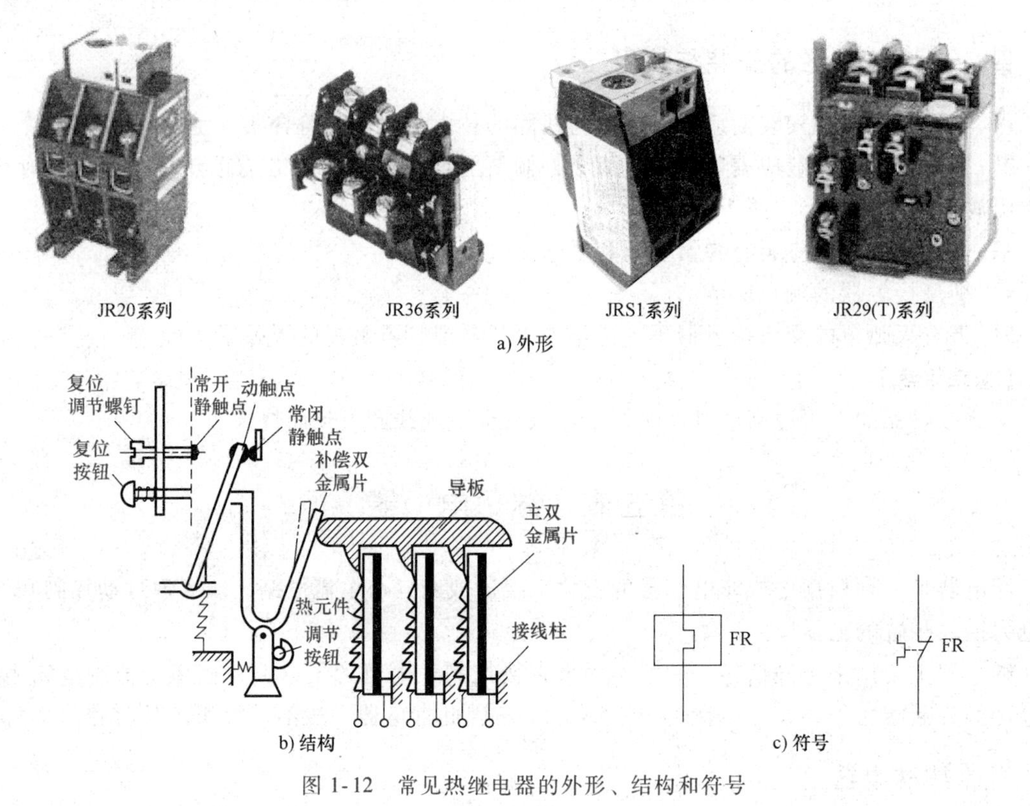

图 1-12　常见热继电器的外形、结构和符号

表 1-8　常用 JR36—20 型热继电器的技术参数

型号	热继电器额定电流/A	热元件等级	
		热元件额定电流/A	电流调节范围
JR36—20	20	0.35	0.25~0.35
		0.5	0.32~0.5
		0.72	0.45~0.72
		1.1	0.68~1.1
		1.6	1~1.6
		2.4	1.5~2.4
		3.5	2.2~3.5
		5	3.2~5
		7.2	4.5~7.2
		11	6.8~11
		16	10~16
		22	14~22

4. 安装与使用

1）热继电器由于热惯性而不能作短路保护，但热惯性在电动机起动或短时过载时不会动作，以避免电动机不必要的停车。

2）当热继电器与其他电器安装在一起时，应将热继电器安装在其他电器的下方，以免

其动作特性受到其他电器发热的影响。

3）热继电器在出厂时均调整为手动复位方式，如果需要自动复位，只要将复位调节螺钉顺时针方向旋转3~4圈并稍微拧紧即可。

【想想练练】

热继电器的热元件和常闭触点应如何接入电路中？

二、时间继电器

时间继电器是一种根据电磁原理或机械动作原理来实现触点系统延时接通或断开的自动切换电器，它在需要按时间顺序进行控制的电气控制电路中得到了广泛应用。

1. 外形、结构和符号

时间继电器按动作原理分为电磁式、空气阻尼式、电动式和电子式；按延时方式分为通电延时型与断电延时型。常见时间继电器的外形、结构和符号如图1-13所示。JS7—A系列空气阻尼式时间继电器的外形和结构原理图如图1-14所示，它是利用气囊中的空气通过小孔节流的原理来获得延时动作的。图1-15所示是JS20型晶体管时间继电器的外形、底座及接线图，它具有机械结构简单、延时范围广、精度高、消耗功率小、调整方便及使用寿命长等优点。常用的JS20系列晶体管时间继电器是全国推广的统一设计产品，适用于380V及以下的工频交流控制电路或110V及以下的直流控制电路中。

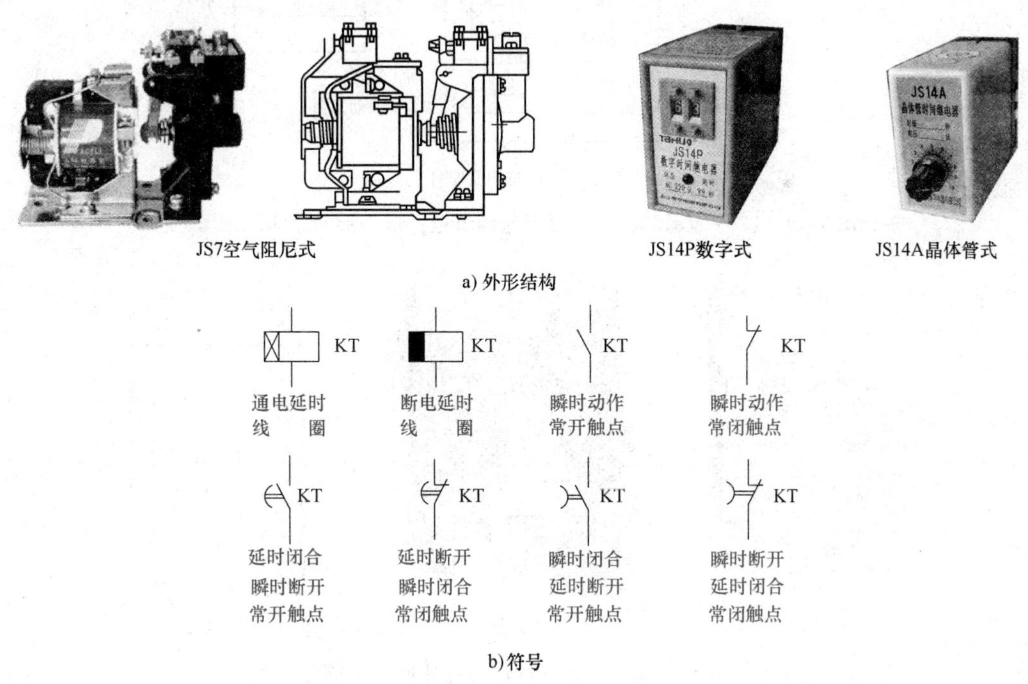

图1-13　常见时间继电器的外形、结构和符号

2. 选用

1）根据系统的延时范围和精度，选用时间继电器的类型。对于延时精度要求不高的场合，可选用空气阻尼式时间继电器；对于延时精度要求较高的场合，可选用晶体管式时间继电器。

2）根据控制线路的要求，选用时间继电器的延时方式。

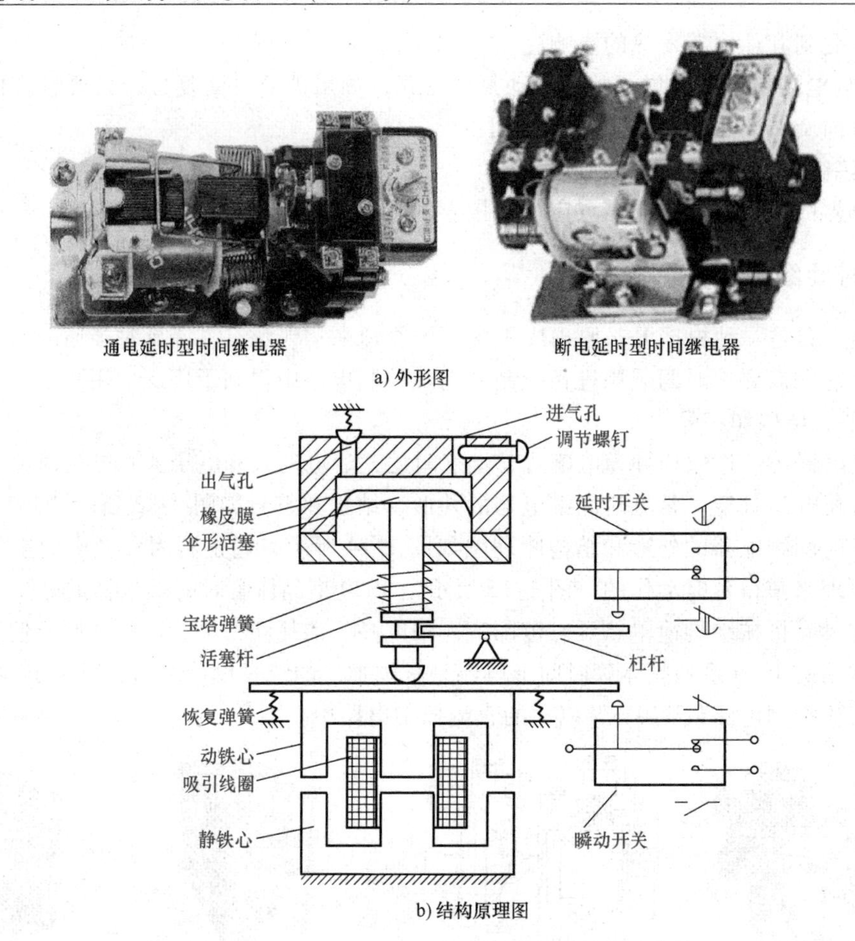

图 1-14　JS7—A 系列空气阻尼式时间继电器的外形和结构原理图

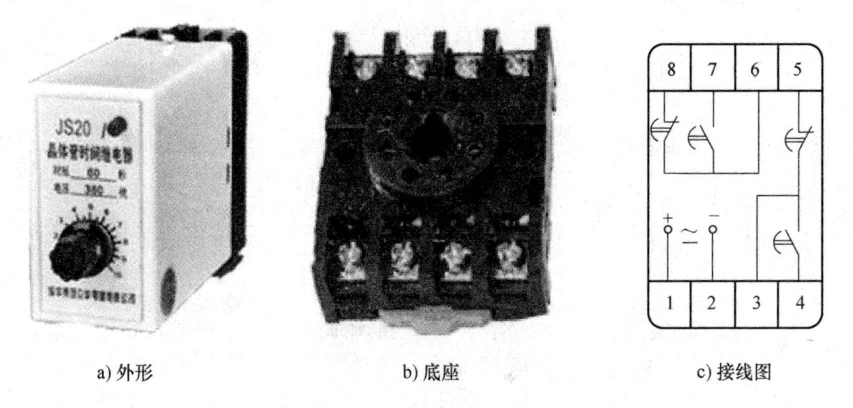

图 1-15　JS20 型晶体管时间继电器的外形、底座及接线图

3）根据控制线路的电压，选用时间继电器吸引线圈的电压。

常用 JS7—A 系列空气阻尼式时间继电器的技术参数见表 1-9。

3. 安装与使用

1）在不通电的情况下整定时间继电器的整定值，并在试车时校正。

2）通电延时型和断电延时型时间继电器可在整定时间内自行调换。

表 1-9　常用 JS7—A 系列空气阻尼式时间继电器的技术参数

型号	触点额定电压/V	触点额定电流/A	线圈电压/V	瞬时动作触点对数		有延时的触点对数			
						通电延时		断电延时	
				常开	常闭	常开	常闭	常开	常闭
JS7—1A	380	5	24、36、110、127、220、380、420	无	无	1	1	无	无
JS7—2A				1	1	1	1	无	无
JS7—3A				无	无	无	无	1	1
JS7—4A				1	1	无	无	1	1

3）时间继电器金属底板上的接地螺钉必须与接地线可靠连接。

4）时间继电器应按说明书规定的方向安装。无论是通电延时型还是断电延时型，都必须使继电器在断电释放时，衔铁（动铁心）的运动方向垂直向下，其倾斜度不得超过5°。

【想想练练】

画出时间继电器的符号。

三、速度继电器

速度继电器又称反接制动继电器，它以旋转速度的快慢为指令信号，与接触器配合实现对电动机的反接制动控制。

1. 外形结构和符号

速度继电器主要由定子、转子和触点三部分组成。常用的速度继电器有 JY1 型和 JFZ0 型两种。JY1 型速度继电器的外形、结构和符号如图 1-16 所示。

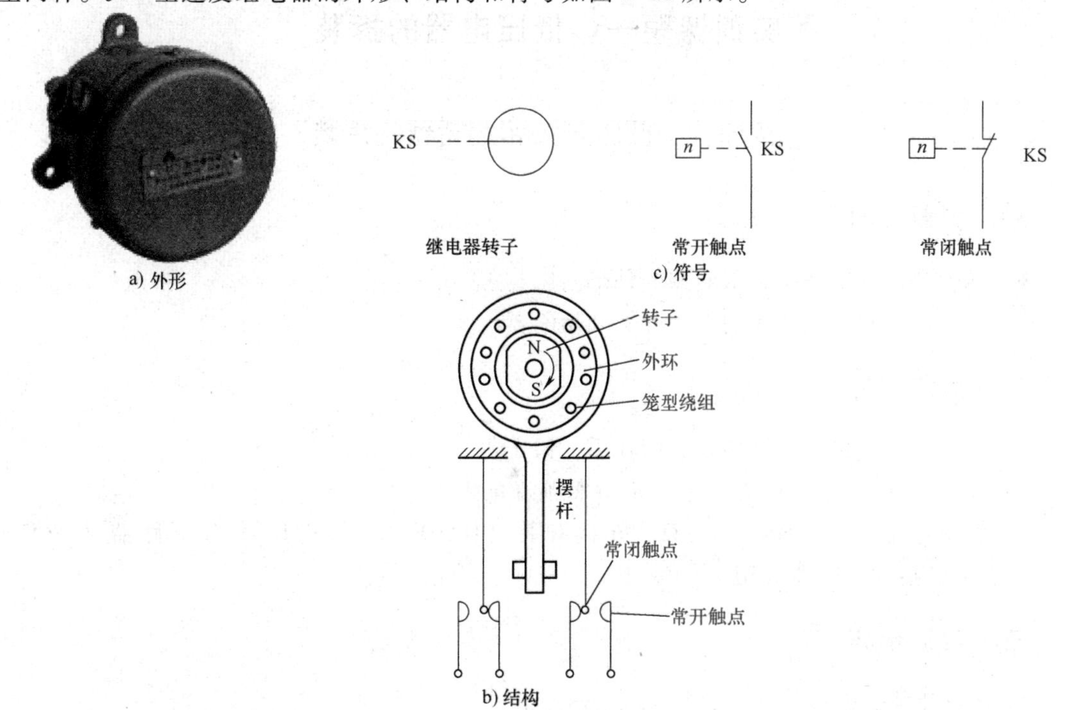

图 1-16　JY1 型速度继电器的外形、结构和符号

2. 工作原理

速度继电器的转子是一块永久磁铁，与电动机或机械转轴连在一起，随轴转动。它的外边有一个可以转动一定角度的外环，其上装有笼型绕组。当转轴带动永久磁铁旋转时，定子外环中的笼型绕组因切割磁感线而产生感应电动势和感应电流。该电流在转子磁场的作用下产生电磁转矩，使定子外环跟随转动一个角度。如果永久磁铁沿逆时针方向转动，则定子外环带着摆杆向右边运动，使右边的常闭触点断开，常开触点接通；当永久磁铁沿顺时针方向旋转时，左边的触点改变状态。当电动机的转速较低（如小于 100r/min）时，触点复位。

3. 选用

速度继电器主要根据所需控制的转速大小、触点数量和电压、电流来选用。常用的 JY1 型和 JFZ0 型速度继电器的技术参数见表 1-10。

表 1-10　常用的 JY1 型和 JFZ0 型速度继电器的技术参数

型号	触点额定电压/V	触点额定电流/A	额定工作转速/(r/min)	触点对数	
				正转动作	反转动作
JY1	380	2	100~3000	1 组转换触点	1 组转换触点
JFZ0—1			300~1000	1 常开，1 常闭	1 常开，1 常闭
JFZ0—2			1000~3000	1 常开，1 常闭	1 常开，1 常闭

4. 安装与使用

1）速度继电器的轴与电动机的轴相连接，转子固定在轴上，定子与轴同心。

2）速度继电器的正反向触点不能接错，否则不能实现反接制动。

【想想练练】

若速度继电器的胶木摆杆断裂，会出现什么现象？

实训课题一　低压电器的拆装

实训一　低压开关和熔断器的拆装

一、实训目的

1）熟悉常用低压开关和熔断器的外形及结构。

2）能正确拆卸、组装常用低压开关和熔断器。

二、实训器材

1）工具：尖嘴钳、螺钉旋具、活扳手、镊子等。

2）仪表：MF47 型万用表一只、5050 型绝缘电阻表一台。

3）器材：刀开关（HK1）一只、转换开关（HZ10—25）一只、低压断路器（DZ5—20）一只、螺旋式熔断器（RL1—15/10）一只。

三、实训步骤

1. 低压开关的识别

将所给低压开关的铭牌用胶布盖住并编号，根据低压开关实物写出其名称与型号，填入

表 1-11 中。

表 1-11　低压开关的识别

序号	1	2	3
名称			
型号			

2. 低压断路器的拆装

将一只 DZ5—20 型低压断路器的外壳拆开，认真观察其结构，将主要部件的作用填入表 1-12 中。

表 1-12　低压断路器的结构

主要部件名称	作　用
电磁脱扣器	
热脱扣器	
触点	
按钮	
储能弹簧	

3. 组合开关的拆装

将 HZ10—25 型组合开关原为三常开的三对触点，改装为二常开一常闭状态，并整修触点。HZ10—25 型组合开关分解图如图 1-17 所示。

1）卸下手柄紧固螺钉，取下手柄。

2）卸下支架上紧固螺母，取下盖板、转轴弹簧和凸轮等操作机构。

3）抽出绝缘杆，取下绝缘垫板上盖。

4）拆卸三对动、静触点。

5）检查触点有无烧毛、损坏，视损坏程度进行修理或更换。

6）检查转轴弹簧是否松脱和灭弧垫是否有严重磨损，根据实际情况确定是否更换。

7）将任一相的动触点旋转 90°，然后按拆卸的逆序进行装配。

8）装配时，要注意动、静触点的相对位置是否符合改装要求及叠片连接是否紧密。

9）装配结束后，先用万用表测量各对触点的通断情况。

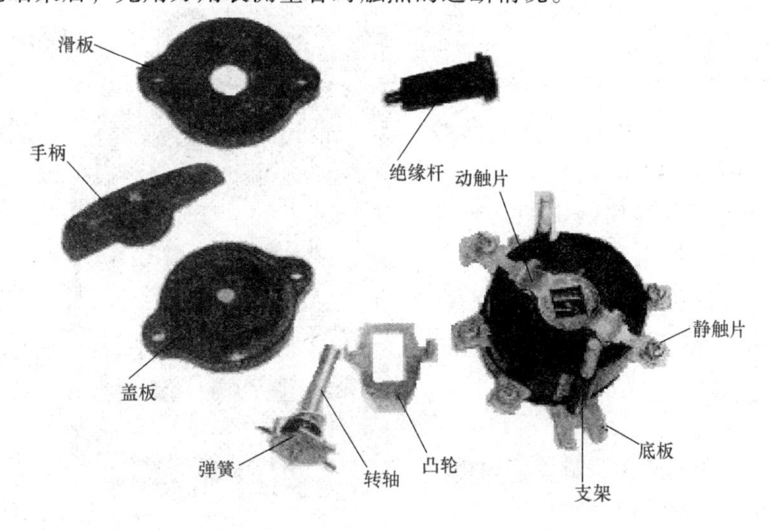

图 1-17　HZ10—25 型组合开关分解图

4. 螺旋管式熔断器的拆卸

将一只RL1—15/10型熔断器拆卸，认真观察其结构，如图1-18所示。拆卸步骤为：

1）旋下瓷帽。

2）取出熔断管。

3）取下瓷套。

4）卸下上接线座紧固螺钉，取下上接线座。

5）卸下下接线座紧固螺钉，取下下接线座。

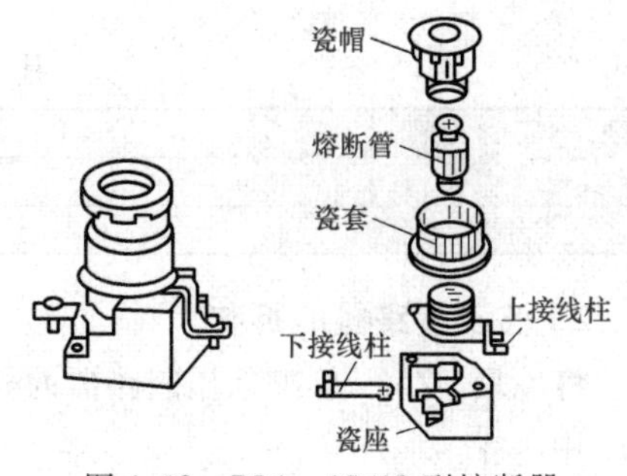

图1-18　RL1—15/10型熔断器

四、注意事项

1）拆卸时，应备有盛放零件的容器，以防丢失零件。

2）拆卸过程中，不允许硬撬，以防损坏电器。

3）装配转换开关过程中安装弹簧和转轴时，弹簧和凸轮的位置一定要配合好，否则弹簧将失去储能作用，开关将不能准确定位。

4）装配转换开关过程中插入绝缘杆时，一定要和手柄位置配合好，否则开关导通和断开时，其手柄位置会颠倒。

五、实训思考

1）试分析哪些低压开关可带负荷控制电器设备？哪些不能？为什么？

2）熔断器为什么主要用作短路保护，而一般不宜作过载保护？

实训二　交流接触器的拆装

一、实训目的

1）熟悉交流接触器的外形和结构。

2）掌握交流接触器的拆卸与装配工艺。

二、实训器材

1）工具：尖嘴钳、螺钉旋具、活扳手、电工刀、镊子等。

2）仪表：MF47型万用表一只、绝缘电阻表一只。

3）器材：交流接触器（CJ10—20型、CJX1—16型）各一只。

三、实训步骤

1. 识别CJX1系列交流接触器的面板

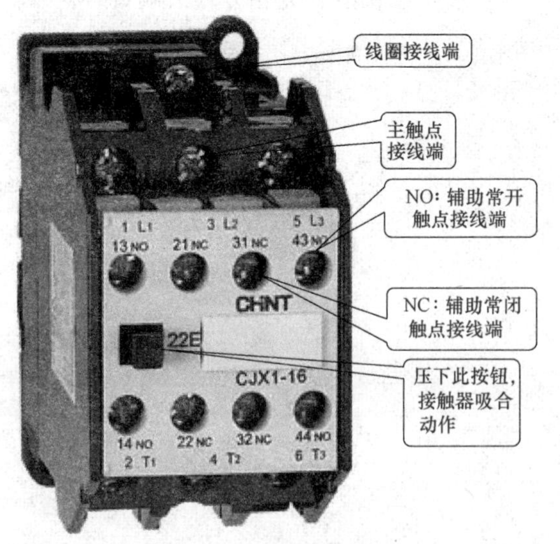

图1-19　CJX1—16交流接触器

CJX1—16交流接触器如图1-19所示。其中线圈端子为A1、A2；三对主触点接线

端分别为 1L1-2T1、3L2-4T2、5L3-6T3，其中标志 L 表示主电路的进线端，标志 T 表示主电路的出线端；辅助常开触点接线端有 13-14、43-44，辅助常闭触点接线端有 21-22、31-32，其中标志的个位数表示功能数，1 与 2 表示常闭触点，3 与 4 表示常开触点，标志的十位数是序列数。

2. 拆装 CJ10—20 型交流接触器

1）卸下灭弧罩紧固螺钉，取下灭弧罩。

2）拉紧主触点的定位弹簧夹，取下主触点及主触点的压力弹簧片。拉出主触点时必须将主触点旋转 45°后才能取下。

3）松掉辅助常开静触点的接线柱螺钉，取下常开静触点。

4）松掉接触器底部的盖板螺钉，取下盖板。在松盖板螺钉时，要用手按住盖板，慢慢放松。

5）取下静铁心缓冲绝缘纸片、静铁心、静铁心支架及缓冲弹簧。

6）拔出线圈接线端的弹簧夹片，取出线圈。

7）取下反作用弹簧、衔铁和支架。

8）从支架上取下动铁心定位销和动铁心。

9）取下动铁心缓冲绝缘纸片。

10）CJ10—20 型交流接触器分解图如图 1-20 所示，观察各零部件的结构特点，并做好记录。

11）装配还原步骤按拆卸的逆序进行。

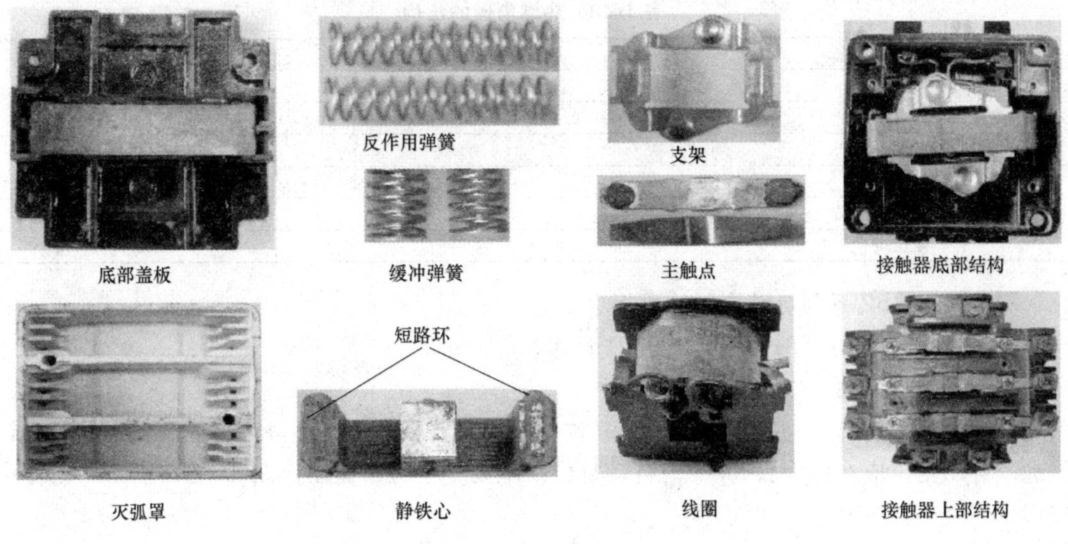

图 1-20　CJ10—20 型交流接触器分解图

四、注意事项

1）拆卸时，应备有盛放零件的容器，以免丢失零件。

2）拆装过程中，不允许硬撬，以免损坏电器。

3）装配辅助常开触点时，要防止卡住动触点。

五、实训思考

如何用万用表欧姆档检查线圈及各触头是否良好？

实训三　常用继电器的识别与拆装

一、实训目的

1）熟悉常用热继电器的外形、结构及工作原理。

2）熟悉 JS7—A 系列时间继电器的结构、整修及改装。

二、实训器材

1）工具：尖嘴钳、螺钉旋具、电工刀、镊子等。

2）仪表：MF47 型万用表一只。

3）器材：热继电器（JR16—20 型、JRS2 型）各一只、时间继电器（JS7—2A 型）一只。

三、实训步骤

1. JR16—20 热继电器结构

将热继电器的后绝缘盖板卸下，认真观察其结构，将主要部件的位置和作用填入表 1-13 中。

表 1-13　热继电器的结构

主要部件名称	位置	作用
发热元件		
双金属片		
触点		
动作机构		
电流整定装置		
复位按钮		

2. 识别 JRS2 系列热继电器的面板

JRS2 系列热继电器的面板如图 1-21 所示。

3. 热继电器复位方式的调整

热继电器出厂时，一般都调在手动复位，如果需要自动复位，可将复位调节螺钉顺时针旋进。自动复位应在动作后 5min 内自动复位；手动复位时，在动作 2min 后，按下手动复位按钮，热继电器应复位。

4. 时间继电器触点的整修

1）松开延时或瞬时微动开关的紧固螺钉，取下微动开关。

2）均匀用力慢慢撬开并取下微动开关盖板。

3）小心取下动触点及附件，要防止用力过猛弹失小弹簧和薄垫片。

4）整修触点。整修时不允许用砂纸或其他研磨材料，应使用锋利的刀刃或细锉修平，然后用净布擦净，不得用手指直接接触触点或用油类润滑，以免沾污触点。整修后的触点应做到接触良好。若无法修复，应调换新触点。

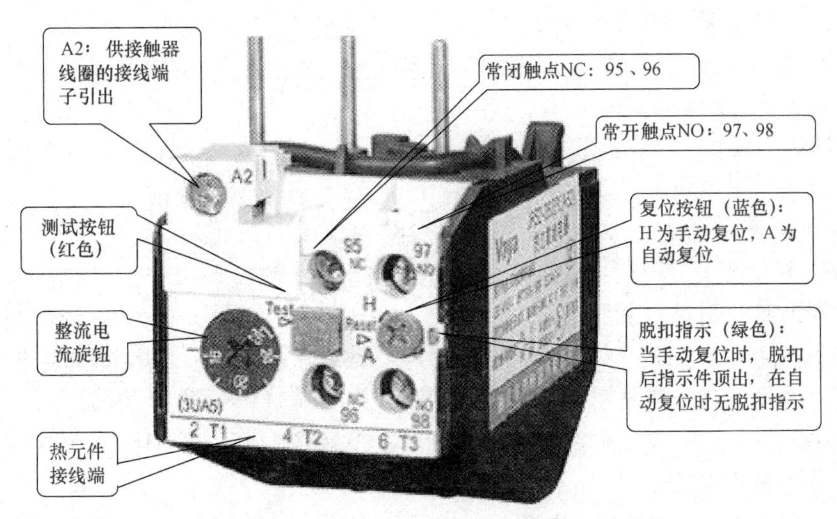

图 1-21 JRS2 系列热继电器的面板

5）按拆卸的逆顺序进行装配，并手动检查微动开关的分合是否正常，触点接触是否良好。

5. 时间继电器的改装

1）松开电磁机构与基座之间的紧固螺钉，取下电磁系统部分。

2）将电磁机构沿水平方向旋转 180°后安装在基座上，重新旋上紧固螺钉。

3）观察延时和瞬时触点的动作情况，将其调整在最佳位置。

4）旋紧各安装螺钉，进行手动检查，若达不到要求，需重新调整。

四、注意事项

1）拆卸时，应备有盛放零件的容器，以免丢失零件。

2）拆装过程中，不允许硬撬，以免损坏电器。

五、实训思考

试分析额定电压为 380V 的时间继电器线圈能否更换为额定电压为 220V 的时间继电器线圈。

思考与练习

一、填空题

1. 低压电器是指工作在交流电压小于________，直流电压小于________的电路中起通、断、保护、控制和调节作用的电器设备。

2. 熔断器在使用时，应________接在所保护的电路中，作为________保护。

3. 按钮是一种____________操作接通或分断____________控制电路，具有________的一种控制开关。

4. 交流接触器主要由__________、____________、____________和__________组成。

5. 热继电器的常闭触点串接在电动机的__________电路中。

6. 时间继电器按延时方式可分为__________和__________两种时间继电器。

7. 速度继电器又称__________继电器，是以______________为指令信号，与接触器配合实现对电动机的反接制动控制。

二、单项选择题

1. 低压开关一般是（　　）。

A. 自动切换开关　　B. 非自动切换开关

C. 半自动切换开关　　D. 自动控制电器

2. 低压断路器中的电磁脱扣器用作（　　）。

A. 欠电压保护　　B. 短路保护　　C. 过载保护　　D. 断相保护

3. 在电力拖动控制线路中用作过载保护的低压电器是（　　）。

A. 时间继电器　　B. 热继电器　　C. 接触器　　D. 熔断器

4. 熔断器的额定电流应（　　）所装熔体的电流。

A. 大于　　B. 大于或等于　　C. 等于　　D. 小于

5. 按下复合按钮时（　　）。

A. 常开按钮先闭合　　B. 常开、常闭按钮同时动作

C. 常闭按钮后分断　　D. 常闭按钮先分断，常开按钮后闭合

6. 当交流接触器的线圈失电时，各触点的动作是（　　）。

A. 常开先断开　　B. 常开动作，常闭不动作

C. 常闭动作，常开不动作　　D. 常开先闭合

7. 热继电器的热元件应（　　）。

A. 串接在主电路中　　B. 并接在主电路中

C. 串接在控制电路中　　D. 并接在控制电路中

三、简答题

1. 简述交流接触器的主要用途。

2. 在电动机的控制电路中，熔断器和热继电器的作用是什么？能否相互代替？

3. 速度继电器的主要作用是什么？

第二章　三相异步电动机的电气控制电路

实际生产中，根据各种生产机械的工作性质和加工工艺的不同，电动机的电气控制电路对电动机的起动、反向、调速和制动进行控制，从而实现电力拖动系统的保护和生产的自动化。常见的三相异步电动机的电气控制电路有单向控制电路、正反转控制电路、顺序控制电路、减压起动控制电路、调速控制电路和制动控制电路等。

【知识目标】

1. 掌握单相和正反转控制电路的工作原理。
2. 理解顺序控制和减压起动控制电路的工作原理。
3. 理解调速和制动控制电路的工作原理。

【技能目标】

1. 会进行常用控制电路元器件的合理布局和安装。
2. 能掌握控制电路安装工艺的接线要求，会进行常用控制电路的正确接线。
3. 会正确使用各种工具及常用仪器、仪表进行电路的检测。

第一节　单向控制电路

电动机单向控制电路是电动机其他电气控制电路的基础。因此，熟练识读其控制电路图、准确分析其工作原理，对今后的学习将起到重要作用。

一、点动正转控制电路

点动是指按下按钮，电动机通电运转；松开按钮，电动机断电停转。这种控制方法常用于电动葫芦的起重电动机控制和车床拖板箱的快速移动电动机控制。最基本的电动机点动控制电路如图 2-1 所示。

其工作原理为：

先合上电源开关 QF。

起动：按下按钮 SB→KM 线圈得电→KM 常开主触点闭合→电动机 M 起动运转

停止：松开按钮 SB→KM 线圈失电→KM 常开主触点分断→电动机 M 失电停转

二、接触器自锁连续控制电路

连续控制采用了一种具有自锁环节的控制电路。最基本的电动机接触器自锁连续控制电路如图 2-2 所示。

电路的工作原理如下：

先合上电源开关 QF。

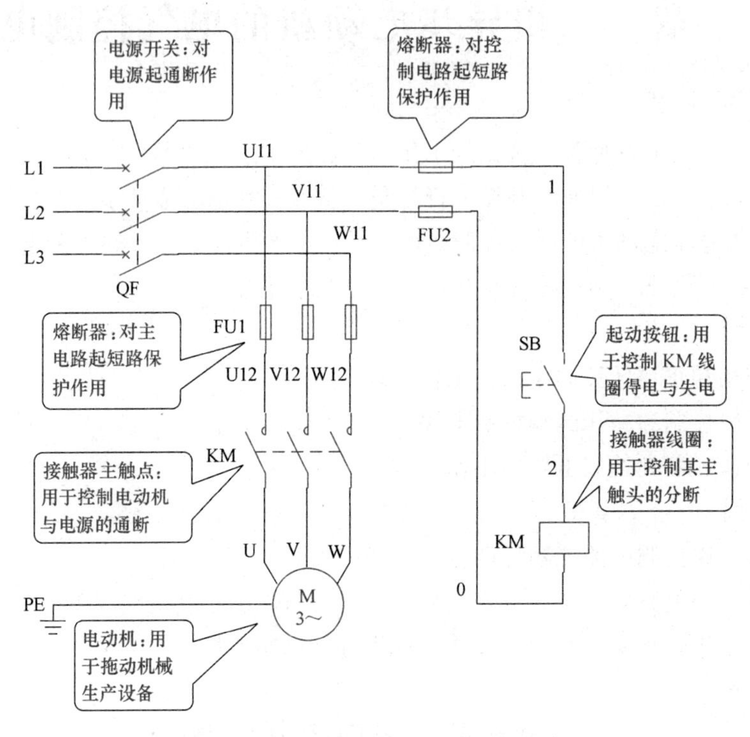

图 2-1 最基本的电动机点动控制电路

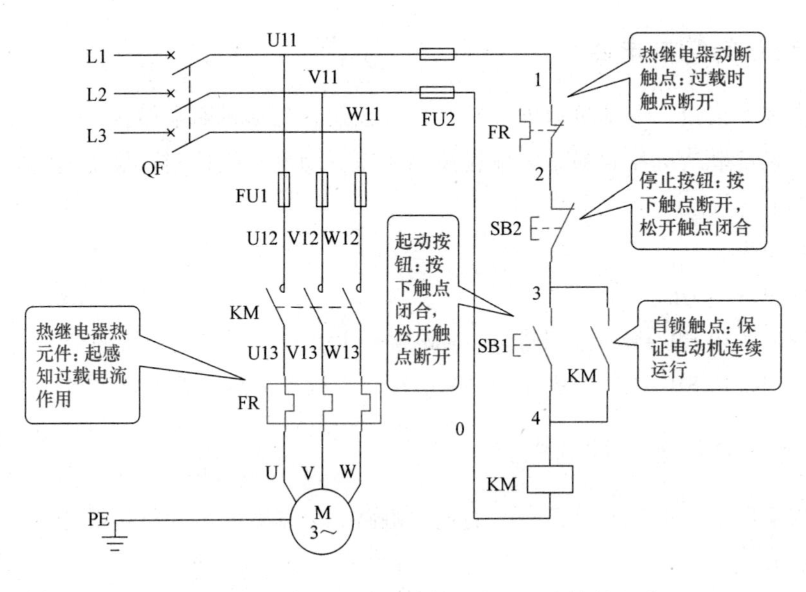

图 2-2 最基本的电动机接触器自锁连续控制电路

起动：

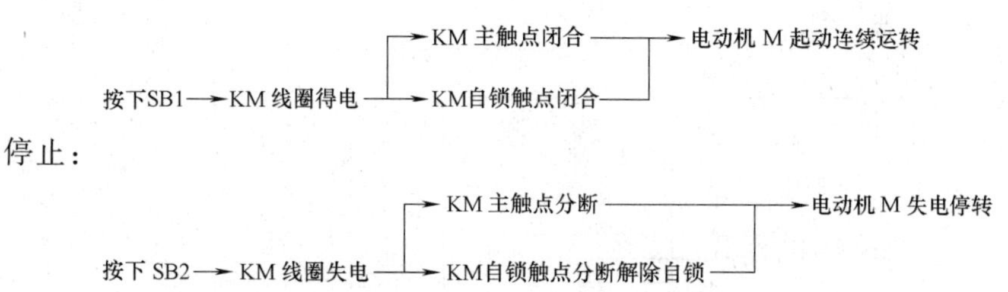

停止：

由以上分析可知，当松开 SB1 后，由于 KM 常开辅助触点闭合，KM 线圈仍得电，电动机 M 继续运转。接触器 KM 通过自身常开辅助触点而使线圈保持得电的作用叫做自锁。与起动按钮 SB1 并联起自锁作用的常开辅助触点叫自锁触点。

在按下停止按钮 SB2 后，由于 KM 自锁触点已断开，SB1 也是分断的，故松开 SB2 后，接触器线圈也不可能得电，电动机断电停转。

接触器自锁连续控制电路不但能使电动机连续运转，还具有欠电压和失压保护。欠电压、失电压保护是由接触器的工作原理决定的。欠电压是指线路电压低于电动机应加的额定电压。欠电压保护是指当线路电压下降到某一数值时，电动机能自动脱离电源而停转，避免电动机在欠电压下运行而发生过载的一种保护。失压保护是指电动机在正常运行中，由于外界某种原因引起突然断电时，能自动切断电动机电源；当重新供电时，保证电动机不能自行起动，从而保护人身和设备的安全。

【想想练练】

画出电动机点动与连续混合控制电路，并分析工作原理。

第二节　正反转控制电路

单向控制电路只能使电动机向一个方向运转，而许多生产机械往往要求运动部件能向正反两个方向运动，从而实现可逆运行，如万能铣床主轴的正转和反转、工作台的前进与后退、起重机吊钩的上升和下降、电梯的上行和下行等。

一、接触器联锁正反转控制电路

接触器联锁正反转控制电路如图 2-3 所示。电路中采用了两个接触器，即正转用接触器 KM1 和反转用接触器 KM2，它们分别由正转按钮 SB1 和反转按钮 SB2 控制。从主电路中可以看出，这两个接触器的主触点所接通的电源相序不同，KM1 按 L1→L2→L3 相序接线，KM2 按 L3→L2→L1 相序接线。相应的控制电路有两条：一条是由按钮 SB1 和 KM1 线圈等组成的正转控制电路；另一条是由按钮 SB2 和 KM2 线圈等组成的反转控制电路。

1. 接触器联锁

为了避免接触器 KM1 和 KM2 的主触点同时闭合，造成两相电源（L1 和 L3 相）短路事故，可采用接触器联锁。所谓接触器联锁，就是将接触器的一对常闭辅助触点串接在另一只接触器线圈电路中，使两只接触器不能同时得电动作，接触器间这种相互制约的作用称为接触器联锁（或互锁），实现联锁作用的常闭辅助触点称为联锁触点（或互锁触点）。

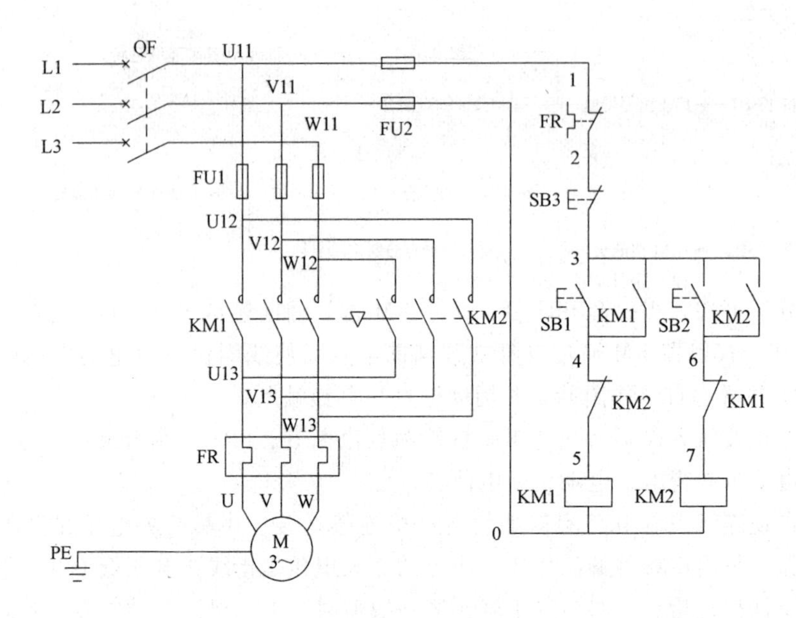

图 2-3　接触器联锁正反转控制电路

2. 工作原理

先合上电源开关 QF。

（1）正转控制

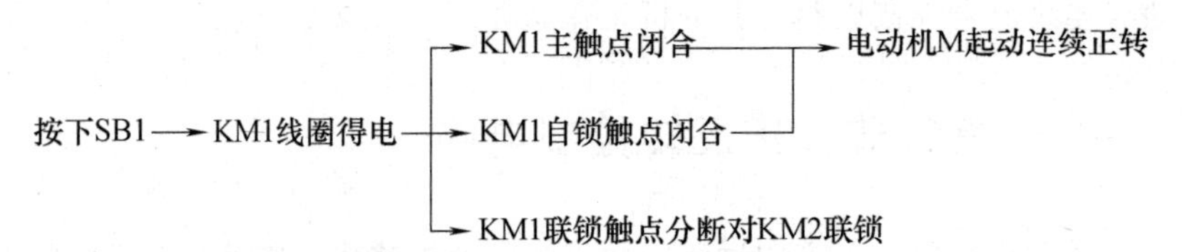

（2）反转控制

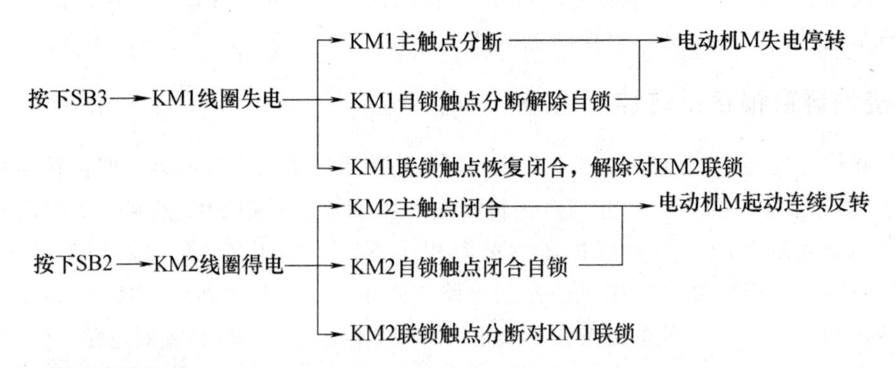

（3）停止控制

按下 SB3 ⟶KM1 或 KM2 线圈失电⟶KM1 或 KM2 主触点分断⟶电动机 M 失电停转

接触器联锁正反转控制电路虽然工作安全、可靠，但操作不便。当电动机从正转运行转变为反转运行时，必须先按下停止按钮，使已动作的接触器释放，其联锁触点复位后，才能

按下反转起动按钮，否则由于接触器的联锁作用，不能实现反转。

二、按钮、接触器双重联锁正反转控制电路

为了克服接触器联锁正反转控制电路操作不便的缺点，在接触器联锁的基础上又增加了按钮联锁，构成了按钮、接触器双重联锁正反转控制电路，如图 2-4 所示。

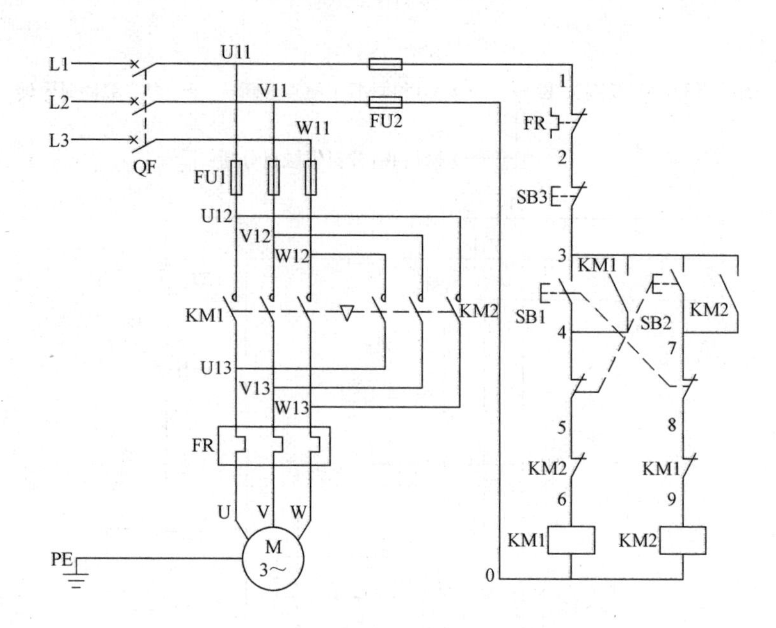

图 2-4　按钮、接触器双重联锁正反转控制电路

【想想练练】

分析按钮、接触器双重联锁正反转控制电路的工作原理。

第三节　顺序控制电路

在装有多台电动机的生产机械上，由于电动机所起的作用不同，往往要求它们的起动或停止按一定的先后顺序来完成。例如，X62W 型万能铣床的主轴电动机起动后，进给电动机才能起动。

一、主电路实现顺序控制

主电路实现顺序控制的电路如图 2-5 所示。

图 2-5a 所示的控制电路，电动机 M2 通过接插器 X 接在接触器 KM 主触点的下面。只有当 KM 主触点闭合，电动机 M1 起动运行后，电动机 M2 才能接通电源起动运行。

图 2-5b 所示的控制电路，控制电动机 M2 的接触器 KM2 主触点接在控制电动机 M1 的接触器 KM1 主触点的下面。只有当 KM1 主触点闭合，电动机 M1 起动运行后，电动机 M2 才能接通电源起动运行。其工作原理如下：

先合上电源开关 QF。

（1）顺序起动

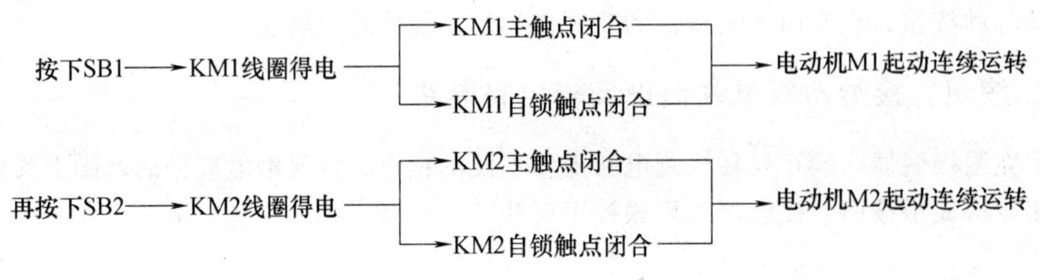

（2）同时停止

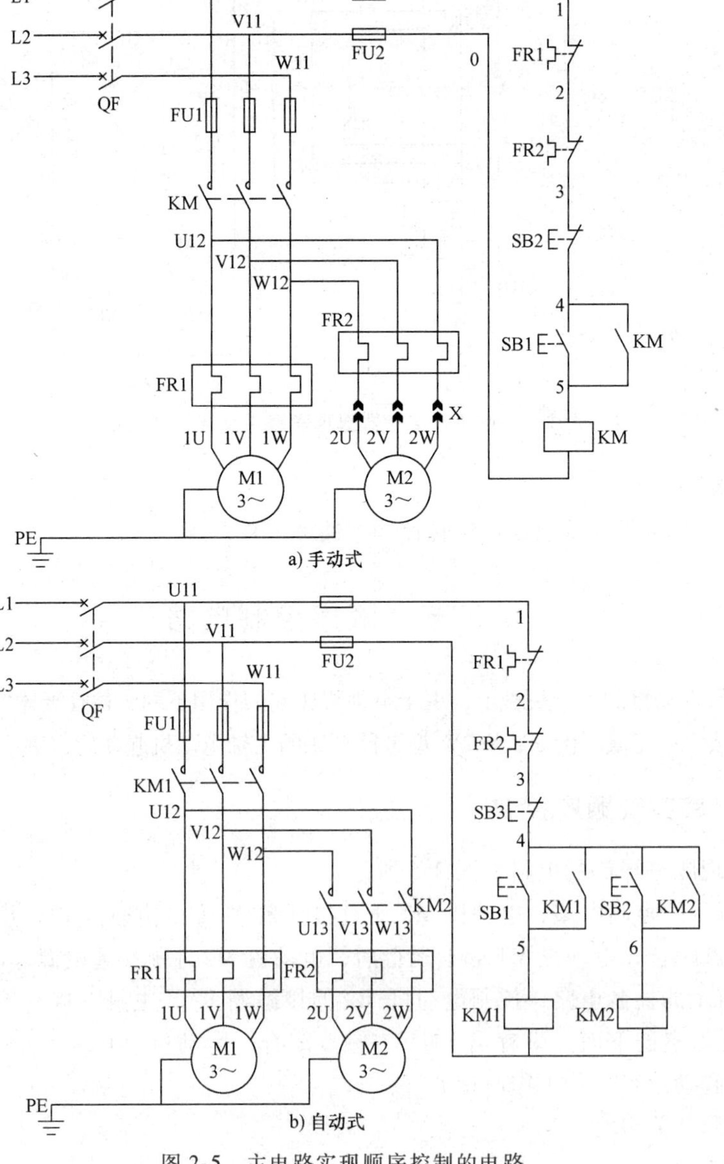

图 2-5　主电路实现顺序控制的电路

【想想练练】

试分析图 2-5a 所示控制电路的工作原理。

二、控制电路实现顺序控制

控制电路实现顺序控制的电路如图 2-6 所示。

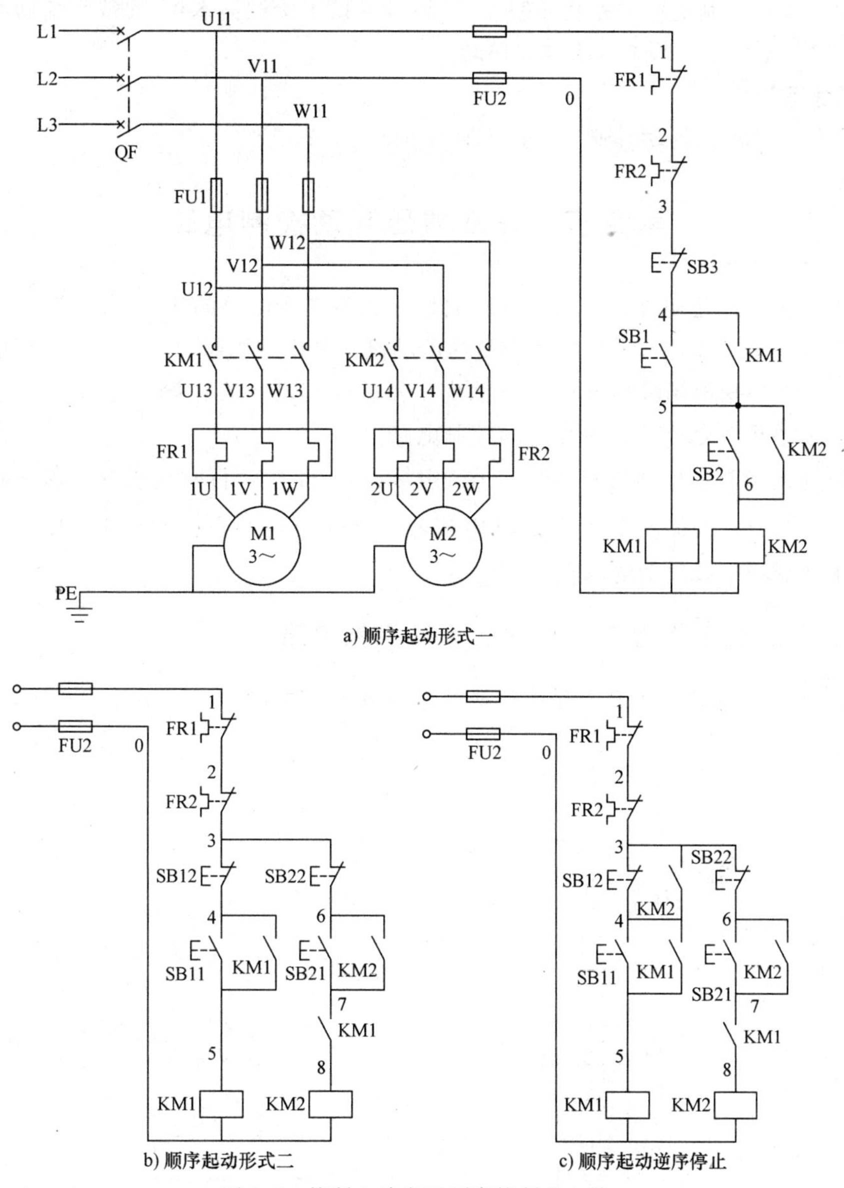

图 2-6　控制电路实现顺序控制的电路

图 2-6a 所示的控制电路可以实现顺序起动同时停止功能。电动机 M2 的控制电路先与接触器 KM1 的线圈并接后再与 KM1 的自锁触点串接。其工作原理与图 2-5b 所示的控制电路相同，电动机 M1 起动运行后，电动机 M2 才能起动运行，停止按钮 SB3 控制两台电动机同时停止。

图 2-6b 所示的控制电路可以实现顺序起动同时停止且 M2 可单独停止功能。电动机 M2 的控制电路中串接了接触器 KM1 的常开辅助触点，只有当电动机 M1 起动运行后，电动机 M2 才能起动运行，停止按钮 SB12 控制两台电动机同时停止，停止按钮 SB22 控制电动机 M2 单独停止。

图 2-6c 所示的控制电路可以实现顺序起动逆序停止功能。电动机 M2 的控制电路中串接了接触器 KM1 的常开辅助触点，只有当电动机 M1 起动运行后，电动机 M2 才能起动运行，电动机 M1 的控制电路中停止按钮 SB12 两端并接了接触器 KM2 的常开辅助触点，只有当电动机 M2 停转后，电动机 M1 才能停转。

【想想练练】

试分析图 2-6b、c 所示控制电路的工作原理。

第四节　Y-△减压起动控制电路

三相电动机直接起动时，起动电流较大，一般为额定电流的 4~7 倍。为了减小异步电动机直接起动电流，在控制电路中大容量的电动机常采用减压起动的方式。常用的减压起动方式有定子绕组串接电阻减压起动、自耦变压器减压起动、Y-△减压起动和延边三角形减压起动等。本书重点介绍Y-△减压起动控制电路。

Y-△减压起动是指电动机起动时定子绕组接成Y，正常运行时接成△。起动时加在定子绕组上的电压只有△联结的 $1/\sqrt{3}$，起动电流和起动转矩是△联结的 1/3，因此Y-△减压起动只适用于轻载或空载起动的场合。

一、按钮、接触器控制Y-△减压起动控制电路

按钮、接触器控制Y-△减压起动控制电路如图 2-7 所示。

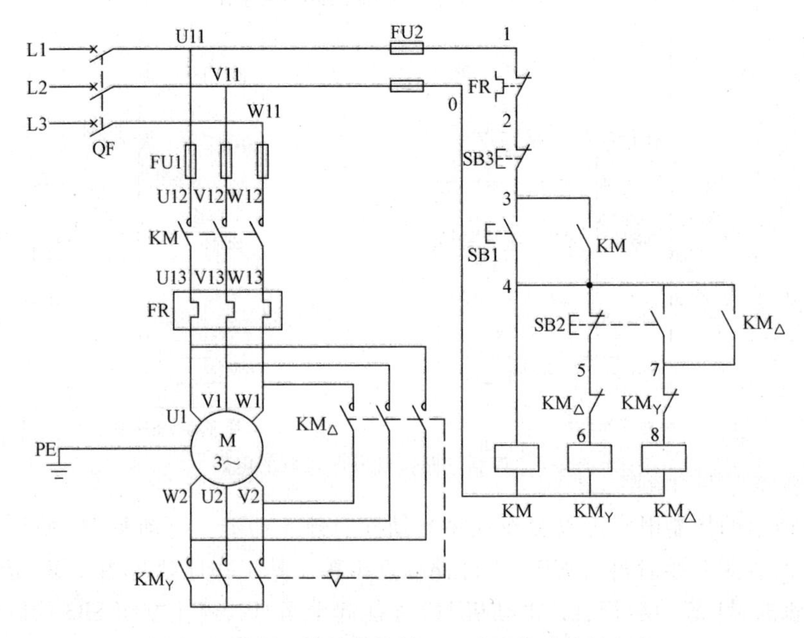

图 2-7　按钮、接触器控制Y-△减压起动控制电路

1. 电路组成

Y-△减压起动控制电路由三个接触器、一个热继电器和三个按钮组成。接触器 KM 作引入电源用，接触器 KM_Y和 $KM_\triangle$分别作Y起动和△运行，SB1 是起动按钮，SB2 是Y-△换接按钮，SB3 是停止按钮，FU1 作为主电路的短路保护，FU2 作为控制电路的短路保护，FR 为过载保护。

2. 工作原理

先合上电源开关 QF。

电动机Y联结减压起动：

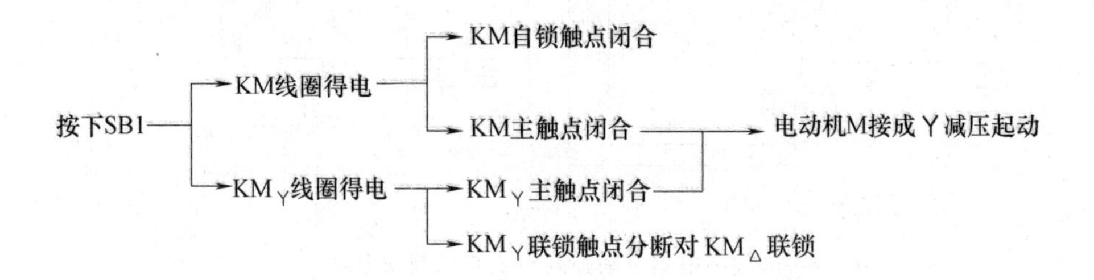

电动机△联结全压运行：

当电动机转速上升并接近额定值时，

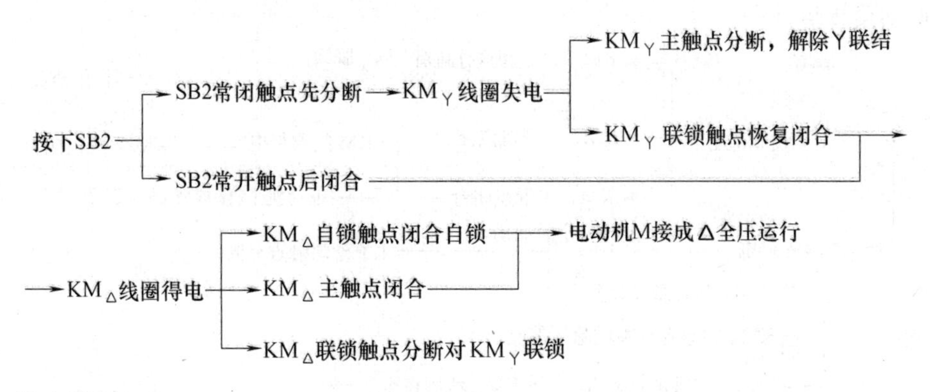

停止控制

按下SB3 → 控制电路接触器线圈失电 → 主电路中的主触点分断 → 电动机M停转

二、时间继电器自动控制Y-△减压起动电路

时间继电器自动控制Y-△减压起动电路如图 2-8 所示。

1. 电路组成

时间继电器自动控制Y-△减压起动电路由三个接触器、一个热继电器、一个时间继电器和两个按钮组成。接触器 KM 作引入电源用，接触器 KM_Y和 $KM_\triangle$分别作Y起动和△运行，时间继电器 KT 用作控制Y减压起动时间和完成Y-△自动切换，SB1 是起动按钮，SB2 是停止按钮，FU1 作为主电路的短路保护，FU2 作为控制电路的短路保护，FR 为过载保护。

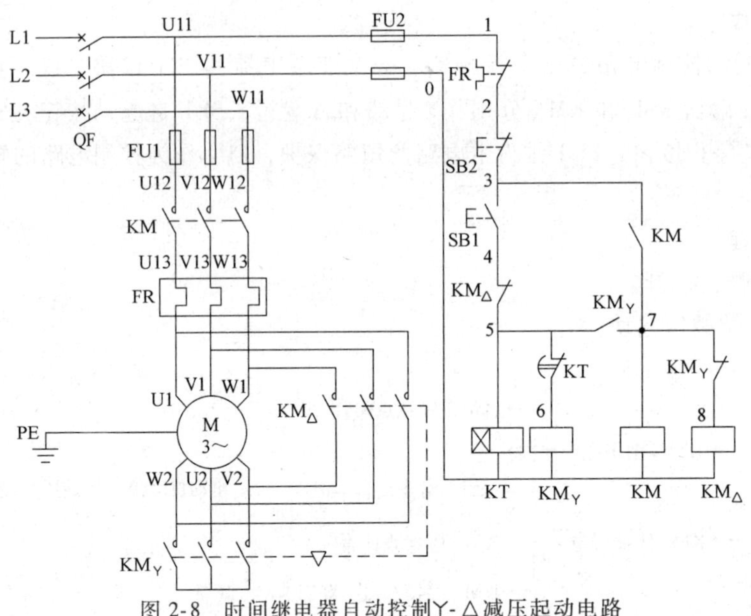

图 2-8　时间继电器自动控制Y-△减压起动电路

2. 工作原理

先合上电源开关 QF。

减压起动全压运行：

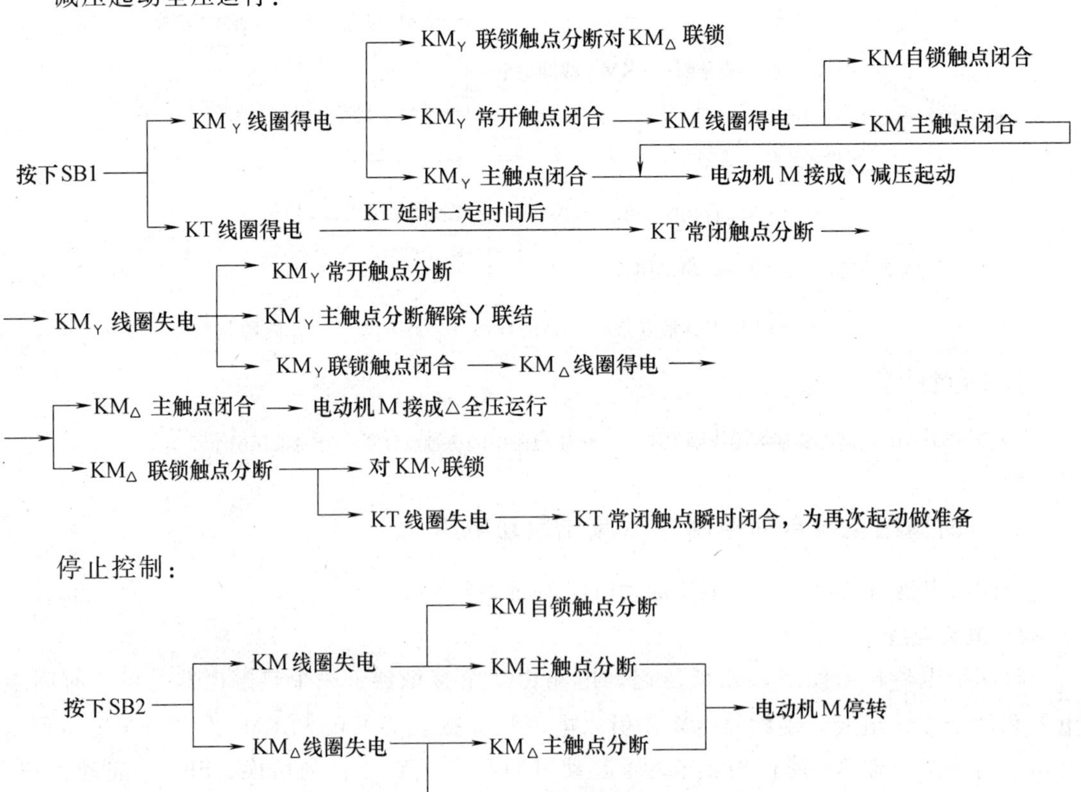

时间继电器自动控制Y-△减压起动电路的定型产品有 QX3、QX4 两个系列，称为Y-△

自动起动器。常见的Y-△自动起动器外形结构如图 2-9 所示。

a) QX3—13型

b) QX4—17型

图 2-9　常见的Y-△自动起动器外形结构

【想想练练】

查阅 QX3—13 型Y-△自动起动器的电路，并分析其工作原理。

第五节　制动控制电路

电动机断开电源后，由于惯性作用需要转动一段时间后才能停转。对于起重机、万能铣床等要求生产机械迅速停车的场合，必须对电动机进行制动，制动方法有机械制动和电气制动。

机械制动是利用机械摩擦力矩迫使闸轮迅速停止的方法。常用的机械制动有电磁抱闸制动器制动和电磁离合器制动两种。

电气制动是电动机产生与实际转速方向相反的电磁转矩迫使电动机迅速停转的方法。常用的电气制动有反接制动、能耗制动和再生制动。

一、反接制动

1. 制动原理

反接制动原理与电动机反转相同，是依靠调换定子绕组中任意两相的接线，使旋转磁场反转，从而在转子绕组中产生与转向相反的电磁转矩，迫使电动机迅速停转，如图 2-10 所示。

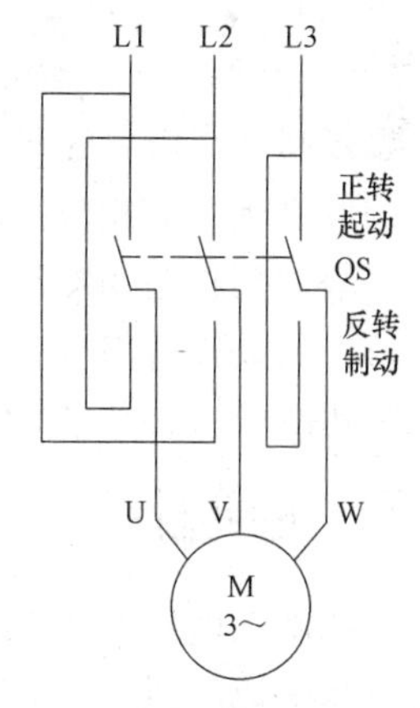

图 2-10　反接制动原理图

2. 单向起动反接制动控制电路

单向起动反接制动控制电路如图 2-11 所示。KM1 为正转运行接触器，KM2 为反接制动接触器，KS 为速度继电器，其轴与电动机轴相连接。

（1）电路组成

该电路由主电路和控制电路组成，起动按钮为 SB1、停止按钮为 SB2。

（2）工作过程

合上电源开关 QF。

起动过程如下：

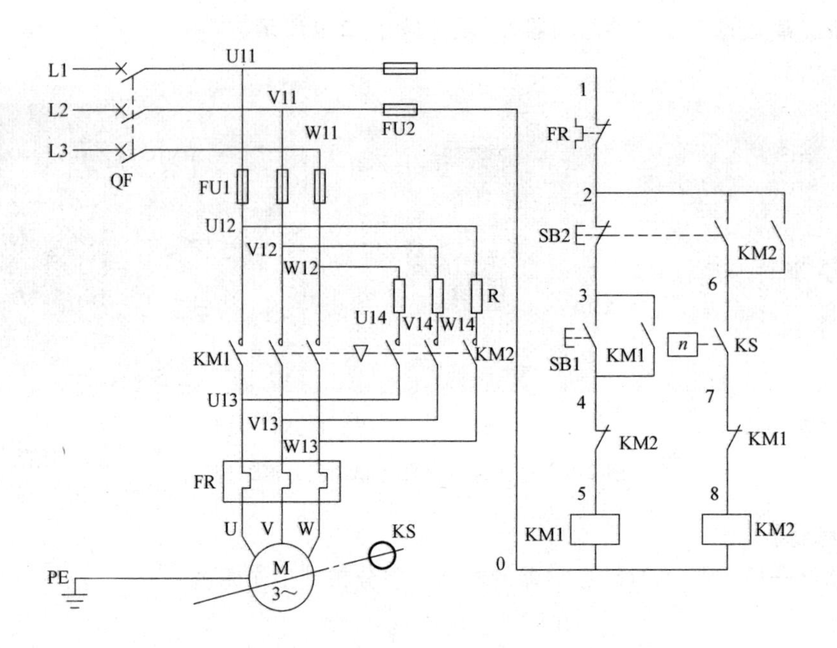

图 2-11　单向起动反接制动控制电路

按下按钮 SB1→KM1 线圈得电并自锁→电动机起动并运行→速度继电器 KS 的常开触点闭合

停止过程如下：

按下按钮SB2 → SB2常闭触点断开 → KM1线圈失电 → 电动机断电，由于惯性继续转动

→ SB2常开触点闭合 → KM2线圈得电(此时速度继电器KS的常开触点仍闭合) → 电动机反接电源，开始制动 → 转速小于100r/min时，KS的常开触点复位 → KM2线圈失电，电动机制动结束

反接制动中需要注意：当电动机转速接近零时，若不及时切断电源，电动机将会反向旋转。为此必须采取相应措施保证当电动机转速被制动到接近零时，迅速切断电源防止其反转。一般的反接制动控制电路中常利用速度继电器进行自动控制。

反接制动设备简单，制动力矩较大，冲击强烈，准确度不高。通常适用于要求制动迅速，制动不频繁（如各种机床的主轴制动）的场合。

二、能耗制动

能耗制动电路如图 2-12 所示，工作过程如下：当电动机切断三相交流电源后，立即在电动机两相定子绕组中通入直流电源，使之产生一个恒定的静止磁场，转子在惯性作用下继续旋转，转子切割该磁场磁感线时，在转子绕组中产生感应电流；感应电流又受到静止磁场的作用产生电磁力矩，电磁力矩的方向正好与电动机的转向相反，从而使电动机迅速停转。该制动方式应用较多的有变压器桥式整流单向运转能耗制动。能耗制动的优点是制动准确度高，能量消耗小，冲击小；缺点是需附加直流电源，制动转矩小。

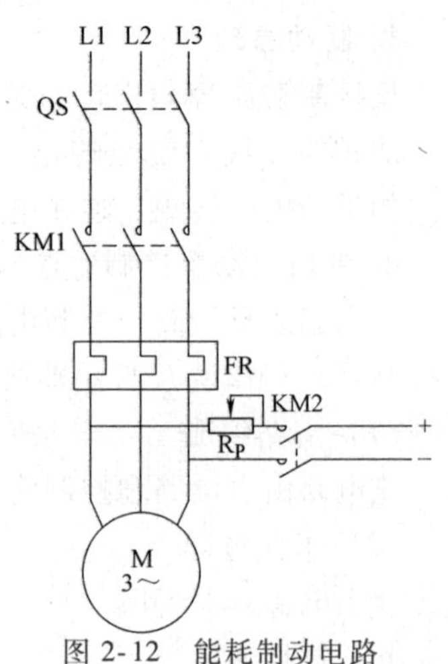

图 2-12　能耗制动电路

三、再生制动

再生制动又称回馈制动、发电制动，是指由于外力的作用（一般指势能负荷，如起重机在下放重物时），电动机的转速 n 超过了同步转速 n_1（$s>0$），转子导体切割磁感线产生的电磁转矩改变了方向，由驱动力矩变为制动力矩，造成电动机在制动状态（或发电状态）下运行。再生制动可向电网回馈电能，所以经济性好，但应用范围很窄，只有在 $n>n_1$ 时才能实现。常用于起重机、电力机车和多速电动机中。而且再生制动只能限制电动机转速，不能制停。

【想想练练】

能耗制动和反接制动各有何特点？

第六节　调速控制电路

在实际生产中，机床、升降机、起重设备、风机、水泵等常常需要在工作过程中变换不同的运行速度，这需要对电动机实行调速控制。

所谓调速就是利用某种方法改变电动机的转速，以满足不同生产机械的要求。三相异步电动机的转速公式为：

$$n=n_1(1-s)=\frac{60f_1}{p}(1-s)$$

式中，n 为转子转速，n_1 为同步转速，s 为转差率，f_1 为电源频率，p 为电动机的磁极对数。从上式可以看出，三相异步电动机有以下三种调速方法。

1. 变极调速

变极调速是通过改变定子旋转磁场的磁极对数来达到改变电动机转速的目的，将每相定子绕组的两部分由串联改接成并联（如图 2-13 所示），可以使磁极对数减小一半，则转子转速也将随之提高一倍，从而达到调速的目的，这就是变极调速的原理。

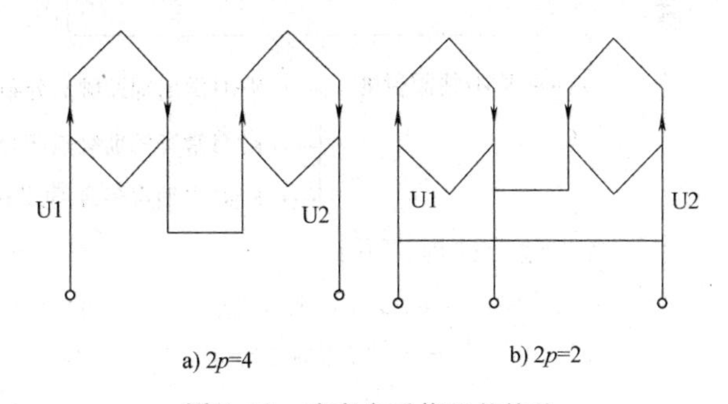

图 2-13　改变定子绕组的接法

某些磨床、铣床和镗床上常用的多速电动机调速就是采用变极调速方式。变极调速只适用于笼型异步电动机，其优点是设备简单、操作方便、效率高；缺点是调速级数少。国产 YD 系列双速电动机采用的变极方法是△/YY联结，属于恒功率调速，用于金属切削机床上；另外，也有部分电动机采用Y/YY联结，属于恒转矩调速，适用于起重、运输等生产机械。

双速电动机控制电路图如图 2-14 所示。

（1）电路组成

双速电动机控制电路由主电路和控制电路组成。低速起动按钮为 SB1，高速起动按钮为 SB2，停止按钮为 SB3。

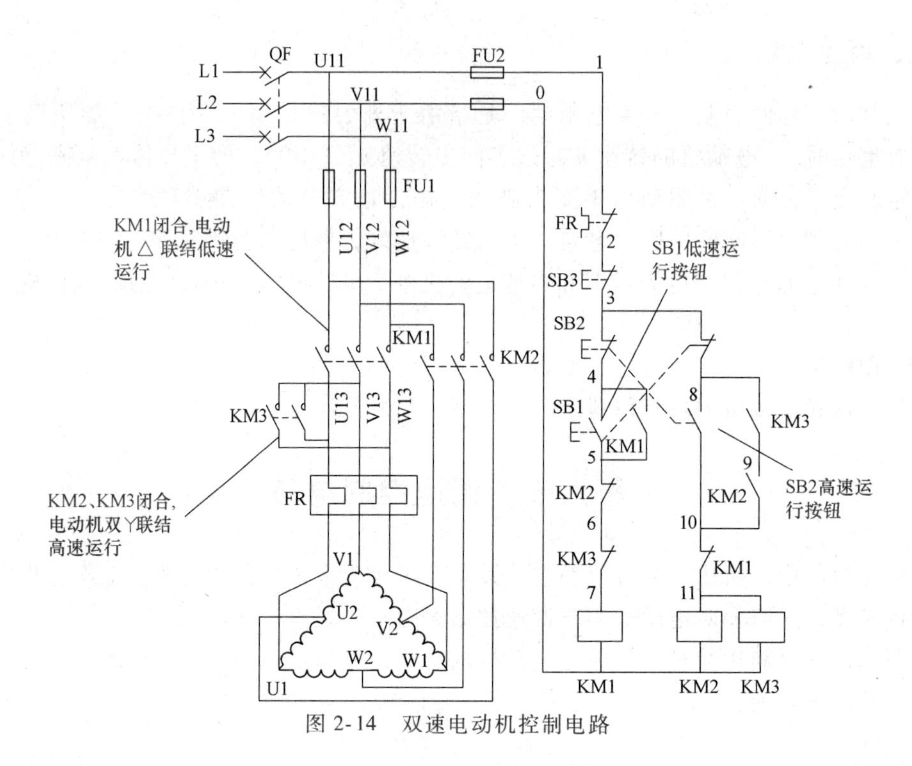

图 2-14　双速电动机控制电路

（2）工作过程

① 合上电源开关 QF。

② 低速运行过程如下：

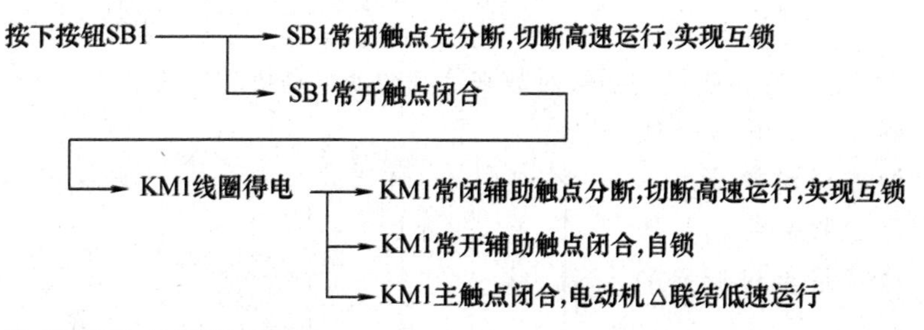

③ 高速运行过程如下：

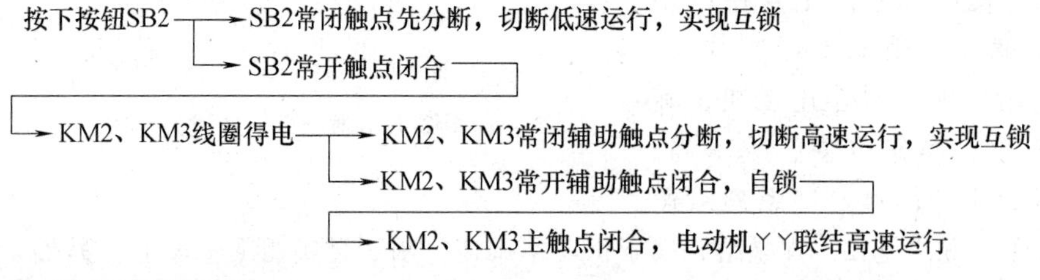

④ 停止过程如下：

按下按钮 SB3→KM1（或 KM2、KM3）线圈失电→KM1（或 KM2、KM3）主触点分断→电动机停转。

2. 变频调速

由于三相异步电动机的同步转速 n_1 与电源频率 f_1 成正比，所以连续地改变电源的频

率，就可以平滑地调节三相异步电动机的转速。变频调速的机械特性如图 2-15 所示。

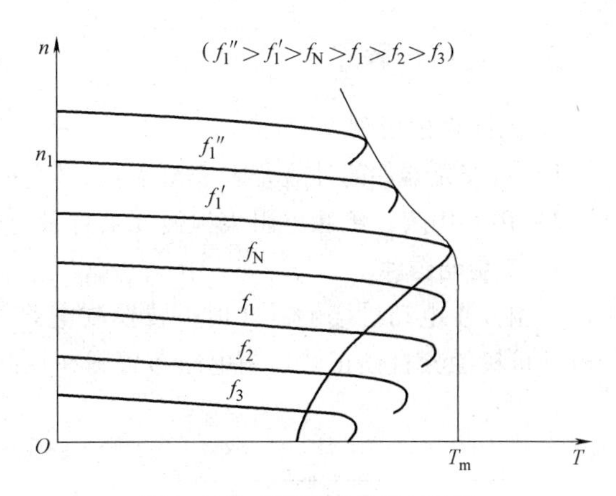

图 2-15　变频调速的机械特性

三相异步电动机定子每相电动势的有效值计算公式为：

$$E_1 = 4.44K_1 f_1 N_1 \Phi_m$$

式中，K_1 为定子绕组的绕组系数；f_1 为电动机定子频率，单位为 Hz；N_1 为定子绕组有效匝数；Φ_m 为主磁通，单位为 Wb。

三相异步电动机转子上的转矩为：

$$T = C_T \Phi_m I_2 \cos\varphi_2$$

式中，C_T 为转矩常数；Φ_m 为磁通，单位为 Wb；I_2 为转子中每相绕组中的电流，单位为 A；$\cos\varphi_2$ 为转子中每相绕组的功率因数。

在额定频率以下，为了保持电动机的负载能力，应保持主磁通 Φ_m 不变，这就要求降低供电频率的同时降低感应电动势，即电压与频率成正比减小，此时，机械特性较硬，调速范围宽且稳定性好，属恒转矩调速方式。在额定频率以上，频率升高，电压由于受额定电压的限制不能再升高，这样必然会使主磁通随着频率的上升而减小，属恒功率调速方式。

变频调速为无级调速，调速范围大，平滑性好，效率高，能适应不同负载的要求。近些年来，随着电力电子技术的发展，变频装置性能的提高及价格的降低，变频调速已在各个领域得到广泛应用。

3. 变转差率调速

常用的改变转差率调速方法有变阻调速和变压调速。

实训课题二　基本控制电路的安装

实训一　三相异步电动机单向控制电路的安装

一、实训目的

1）熟悉三相异步电动机接触器自锁正转控制电路的安装步骤。

2）会正确安装三相异步电动机接触器自锁正转控制电路。

二、实训器材

1）工具：尖嘴钳、斜口钳、剥线钳、螺钉旋具、电工刀、测试笔等。

2）仪表：MF47 型万用表一只、ZC25—3 型绝缘电阻表一台、MG3—1 型钳形电流表一台。

3）器材：Y112M—4 电动机一台、低压断路器（DZ5—20/330）一只、螺旋式熔断器（RL1—60/25）三只、螺旋式熔断器（RL1—15/2）两只、交流接触器（CJ10—20）一只、热继电器（JR36—20）一只、按钮（LA10—3H）一只、端子排（TD—1515）一块、网孔板一块、主电路塑铜线（1.5mm²）若干、控制电路塑铜线（1mm²）若干、按钮塑铜线（0.75mm²）若干、接地线若干和编码套管等。

三、实训步骤

1. 元器件的检测

1）检查元器件的外观是否完整无损，附件、备件是否齐全。

2）用万用表、绝缘电阻表检测元器件及电动机的技术数据是否符合要求。

2. 安装元器件

三相异步电动机接触器自锁正转控制电路如图2-2所示。按照如图2-16所示的三相异步电动机接触器自锁正转控制电路布置图在控制板上布置元器件，如图2-17所示。

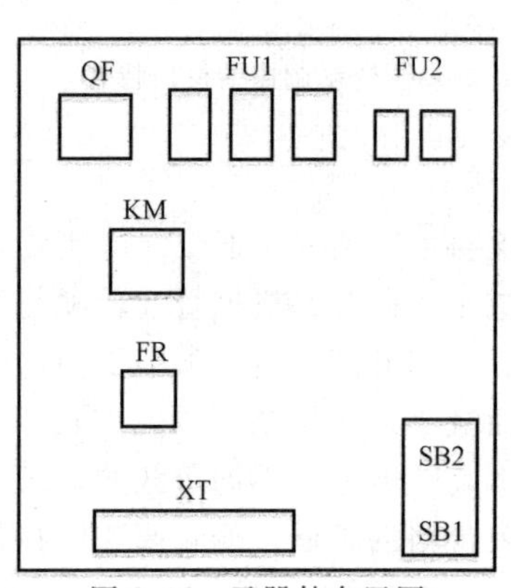

图2-16　元器件布置图

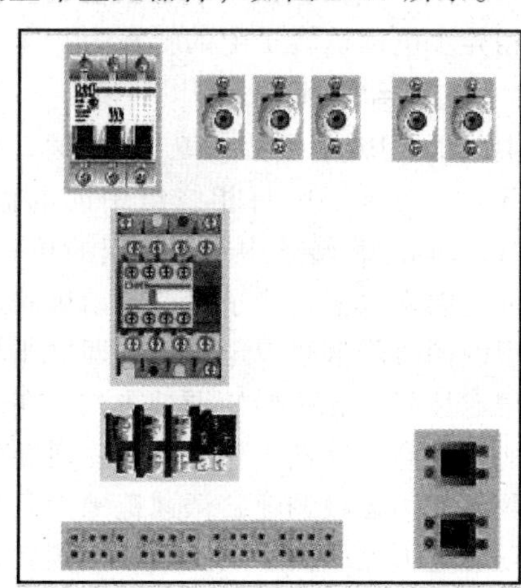

图2-17　布置元器件

3. 布线

按照如图2-18所示的三相异步电动机接触器自锁正转控制电路实际接线图的走线方法，

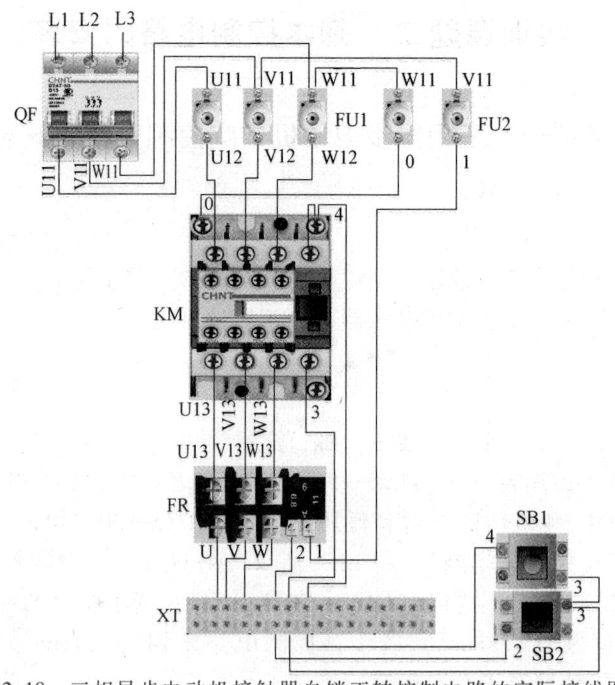

图2-18　三相异步电动机接触器自锁正转控制电路的实际接线图

进行板前明线布线和套编码管（为使实际接线图清晰，电源线和接地线省略，实际接线时要注意接入）。

4. 接线

检查控制板布线无误后连接电源和电动机等控制板外部的导线。

5. 通电试车

接线完毕，经检查无误后方可通电试车。

四、注意事项

1）各个元件的安装位置要适当，安装要牢固、排列要整齐。

2）走线集中、减少架空和交叉，做到横平、竖直、转弯成直角。

3）每个接头最多只能接两根线。

4）平压式接线柱要求作线耳连接，方向为顺时针。

5）线头露铜部分小于2mm。

6）电动机和按钮等金属外壳必须可靠接地。

7）按钮使用规定为红色：SB2 停止控制；绿色：SB1 起动控制。

五、实训思考

在三相异步电动机接触器自锁正转控制电路中，若突然断电，恢复供电后电动机能否自行起动运转？

实训二　三相异步电动机正反转控制电路的安装

一、实训目的

1）熟悉三相异步电动机接触器联锁正反转控制电路的安装步骤。

2）会正确安装三相异步电动机接触器联锁正反转控制电路。

二、实训器材

1）工具：尖嘴钳、斜口钳、剥线钳、螺钉旋具、电工刀、测试笔等。

2）仪表：MF47 型万用表一只、ZC25—3 型绝缘电阻表一台、MG3—1 型钳形电流表一台。

3）器材：Y112M—4 电动机一台、低压断路器（DZ5—20/330）一只、螺旋式熔断器（RL1—15/25）三只、螺旋式熔断器（RL1—15/2）两只、交流接触器（CJ10—20）两只、热继电器（JR36—20）一只、按钮（LA10—3H）一只、端子排（TD—1515）一块、网孔板一块、主电路塑铜线（1.5mm^2）若干、控制电路塑铜线（1mm^2）若干、按钮塑铜线（0.75mm^2）若干、接地线若干和编码套管。

三、实训步骤

1. 元器件的检测

1）检查元器件的外观是否完整无损，附件、备件是否齐全。

2）用万用表、绝缘电阻表检测元器件及电动机的技术数据是否符合要求。

2. 安装元器件

三相异步电动机接触器联锁正反转控制电路如图 2-3 所示。按照如图 2-19 所示的三相异步电动机接触器联锁正反转控制电路元器件布置图在控制板上布置元器件，如图 2-20 所示。

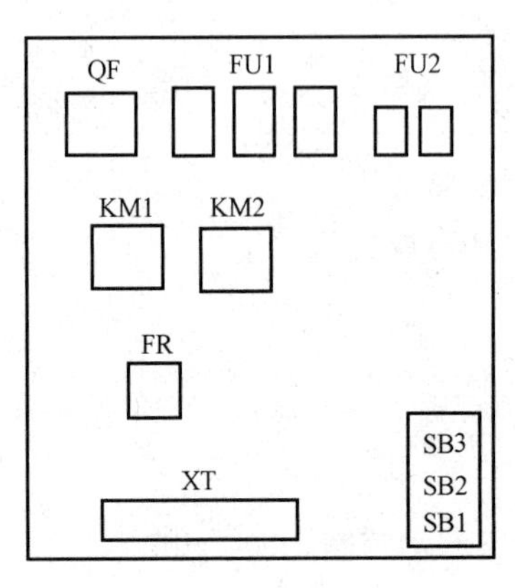

图 2-19　元器件布置图

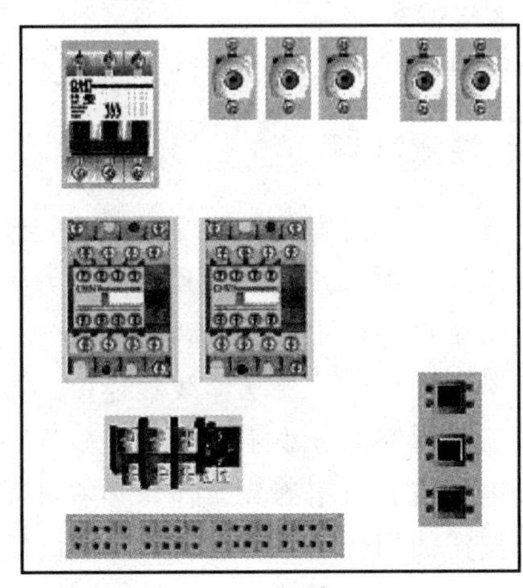

图 2-20　布置元器件

3. 布线

按照如图 2-21 所示的三相异步电动机接触器联锁正反转控制电路实际接线图的走线方法，进行板前明线布线和套编码管。

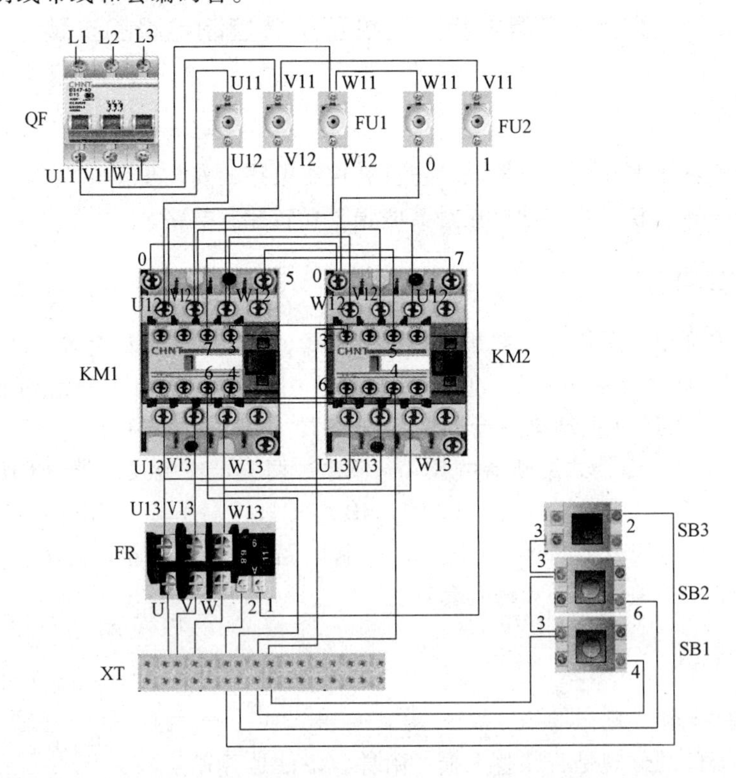

图 2-21　三相异步电动机接触器联锁正反转控制电路实际接线图

4. 接线

检查控制板布线无误后连接电源和电动机等控制板外部的导线。

5. 通电试车

接线完毕，经检查无误后方可通电试车。

四、注意事项

1）主电路必须换相（即 V 相不变，U 相与 W 相对换），以实现正反转控制。

2）接触器联锁触点接线必须正确，否则会造成主电路中两相电源短路事故。

3）按钮使用规定为红色：SB3 停止控制；绿色：SB1 正转控制；黑色：SB2 反转控制。

五、实训思考

试画出如图 2-4 所示的按钮、接触器双重联锁正反转控制电路的接线图，并进行安装。

实训三　三相异步电动机顺序控制电路的安装

一、实训目的

1）熟悉两台电动机顺序起动同时停止控制电路的安装步骤。

2）会正确安装两台电动机顺序起动同时停止控制电路。

二、实训器材

1）工具：尖嘴钳、斜口钳、剥线钳、压线钳、螺钉旋具、电工刀、测试笔等。

2）仪表：MF47 型万用表一只、ZC25—3 型绝缘电阻表一台、MG3—1 型钳形电流表一台。

3）器材：Y112M—4 电动机一台、Y90S—2 电动机一台、低压断路器（DZ5—20/330）一只、螺旋式熔断器（RL1—60/25）三只、螺旋式熔断器（RL1—15/2）两只、交流接触器（CJ10—20）两只、热继电器（JR36—20/3）两只、按钮（LA10—3H）一只、端子排（JD—1020）一块、网孔板一块、主电路塑铜线（$1.5mm^2$）若干、控制电路塑铜线（$1mm^2$）若干、按钮塑铜线（$0.75mm^2$）若干、接地线若干、冷压接线端子（E1508、E1008、E7508、UT1—3）和编码套管、线槽等。

三、实训步骤

1. 元器件的检测

1）检查元器件的外观是否完整无损，附件、备件是否齐全。

2）用万用表、绝缘电阻表检测元器件及电动机的技术数据是否符合要求。

2. 安装元器件

两台电动机顺序起动同时停止控制电路如图 2-6a 所示。按照如图 2-22 所示的两台电动机顺序起动同时停止控制电路元器件布置图在控制板上布置元器件，如图 2-23 所示。

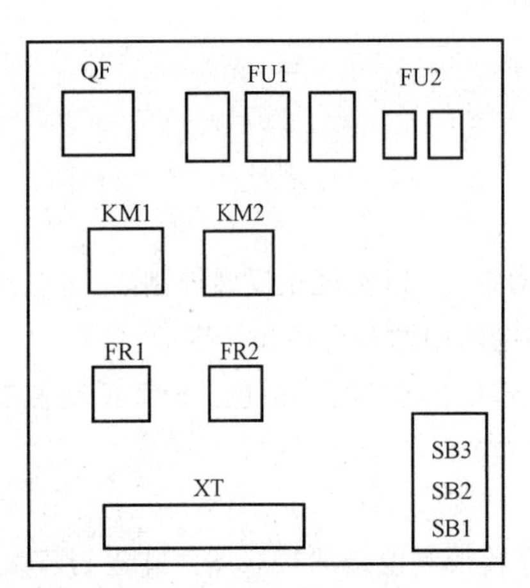

图 2-22　元器件布置图

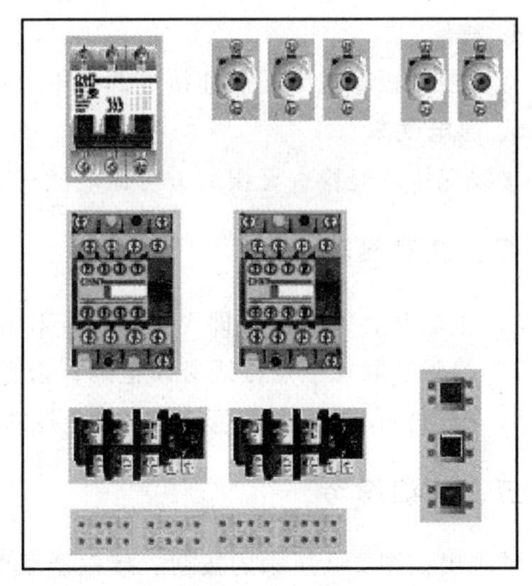

图 2-23　布置元器件

3. 布线

按照如图 2-24 所示两台电动机顺序起动同时停止控制电路实际接线图的走线方法，进行板前线槽布线和套编码管。

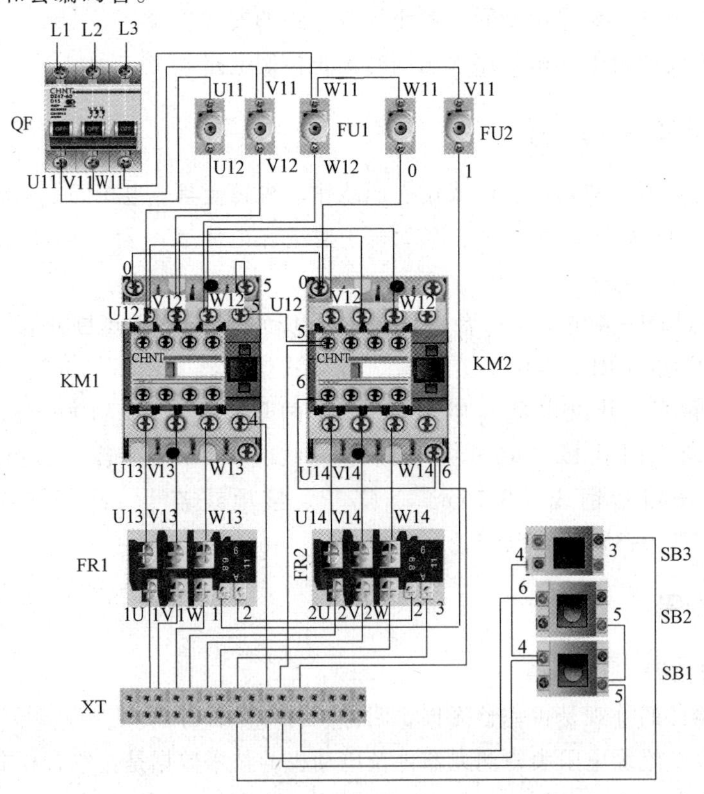

图 2-24　顺序起动同时停止控制电路实际接线图

4. 接线

检查控制板布线无误后连接电源和电动机等控制板外部的导线。

5. 通电试车

接线完毕，经检查无误后方可通电试车。

四、注意事项

1）按钮使用规定为红色：SB3 停止控制；绿色：SB1 控制电动机 M1 起动；黑色：SB2 控制电动机 M2 起动。

2）通电试车前，应熟悉电路的操作顺序。

3）通电试车过程中若出现异常，必须立即切断电源开关 QF，而不是按下停止按钮 SB3。

五、实训思考

试画出如图 2-6c 所示的两台电动机顺序起动逆序停止的控制电路接线图，并进行安装。

实训四　三相异步电动机减压起动控制电路的安装

一、实训目的

1）熟悉时间继电器自动控制Y-△减压起动控制电路的安装步骤。

2）会正确安装时间继电器自动控制Y-△减压起动控制电路。

二、实训器材

1）工具：尖嘴钳、斜口钳、剥线钳、压线钳、螺钉旋具、电工刀、测试笔等。

2）仪表：MF47 型万用表一只、ZC25—3 型绝缘电阻表一台、MG3—1 型钳形电流表一台。

3）器材：Y132S—4 电动机一台、低压断路器（DZ5—20/330）一只、螺旋式熔断器（RL1—60/25）三只、螺旋式熔断器（RL1—15/2）两只、交流接触器（CJ10—20）三只、时间继电器（JS7—2A）一只、热继电器（JR36—20/3）一只、按钮（LA10—3H）一只、端子排（TD—1015）一块、网孔板一块、主电路塑铜线（1.5mm^2）若干、控制电路塑铜线（1mm^2）若干、按钮塑铜线（0.75mm^2）若干、接地线若干、冷压接线端子（E1508、E1008、E7508、UT1—3）和编码套管、线槽等。

三、实训步骤

1. 元器件的检测

1）检查元器件的外观是否完整无损，附件、备件是否齐全。

2）用万用表、绝缘电阻表检测元器件及电动机的技术数据是否符合要求。

2. 安装元器件

时间继电器自动控制Y-△减压起动电路如图 2-8 所示。按照如图 2-25 所示的时间继电器自动控制Y-△减压起动电路元器件布置图在控制板上布置元器件，如图 2-26 所示。

3. 布线

按照如图 2-27 所示的时间继电器自动控制Y-△减压起动控制电路实际接线图的走线方

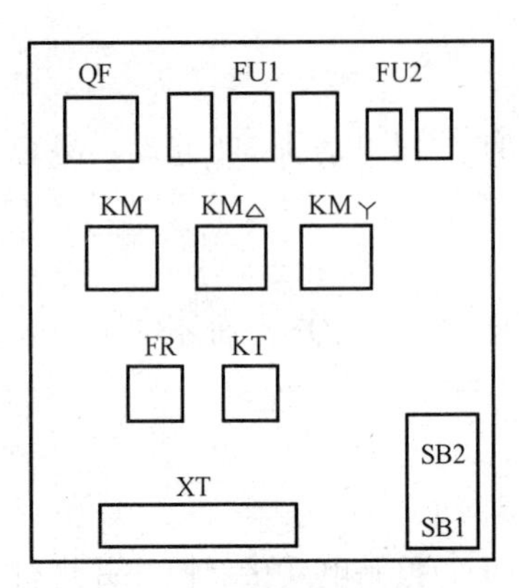

图 2-25　元器件布置图

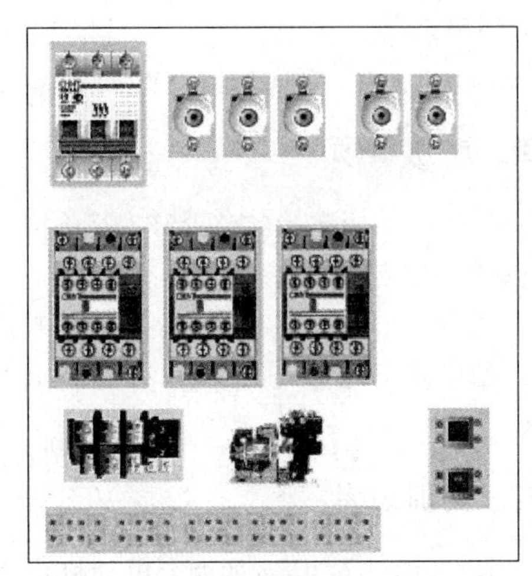
图 2-26　布置元器件

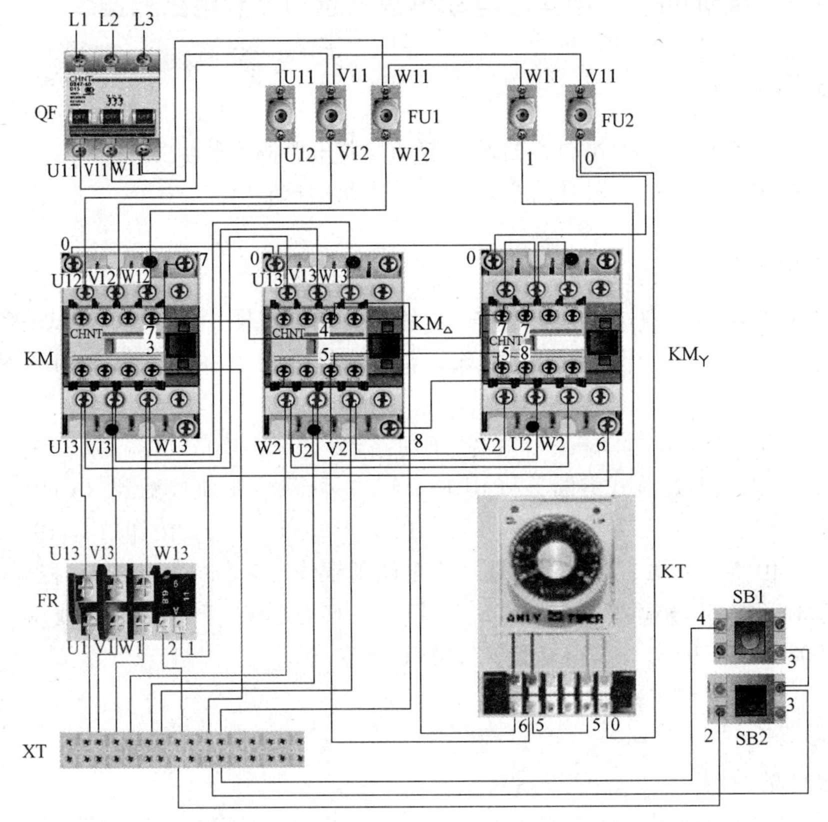

图 2-27　时间继电器自动控制Y-△减压起动控制电路实际接线图

法，进行板前线槽布线和套编码管。

4. 接线

检查控制板布线无误后连接电源和电动机等控制板外部的导线。

5. 通电试车

接线完毕，经检查无误后方可通电试车。

四、注意事项

1）要保证电动机的定子绕组接线的正确性。

2）电动机的定子绕组在△联结时的额定电压等于三相电源的线电压。

3）接触器 KM_{Y}的进线必须从三相定子绕组的末端引入。

4）按钮使用规定为红色：SB2 停止控制；绿色：SB1 起动控制。

五、实训思考

试画出如图 2-7 所示的按钮、接触器控制Y-△减压起动控制电路的接线图，并进行安装。

实训五　三相异步电动机制动控制电路的安装

一、实训目的

1）熟悉单向起动反接制动控制电路的安装步骤。

2）会正确安装单向起动反接制动制动控制电路。

二、实训器材

1）工具：尖嘴钳、斜口钳、剥线钳、压线钳、螺钉旋具、电工刀、测试笔等。

2）仪表：MF47 型万用表一只、ZC25—3 型绝缘电阻表一台、MG3—1 型钳形电流表一台。

3）器材：Y112M—4 电动机一台、低压断路器（DZ5—20/330）一只、螺旋式熔断器（RL1—60/25）三只、螺旋式熔断器（RL1—15/2）两只、交流接触器（CJT1—20）两只、速度继电器（JY1）一只、热继电器（JR36—20/3）一只、按钮（LA10—3H）一只、制动电阻（0.5Ω）三只、端子排（TD—1020）一块、网孔板一块、主电路塑铜线（1.5mm^2）若干、控制电路塑铜线（1mm^2）若干、按钮塑铜线（0.75mm^2）若干、接地线若干、冷压接线端子（E1508、E1008、E7508、UT1—3）和编码套管、线槽等。

三、实训步骤

1. 元器件的检测

1）检查元器件的外观是否完整无损，附件、备件是否齐全。

2）用万用表、绝缘电阻表检测元器件及电动机的技术数据是否符合要求。

2. 安装元器件

单向起动反接制动控制电路如图 2-11 所示。按照如图 2-28 所示的单向起动反接制动控制电路元器件布置图在控制板上布置元器件，如图 2-29 所示。

3. 布线

根据如图 2-11 所示的单向起动反接制动控制电路原理图进行实际接线，并进行板前线槽布线和套编码管，如图 2-30 所示。

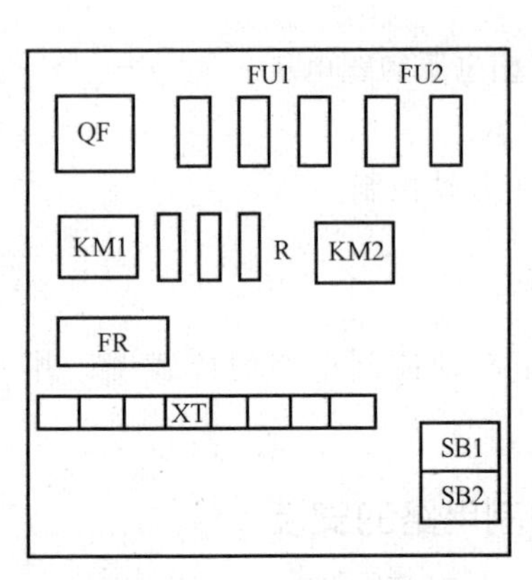

图 2-28　元器件布置图

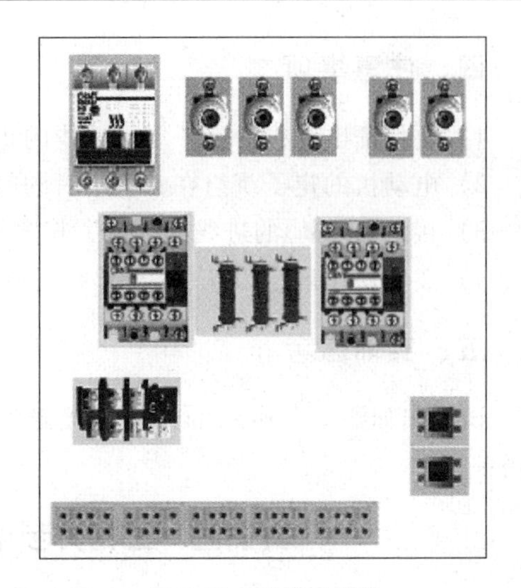

图 2-29　布置元器件

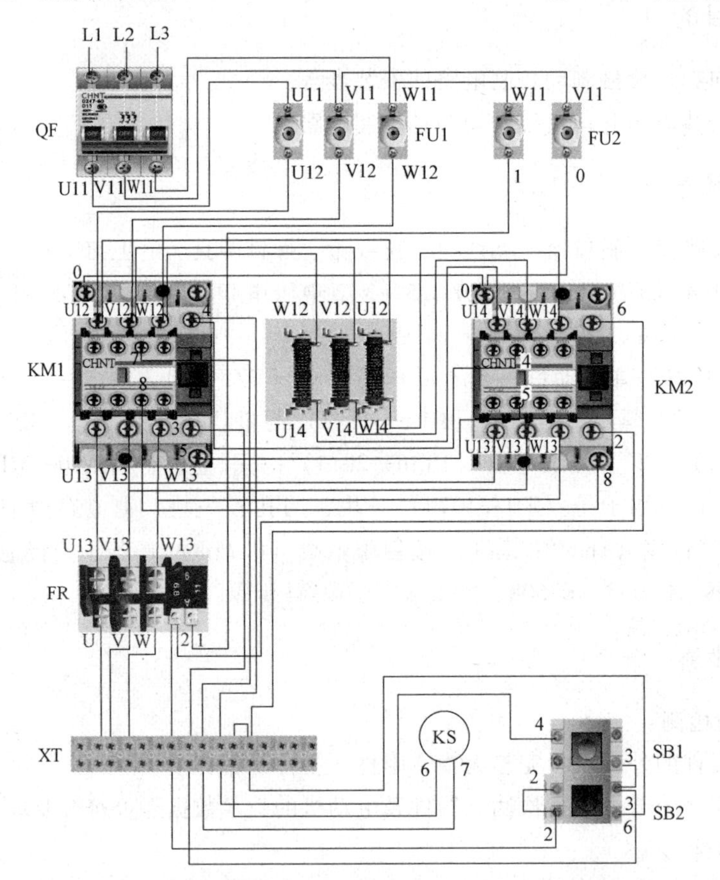

图 2-30　单向起动反接制动控制电路实际接线图

4. 接线

检查控制板布线无误后连接电源和电动机等控制板外部的导线。

5. 通电试车

接线完毕，经检查无误后方可通电试车。

四、注意事项

1）实际操作时，制动电阻要安装在控制板的外面。

2）速度继电器要安装与电动机同轴。

3）按钮使用规定为红色：SB2 制动停止控制；绿色：SB1 起动控制。

五、实训思考

在单向起动反接制动控制电路中，若制动按钮 SB2 没有按到底，会出现什么现象？

实训六　三相异步电动机双速控制电路的安装

一、实训目的

1）熟悉双速电动机控制电路的安装步骤。

2）会正确安装双速电动机控制电路。

二、实训器材

1）工具：尖嘴钳、斜口钳、剥线钳、压线钳、螺钉旋具、电工刀、测试笔等。

2）仪表：MF47 型万用表一只、ZC25—3 型绝缘电阻表一台、MG3—1 型钳形电流表一台。

3）器材：YD132M—4/2 电动机一台、低压断路器（DZ5—20/330）一只、螺旋式熔断器（RL1—60/25）三只、螺旋式熔断器（RL1—15/2）两只、交流接触器（CJT1—20）三只、热继电器（JR36—20/3）一只、按钮（LA10—3H）一只、端子排（TD—1020）一块、网孔板一块、主电路塑铜线（$1.5mm^2$）若干、控制电路塑铜线（$1mm^2$）若干、按钮塑铜线（$0.75mm^2$）若干、接地线若干、冷压接线端子（E1508、E1008、E7508、UT1—3）和编码套管、线槽等。

三、实训步骤

1. 元器件的检测

1）检查元器件的外观是否完整无损，附件、备件是否齐全。

2）用万用表、绝缘电阻表检测元器件及电动机的技术数据是否符合要求。

2. 安装元器件

双速电动机控制电路如图 2-14 所示。按照如图 2-31 所示的双速电动机控制电路元器件布置图在控制板上布置元器件，如图 2-32 所示。

3. 布线

根据如图 2-14 所示的双速电动机控制电路原理图进行实际接线，并进行板前线槽布线和套编码管，如图 2-33 所示。

4. 接线

检查控制板布线无误后连接电源和电动机等控制板外部的导线。

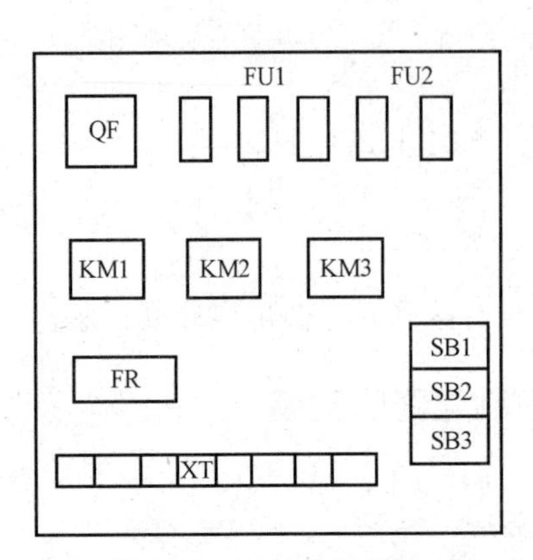

图 2-31　元器件布置图

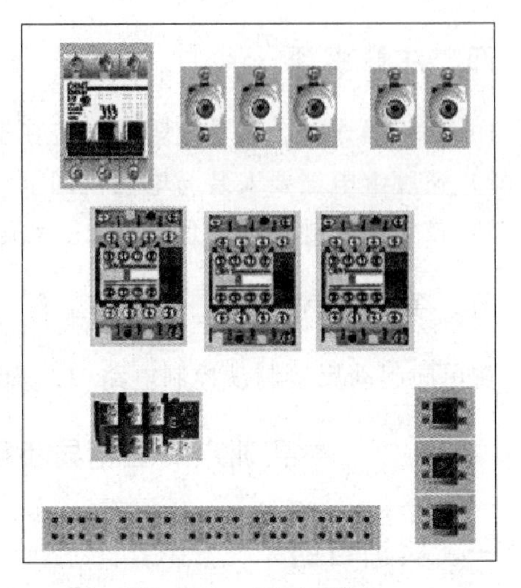

图 2-32　布置元器件

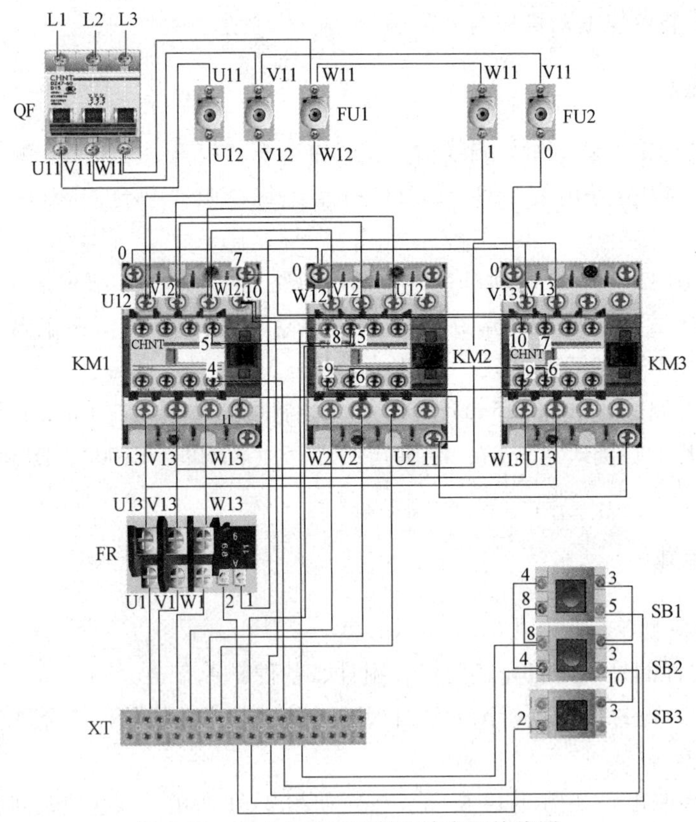

图 2-33　双速电动机控制电路实际接线图

5. 通电试车

接线完毕，经检查无误后方可通电试车。

四、注意事项

1）双速电动机定子绕组从一种联结方式改变为另一种联结方式时，必须把电源相序反

接，以保证电动机的旋转方向不变。

2）按钮使用规定为红色：SB3 制动停止控制；绿色：SB1（低速）、SB2（高速）起动控制。

五、实训思考

在双速电动机控制电路中，请说明三个按钮按动的顺序是什么？

思考与练习

一、填空题

1. 在控制电路原理图中，各电器的触点都按__________时的正常状态画出。

2. 刀开关在安装时，手柄要向__________装，不得__________或__________，接线时，__________接在上端，下端接__________。

3. 点动是指当按下按钮，电动机__________，松开按钮，电动机就__________。

4. 三相异步电动机减压起动的方式有__________、__________、__________和__________。

5. 三相异步电动机常用的电气制动方式有__________、__________和__________。

二、单项选择题

1. 两个接触器控制的联锁保护一般采用（　　）。

A. 串接对方控制电路的常开触点　　B. 串接对方控制电路的常闭触点

C. 串接自己的常开触点　　D. 串接自己的常闭触点

2. 在电动机正反转控制电路中，为了防止主触点熔焊而发生短路事故，应采用（　　）。

A. 接触器自锁　　B. 接触器联锁　　C. 按钮自锁　　D. 按钮联锁

3. 电气互锁的作用是（　　）。

A. 加快控制电路动作的速度　　B. 维持电动机长动

C. 防止两只接触器同时得电动作　　D. 防止电动机出现点动

4. 在操作接触器联锁正反转控制电路中，要使电动机从正转变为反转，正确的方法是（　　）。

A. 可以直接按下反转起动按钮

B. 可以直接按下正转起动按钮

C. 必须先按下停止按钮，再按下反转起动按钮

D. 上述三种方法都可以

5. 一台电动机起动后另一台电动机才能起动的控制方式是（　　）。

A. 自锁控制　　B. 联锁控制　　C. 位置控制　　D. 顺序控制

6. 为实现两台电动机顺序起动（　　）。

A. 只能通过主电路实现　　B. 只能通过控制电路实现

C. 通过主电路和控制电路均可实行　　D. 只能通过联锁控制实现

三、简答题

1. 控制电路如图 2-34 所示，请根据故障现象说明原因。

1）合上电源开关QS，按下SB1，电动机M起动运行；松开SB1，电动机M停转。

2）合上电源开关QS，按下SB1，电动机M起动运行；按下SB2，电动机M不停转。

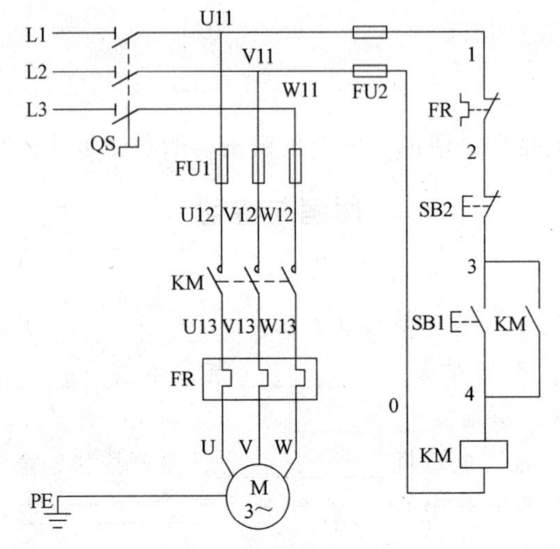

图2-34　简答题1图

2. 车床因卡刀电动机过载而自动保护停止工作，及时处理后，电动机仍不能起动，试分析出现这种现象的主要原因是什么？

3. 对于按钮控制的接触器联锁正反转控制电路：

1）联锁的目的是什么？

2）由正转变换到反转，应如何操作？

3）电动机由于过载而自动停车后，立即按起动按钮，电动机不能起动，试说明这可能是什么原因？

4. 什么是反接制动？什么是能耗制动？各有什么特点及适应什么场合？

四、设计题

试设计某机床的主电路和控制电路。要求：

1）主轴由一台三相异步电动机拖动，润滑油泵由另一台三相异步电动机拖动，均采用直接起动。

2）主轴必须在润滑油泵起动后，才能起动。

3）主轴正常为正向运转，但为调试方便，要求能反向点动。

4）主轴停止后，才允许润滑油泵停止。

5）有短路、过载及失压保护。

第三章　PLC 概述

可编程序控制器简称 PLC，是一种在传统继电器控制系统的基础上，引入微电子技术、计算机技术、自动控制技术和通信技术而形成的一种新型工业自动控制装置，具有编程简单、使用方便、通用性强、可靠性高、体积小、易于维护等优点，在自动控制领域应用十分广泛。图 3-1 所示是 S7-200 系列 PLC 的外形图。

图 3-1　S7-200 系列 PLC 的外形图

通过本章的理论学习和实训，你将初步了解 PLC 的组成和原理，熟悉 PLC 的常用编程语言，了解 S7-200 系列 PLC 的编程元件及存取方式，掌握 STEP7-Micro/WIN32 编程软件的基本使用。

【知识目标】

1. 了解 PLC 的定义。
2. 了解 PLC 的组成与工作原理。
3. 了解 PLC 的常用编程语言。
4. 掌握 S7-200 系列 PLC 的编程元件及存取方式；

【技能目标】

1. 掌握 I/O 接线方法。
2. 掌握 STEP7-Micro/WIN32 编程软件的基本操作。

第一节　PLC 简介

一、可编程序控制器的产生和定义

1968 年美国通用汽车公司（GM）对汽车生产线控制系统提出 10 项采用计算机控制的改造要求并公开招标，1969 年美国数字设备公司（DEC）根据这一要求，研制开发出世界上第一台可编程序控制器，并在GM公司汽车生产线上首次应用。

1987年国际电工委员会颁布的PLC标准草案中对PLC做了如下定义：可编程序控制器是一种数字运算操作的电子系统，专为在工业环境下应用而设计。它采用了可编程序的存储器，用来在其内部存储逻辑运算、顺序控制、定时、计数和算术运算等操作的指令，并能通过数字式或模拟式的输入输出，控制各种类型的机械或生产过程。可编程序控制器及其有关外围设备，都应按易于与工业控制系统形成一个整体，易于扩展其功能的原则而设计。

二、可编程序控制器的特点

1. 抗干扰能力强，可靠性高

PLC用软件代替大量的中间继电器和时间继电器，仅剩下与输入和输出有关的少量硬件，PLC采用现代大规模集成电路技术，在硬件上采用隔离、屏蔽、滤波、接地等抗干扰措施。在软件上采用数字滤波等抗干扰和故障诊断措施，使PLC具有很高的可靠性和抗干扰能力。

2. 控制系统结构简单，通用性强

PLC及外围模块品种多，可由各种组件灵活组合成各种大小和不同要求的控制系统。当需要变更控制系统的功能时，可以用编程器在线或离线修改程序，同一个PLC装置可用于不同的控制对象，只是输入输出组件和应用软件不同。

3. 编程方便，易于使用

PLC的程序设计大多采用类似继电器控制线路的梯形图语言，梯形图语言的图形符号与表达方式和继电器电路图相当接近，这种编程语言形象直观，不需要专门的计算机知识和语言，只要具有一定电工技术知识的人员都可在短时间学会。

4. 功能完善

PLC综合应用了微电子技术、通信技术和计算机技术，除了具有逻辑、定时、计数等顺序控制功能外，还具有进行各种算术运算、PID调节、过程监控、网络通信、远程I/O和高速数据处理功能，能满足工业控制中的各种复杂功能要求。

5. 系统设计、调试的周期短

用PLC进行系统设计时，由于其靠软件实现控制，硬件线路非常简洁，控制柜的设计及安装接线工作量大为减少，设计和施工可同时进行，因而缩短了设计周期。同时由于用户程序大都可以在实验室中进行模拟调试，调好后再将PLC控制系统在生产现场进行联机调试，因此可大大缩短设计和调试的周期。

6. 体积小，维护操作方便

PLC体积小，质量轻，便于安装。PLC的输入输出系统能够直观地反映现场信号的变化状态，还能通过各种方式直观地反映控制系统的运行状态，如内部工作状态、通信状态、I/O点状态、异常状态和电源状态等，对此均有醒目的指示，非常有利于运行和维护人员对系统进行监视。

三、可编程序控制器的分类

可编程序控制器发展到今天，已经有多种形式，而且功能也不尽相同。

1. 按 I/O 点数及存储器的容量分为大、中、小三个等级

小型 PLC 的输入、输出总点数一般在 256 点以下，用户程序存储器容量在 2K 字（1K=1024，存储一个 1 或 0 的二进制码称为 1 位，一个字为 16 位）以下。例如 S7-200 系列 PLC。

中型 PLC 的输入、输出总点数在 256~2048 点之间，用户程序存储器容量一般为 2K~8K 字。例如 S7-300 系列 PLC。

大型 PLC 的输入、输出总点数在 2048 点以上，用户程序存储器容量达到 8K 字以上。例如 S7-400 系列 PLC。

2. 根据结构形式分为整体式和模块式

整体式 PLC 的基本部件如 CPU 板、输入板、输出板、电源板等紧凑地安装在一个标准机壳内，构成一个整体，组成 PLC 的一个基本单元。基本单元上有扩展端口，通过扩展电缆与扩展单元相连，以构成 PLC 不同的配置。整体式结构的 PLC 体积小，成本低，安装方便。如图 3-1 所示为整体式结构 PLC。

模块式结构的 PLC 是由一些模块单元构成，这些标准模块如 CPU 模块、输入模块、输出模块、电源模块和各种功能模块等，将这些模块插在框架上或基板上即可，各模块功能是独立的，外形尺寸是统一的，插入什么模块可根据需要灵活配置。目前，中、大型 PLC 多采用这种结构形式，如图 3-2 所示是模块式 PLC 的外形图。

图 3-2　模块式 PLC 外形

四、可编程序控制器的性能指标

1. 存储容量

存储容量是指用户程序存储器的容量。用户程序存储器的容量大，可以编制出复杂的程序。一般来说，小型 PLC 的用户存储器容量为几千字，而大型机的用户存储器容量为几万字。

2. I/O 点数

输入/输出（I/O）点数是 PLC 可以接收的输入信号和输出信号的总和，是衡量 PLC 性能的重要指标。I/O 点数越多，外部可接的输入设备和输出设备就越多，控制规模就越大。

3. 扫描速度

扫描速度是指 PLC 执行用户程序的速度，是衡量 PLC 性能的重要指标。S7-200 系列 PLC 布尔量执行速度为 0.22μs/指令。

4. 指令集

指令集是衡量 PLC 软件功能强弱的指标，PLC 所具有的指令种类越多，则说明其软件

功能越强大。

5. 内部元件的种类与数量

在编制 PLC 程序时，需要用到大量的内部元件来存放变量、中间结果、保持数据、定时计数、模块设置和各种标志位等信息。这些元件的种类与数量越多，表示 PLC 的存储和处理各种信息的能力越强。

第二节 PLC 的基本组成与工作原理

一、可编程序控制器的组成

可编程序控制器的基本组成包括：中央处理器（CPU）、存储器、输入/输出单元（I/O）、电源及编程器等外部设备组成，如图 3-3 所示。

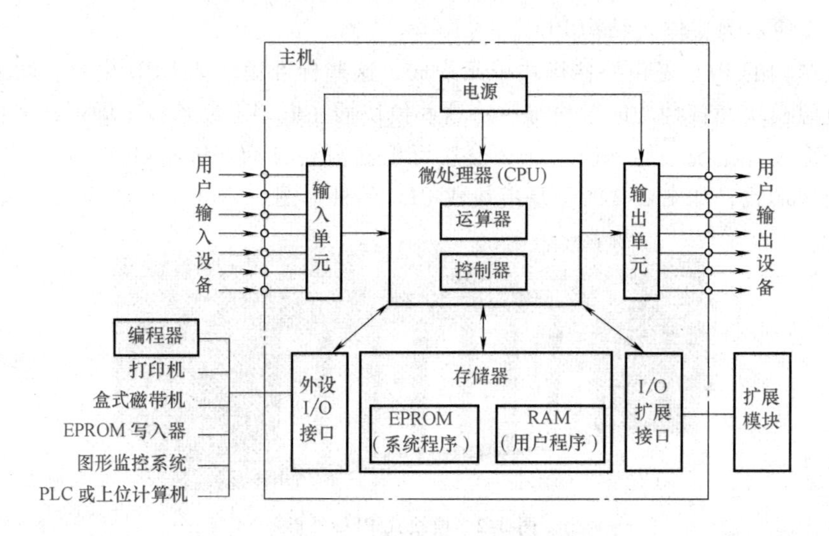

图 3-3 可编程序控制器的组成示意图

1. 中央处理器（CPU）

CPU 是整个 PLC 的核心部件，由控制器、运算器和寄存器组成并集成在一个芯片内。CPU 通过数据总线、地址总线和控制总线与存储器、输入/输出单元电路相连接。

CPU 主要完成的任务：从存储器中读取指令；执行指令；处理中断和自诊断。

S7-200 主机单元的 CPU 有两个系列：CPU21X 系列和 CPU22X 系列。CPU21X 系列主要有 4 种，分别是 CPU212、CPU214、CPU215 和 CPU216；CPU22X 系列主要有 5 种，分别是 CPU221、CPU222、CPU224XP、CPU226 和 CPU226CN。

2. 存储器

可编程序控制器的存储器包括系统存储器和用户存储器两部分。

系统存储器，用于存放 PLC 的内部系统管理程序。系统程序根据 PLC 功能的不同而不同，生产厂家在 PLC 出厂前已将其固化在只读存储器 ROM 或 PROM 中，用户不能更改。

用户存储器，主要用于存储用户程序及程序运行时产生的数据。用户程序指用户针对具

体控制任务用规定的 PLC 编程语言编写的各种程序，用户存储器根据所选用的存储器单元类型的不同，可以是 RAM（随机读写存储器，需后备电池在断电后保持程序）、EPROM 或 EEPROM（电可擦除）存储器，其内容可以由用户修改或增删。

3. 输入/输出单元（I/O 接口电路）

输入/输出单元是将 PLC 与现场各种输入、输出设备连接起来的部件（也称为 I/O 单元或 I/O 模块）。

1）输入单元通过 PLC 的输入端子接收现场输入设备的控制信号，并将这些信号转换成 CPU 所能接受和处理的数字信号输入主机。输入信号有两类：一类是从按钮、限位开关、光电开关等传来的开关量输入信号；一类是电位器、热电偶等提供的连续变化的模拟信号。

2）输出单元用于把用户程序的逻辑运算结果输出到 PLC 外部，具有隔离 PLC 内部电路与外部执行元件的作用，同时兼有功率放大作用。PLC 输出一般有三种：继电器输出型、晶体管输出型、晶闸管输出型。继电器输出型为有触点输出方式，允许通过的电流大，可用于接通或断开开关频率较低的直流负载或交流负载回路，但其响应时间长，通断变化频率低；晶闸管输出型为无触点输出方式，输出接口反应速度快，适用于带交流输出、通断频率高的大功率负载；晶体管输出型为无触点输出方式，输出接口反应速度快，适用于直流输出、通断频率高的小功率负载，过电流能力差。

3）PLC 开关量输入信号、输出信号的连接说明如图 3-4 所示。

① 接在输出端的元件工作电流一定要小于输出端触点的允许电流。一般 S7-200 系列继电器输出型 PLC，每个接口可以驱动电阻性负载的电流为 2A，但只能驱动 200W 的白炽灯；而晶体管输出型的 PLC 输出端，每个接口的电流只有 0.75A。

② 输入电路的连接：无源开关量输入端子在接入 PLC 时，可以采用外部 24V 电源供电，也可采用内部 24V 电源供电；有源开关量连接（如光电开关等传感器开关器件），其输入部分接 24V 直流电源，输出部分接在输入端和输入公共端子两点之间。

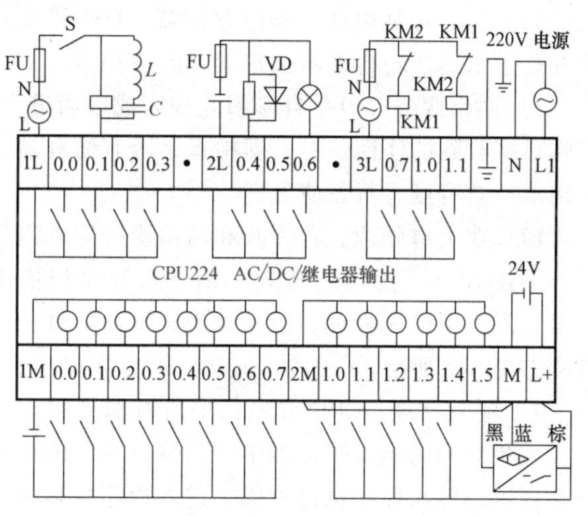

图 3-4　PLC 输入/输出信号的连接说明示意图

③ 输出电路的连接：为使 PLC 避免受瞬间大电流的作用而损坏，输出端外部接线必须采用保护措施，一是输出公共端接熔断器；二是采用保护电路：对交流感性负载一般用阻容吸收回路，对直流感性负载用续流二极管。对正反转接触器的负载，在 PLC 程序中采取软件互锁的同时，在 PLC 的外部也应采取联锁。为实现紧急停车，可在外部接入开关 S。

④ 继电器输出型的 PLC 输出端可以接 AC220V 以下或 DC24V 以下的负载。但晶体管输出型的 PLC 输出端，只能接工作电压 DC24V 以下的负载，且“M”接口一定要接负载电源的“-”。

⑤ 标“ · ”的端子为空端子，勿接线。

4. 电源

电源单元是PLC的电源供给部分，交流电源经整流和稳压向PLC各模块供电，一般PLC采用AC220V，也可采用DC24V。

5. 编程器

编程器是PLC重要的外围设备，编程器不仅用于编程，还可以利用它进行程序的修改和检查，以及器件的监控。专用的编程器有简易编程器和智能编程器。简易编程器只能输入助记符程序，而智能编程器可直接输入梯形图。

目前，许多PLC都可以利用一条通信电缆与计算机的串行口相连，配以厂家提供的编程软件，进行用户程序的输入和调试。使用编程软件可以在计算机显示器上直接生成和编辑梯形图、语句表、功能块图和顺序功能图程序，并可以实现不同编程语言的相互转换。

二、可编程序控制器的工作原理

可编程序控制器采用不断循环的顺序扫描工作方式，PLC的工作过程如图3-5所示，整个过程可分为以下几个部分：

1）上电初始化：PLC上电后对系统进行一次初始化，包括硬件初始化和软件初始化、停电保持范围设定及其他初始化处理等。

2）系统自诊断：PLC每扫描一次，执行一次自诊断检查，确定PLC自身的动作是否正常，如CPU、电池电压、程序存储器、I/O和通信等是否异常或出错，如果发现异常，则停机并显示出错。若自诊断正常继续向下扫描。

3）通信服务：PLC自诊断处理完成以后进入通信服务过程。CPU自动检测并处理各通信端口接收到的任何信息，即检查是否有编程器、计算机等的通信请求，若有则进行相应处理。

PLC在上电处理、自诊断和通信服务完成以后，如果工作选择开关在RUN（运行）位置，则进入程序扫描工作阶段。程序扫描处理包括输入处理、程序处理、输出处理三个阶段，其工作过程如图3-5所示。

4）输入处理：CPU首先扫描所有输入端点，并将各输入状态存入相对应的输入暂存器中。当输入端子的信号全部进入输入暂存器后，转入程序执行阶段。进入程序执行阶段后，输入信号若发生变化，输入暂存器的内容保持不变，直到下一个扫描周期的输入采样阶段，才重新写入输入端的新内容，这种输入工作方式称为定时集中采样。

5）程序执行：在这一阶段，CPU按由上到下、从左到右（从第一条指令直到最后一条结束指令）的顺序依次扫描用户程序，每扫描到一条指令，所需要的元件状态或其他元件的状态分别由输入暂存器和输出暂存器中读出，而将执行结果写入到输出暂存器中，输出暂存器中的内容，随程序执行的进程动态变化。

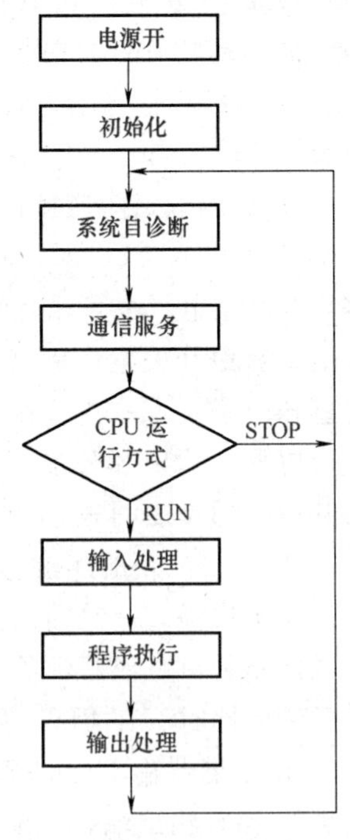

图3-5　PLC的工作过程示意图

6）输出处理：在这一阶段，CPU将输出暂存器的内容转存到输出锁存器中，通过PLC的输出端子，传送到外部去驱动相

应的外部设备。这时输出锁存器的内容要等到下一个扫描周期的输出阶段到来才会被刷新，这种输出工作方式称为集中输出。

以上是PLC扫描的工作过程，只要PLC处在RUN状态，它就反复的循环工作。PLC执行一次扫描操作所需的时间称为扫描周期，扫描周期与用户程序的长短、指令的种类和CPU执行指令的速度有关。图3-6所示为PLC程序扫描的工作过程。

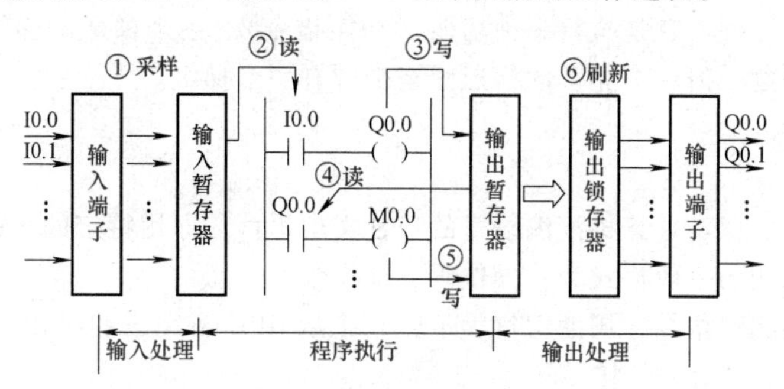

图3-6 PLC程序扫描工作过程

第三节 PLC的编程语言

PLC是一种工业控制计算机，其控制功能是通过程序来实现的，PLC的用户程序是设计人员根据控制系统的工艺控制要求，用PLC编程语言设计的。PLC的编程语言很多，各厂家的编程语言也各有不同。为便于PLC的应用推广，国际电工委员会（IEC）在可编程序控制器编程软件标准IEC1131—3中推荐了5种编程语言，目前已有越来越多的生产厂家提供符合IEC1131—3标准的产品。

一、梯形图（LAD）

梯形图是一种以图形符号的相互关系表示控制功能的编程语言，它是从继电器控制系统原理图的基础上演变而来，这种表达方式与传统的继电器控制电路图非常相似，不同点是它特定的元件和构图规则。它比较直观、形象，对于那些熟悉继电-接触控制系统的人来说，易被接受，是目前应用最多的一种语言。这种表达方式特别适用于比较简单的控制功能的编程。

例：如图3-7a所示的继电器控制电路，用PLC完成其功能的梯形图如图3-7b所示。

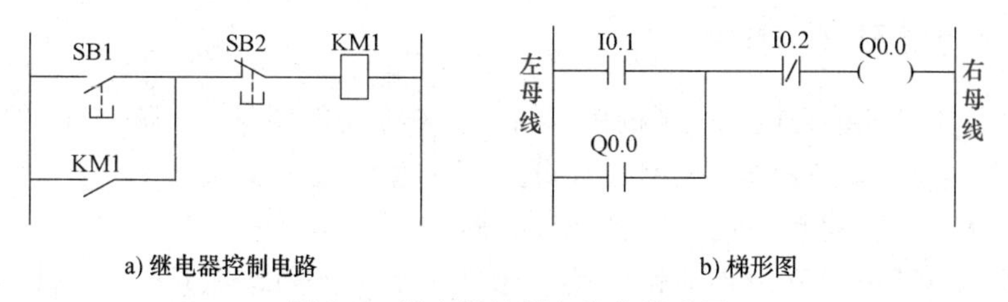

图3-7 继电器控制电路的梯形图

梯形图中的器件都不是实际的物理器件，这些器件实际上是PLC存储器中的位，因此称之为软继电器。当存储器中的某位为“1”时，表示相应的继电器线圈“—( )—”得电，动合触点“—| |—”闭合，动断触点“—|/|—”断开。

梯形图是形象化的编程语言，其左右两条竖线称之为母线，母线是不接任何电源的，因而梯形图中没有真实的物理电流。在分析图时，常常假设有一个电流通过，使线圈得电，所带的动合触点闭合，动断触点断开，这个电流称为“能流”，“能流”只能从左到右流动，层次的改变只能先上后下。

梯形图由多个梯级组成，每个梯级有一个或多个支路，并由一个输出元件构成。最右边的元件必须是输出元件或者是执行一种功能（功能指令）。一个梯形图梯级的多少，取决于控制系统的复杂程度，但一个完整的梯形图至少应有一个梯级。

二、语句表（STL）

语句表是一种类似于计算机汇编语言的一种文本语言，即用特定的助记符号来表示某种逻辑关系。指令语句的一般格式为：操作码、操作数。

操作码又称为编程指令，用助记符表示，它指示 CPU 要完成的操作。如西门子 PLC 中“LD”表示动合触点与母线相接。

操作数给出操作码所指定操作的对象或执行该操作所需的数据，通常由标识符和参数组成，其中标识符表示操作数的类别，参数表示操作数的地址或一个预先的设定值。如“I0.1”中“I”表示输入继电器，字节地址为“0”，位地址为“1”。

如图 3-7b 所示电路的指令语句如下：

```
LD   I0.1
O    Q0.0
AN   I0.2
=    Q0.0
```

三、功能块图（FBD）

S7-200 系列的 PLC 专门提供了功能块图编程语言，它没有梯形图编程器中的触点和线圈，但有与之等价的指令，这些指令是作为盒指令出现的，程序逻辑由这些盒指令的连接决定。在功能块图中，左端为输入端，右端为输出端，输入、输出端的小圆圈表示“非运算”。图 3-7b所示的梯形图对应的功能块图如图 3-8 所示。功能块图语言目前在我国的应用相对较少。

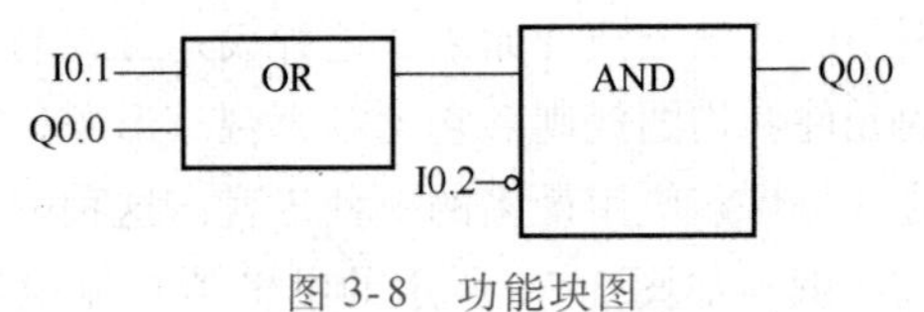

图 3-8　功能块图

四、顺序功能图（SFC）

这是一种位于其他编程语言之上的图形语言。顺序功能图是为了满足顺序逻辑控制而设计的编程语言，它将一个完整的控制过程分为若干步，每一步代表一个控制功能状态，步间有一定的转换条件，转换条件满足就实现转移，上一步动作结束，下一步动作开始，这样一步一步的按照顺序动作。如图 3-9 所示为图 3-7b 所对应的顺序功能图。

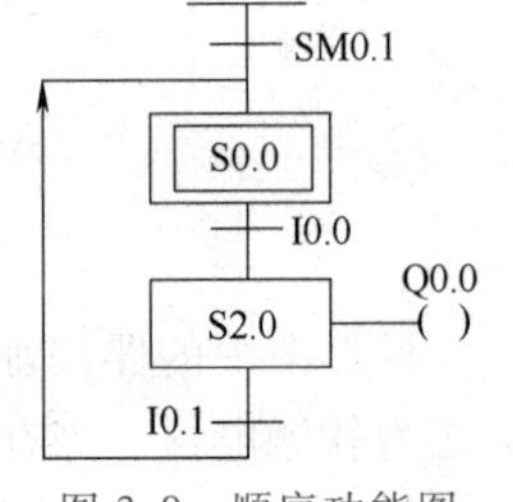

图 3-9　顺序功能图

五、结构化文本（ST）

结构化文本是为 IEC1131—3 标准创建的一种专用的高级编程语

言，与FBD相比，它能实现复杂的数学运算，编写的程序非常简捷和紧凑。

虽然PLC有5种编程语言，但在S7-200的编程软件中，用户只可以选用LAD、FBD和STL这三种编程语言。

第四节 S7-200系列PLC编程元件

S7-200是S7系列中的小型PLC，根据使用的CPU模块不同，可分为CPU221、CPU222、CPU224、CPU226等类型。表3-1为S7-200CPU模块的主要技术指标。

一、数据及存取

S7-200的编程软元件可以按位操作，也可以按字节、字和双字进行操作。

表3-1 S7-200CPU模块的主要技术指标

技术规范	CPU221	CPU222	CPU224	CPU224XP	CPU226
本机数字量I/O	6入/4出	8入/6出	14入/10出	14入/10出	24入/16出
本机模拟量I/O	0	0	0	2入/1出	0
扩展模块数量	0	2	7	7	7
最大可扩展数字量I/O	0	78	168	168	248
最大可扩展模拟量I/O	0	10	35	38	35
用户程序区/KB	4	4	8	12	16
数据存储区/KB	2	2	8	10	10
高速计数器	4个30kHz	4个30kHz	6个30kHz	4个30kHz 2个200kHz	6个30kHz
高速脉冲输出	2个20kHz	2个20kHz	2个20kHz	2个100kHz	2个20kHz
模拟电位器	1个8位分辨率	1个8位分辨率	2个8位分辨率	2个8位分辨率	2个8位分辨率
RS-454通信口	1	1	1	2	2
实时时钟	有(时钟卡)	有(时钟卡)	有	有	有
24VDC电源CPU输入电流/最大负载	80mA/450mA	85mA/500mA	110mA/700mA	120mA/900mA	150mA/1050mA
240VAC电源CPU输入电流/最大负载	15mA/60mA	20mA/70mA	30mA/100mA	35mA/100mA	40mA/160mA

1. 位、字节、字、双字

位（bit）：存储的最小单位，二进制的一位只有0和1两种不同的取值，可以用来表示开关量的两种不同状态，如触点的接通和断开，线圈的失电和得电等。

字节（Byte）：8位构成一个字节，用字母B表示，如IB0表示I0.0~I0.7组合。

字（Word）：16位构成一个字，用字母W表示，如IW0表示I0.0~I0.7和I1.0~I1.7组合。

双字：32位构成双字，用字母D表示，如ID0表示I0.0~I3.7连续32位组合在一起。

2. 数据的存取方式

如图3-10所示（LSB为最低位，MSB为最高位），I3.2表示字节地址为3，位地址为

2，这种存取方式称为“字节．位”寻址方式。

输入字节 IB3 是由 I3.0~I3.7 这八位组成的，这种存取方式称为“字节”寻址方式。

相邻的两个字节组成一个字，如图 3-11b VW100 是由 VB100 和 VB101 组成的一个字，V 为变量存储器，W 表示字，100 为起始字节的地址。注意 VB100 是高位字节。这种存取方式称为“字”寻址方式。

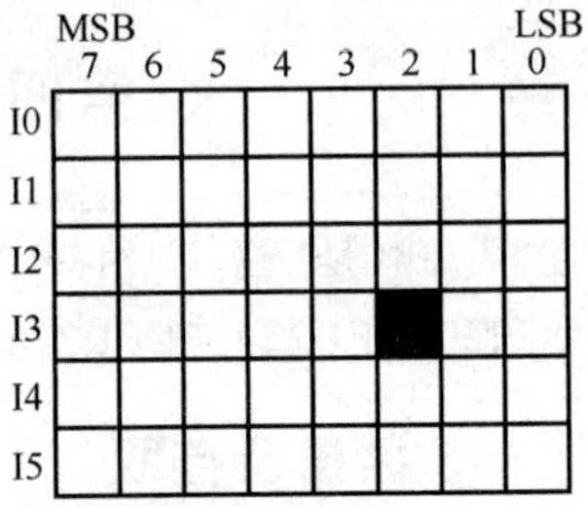

相邻的两个字组成一个双字，如图 3-11c VD100 是由 VB100~VB103 组成的双字，100 为起始字节的地址。这种存取方式称为“双字”寻址方式。

	7 (MSB)	6	5	4	3	2	1	0 (LSB)
I0								
I1								
I2								
I3						■		
I4								
I5								

图 3-10　位数据的存放

二、S7-200 系列 PLC 的软元件

PLC 是在继电器控制电路的基础上发展起来的，继电器控制电路有时间继电器、中间继电器等，而 PLC 也有类似的器

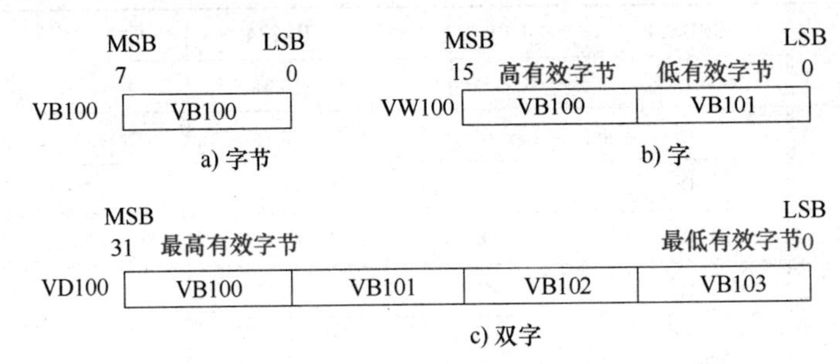

图 3-11　字节、字和双字对同一地址存取操作的比较

件，称为编程器件，这些器件在 PLC 内部并不是真正的物理器件，故称之为软元件。PLC 编程器件主要有输入继电器、输出继电器、辅助继电器、状态继电器、定时器、计数器、累加器和寄存器等。

1. 输入继电器（I）

输入继电器又称为输入过程映像寄存器，它与 PLC 的输入端子连接。通过输入接口将外部输入信号状态（闭合时为“1”，断开时为“0”）读入并存储在输入映像寄存器中。每个输入继电器都有一个“等效线圈”和无数对动合、动断触点，它的“等效线圈”只受外部现场信号控制，不受 PLC 程序控制，编程时程序中不出现输入继电器的线圈，触点可以无限次使用。

S7-200 的输入继电器用“I”来表示，按“字节．位”方式编址，采用八进制编号，共 128 点，16 行 8 列。输入继电器可以采用位、字节、字或双字来存取，位存取的编号范围为 I0.0~I15.7。

实际输入点数不能超过输入映像寄存器的范围，在寄存器的整个字节所有位都未占用的情况下，未用的输入映像寄存器可以作为其他编程元件使用。

2. 输出继电器（Q）

输出继电器就是 PLC 存储系统中的输出映像寄存器，通过输出端子驱动负载。每一个输出继电器都有一个线圈和无数对的动合、动断触点，编程时触点的使用次数不限，其状态受 PLC 程序控制。

S7-200的输出继电器用“Q”来表示，按“字节.位”方式编址，按八进制编号，共128点，16行8列。输出继电器可以采用位、字节、字或双字来存取，位存取的编号范围为Q0.0~Q15.7。

如图3-12所示为输入/输出继电器示意图，当I0.0端子外接的按钮接通时，它所对应输入映像寄存器状态为“1”，梯形图中Q0.0的线圈“通电”，继电器型输出模块中对应的硬件继电器的动合触点闭合，驱动外部负载工作。输入继电器的状态不受程序的控制，因此梯形图中只出现输入继电器的触点，不出现其线圈。

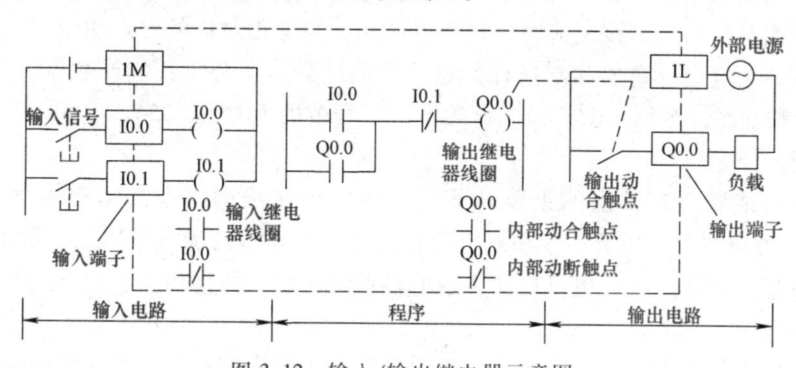

图3-12 输入/输出继电器示意图

3. 通用辅助继电器（M）

通用辅助继电器类似于继电器控制系统中的中间继电器，其线圈只受PLC程序控制，每个辅助继电器都有无数对动合触点和动断触点供编程使用，但不能用来驱动负载。通用辅助继电器可以采用位、字节、字或双字来存取，位存取的编号范围为M0.0~M31.7。

通用辅助继电器分为非断电保持型（M0.0~M13.7）和断电保持型（M14.0~M31.7）。

4. 特殊标志继电器（SM）

有些辅助继电器具有特殊功能或存储系统的状态变量、有关的控制参数和信息，称为特殊标志继电器。用户可以通过特殊标志来沟通PLC与被控对象之间的信息，也可通过直接设置某些特殊标志继电器位来使设备实现某种功能。

特殊标志继电器用“SM”表示，特殊标志继电器区根据功能和性质不同具有位、字节、字和双字操作方式。其中SMB0、SMB1为系统状态字，只能读取其中的状态数据，不能改写，可以位寻址。其位存取的编号范围为SM0.0~SM179.7。

常用的特殊标志继电器及其功能如下：

SM0.0：RUN监控，PLC在运行状态时，SM0.0总为ON。

SM0.1：初始脉冲，PLC由STOP转为RUN时，SM0.1 ON一个扫描周期。

SM0.4：分时钟脉冲，占空比为50%，周期为1min的脉冲串。

SM0.5：秒时钟脉冲，占空比为50%，周期为1s的脉冲串。

SM0.7：指示CPU上MODE开关的位置，0=TERM，1=RUN。

SM1.0：当执行某些命令，其结果为0时，其值为1。

SM1.1：当执行某些命令，其结果溢出或出现非法数值时，该位置1。

SM1.2：当执行数学运算，其结果为负数时，该位置1。

5. 定时器（T）

定时器相当于继电器系统中的时间继电器。在运行过程中，当定时器的输入条件满足时，当前值从0开始按一定的时间单位增加，当定时器的当前值达到预设值时，定时器发生动作，此时与之对应的常开触点闭合，常闭触点断开。

S7-200系列PLC定时器分为延时接通定时器（TON）、延时断开定时器（TOF）和保持型延时接通定时器（TONR），每种定时器的定时精度分别为1ms、10ms与100ms三种。定时器编号为T0~T255。

6. 计数器（C）

计数器是用来累计输入脉冲的个数，当计数器的输入条件满足时，计数器开始累计输入端脉冲前沿的次数，当达到设定值时，计数器动作，与之相对应的触点动作。

计数器可分为普通计数器和高速计数器。普通计数器又分为：加计数器（CTU）、减计数器（CTD）和加减计数器（CTUD）。计数器的编号范围为C0~C255。

7. 状态器（S）

状态器是构成状态转移图的重要软元件，通常用在步进指令的编程当中，其编号为S0.0~S31.7，可以按位、字节、字和双字进行存取。状态器的触点可以无次数的任意使用，如果不在步进指令中使用时，也可以和普通的辅助继电器一样使用。

8. 变量寄存器（V）

变量寄存器主要用来存储程序执行过程中控制逻辑的中间结果，或用来保存与工序或任务相关的其他数据。它可以按位、字节、字和双字操作。在进行数据处理时，变量寄存器会被经常使用。

9. 累加器（AC）

S7-200CPU中提供四个32位累加器（AC0~AC3）。累加器常用作暂时存储数据的寄存器，可以存储运算数据、中间数据和结果。

10. 局部存储器（L）

局部存储器和变量寄存器很相似，主要区别是变量寄存器是全局有效的，同一个存储器可以被任何程序存取，而局部存储器是局部的，存储区和特定程序相关联，常用来作为临时数据的存储器或者为子程序传递参数。

11. 模拟量输入（AI）

S7-200将工业现场连续变化的模拟量（例如温度、压力等）用A/D转换器转换为一个字长（16位）的数字量。用区域标识符AI以及表示数据长度的代号W和起始字节的地址来表示模拟量输入的地址。因为模拟量输入是一个字长，应从偶数字节地址开始存放，例如AIW2、AIW4等，模拟量输入值为只读数据。

12. 模拟量输出（AQ）

S7-200将一个字长的数字用D/A转换器转换为现场控制所需的模拟量。用区域标识符AQ以及表示数据长度的代号W和字节的起始地址来表示存储模拟量输出的地址。因为模拟量输出是一个字长，应从偶数字节地址开始存放，如AQW2、AQW4等，模拟量输出值是只写数据，用户不能读取模拟量输出值。

13. 常量

S7-200系列PLC中，常数有二进制、十进制、十六进制、ASCII字符四种，在程序应用中，默认是十进制，直接写就可以。对于二进制，加上前缀2#，如2#0010；十六进制，加上前缀16#，如16#7FFF；对于ASCII字符，用‘’括起，如‘ab’。

S7-200CPU 操作数的范围见表 3-2。

表 3-2　S7-200CPU 操作数范围

存取方式	CPU221	CPU222	CPU224	CPU224XP	CPU226
位存取（字节．位）	I0.0~15.7　Q0.0~15.7　M0.0~31.7　S0.0~31.7　T0~255　C0~255　L0.0~63.7				
	V0.0~2047.7		V0.0~8191.7	V0.0~10239.7	
	SM0.0~165.7	SM0.0~299.7	SM0.0~549.7		
字节存取	IB0~15　QB0~15　MB0~31　SB0~31　LB0~63　AC0~3　KB(常数)				
	VB0~2047		VB0~8191	VB0~10239	
	SMB0~165	SMB0~299	SMB0~549		
字存取	IW0~14　QW0~14　MW0~30　SW0~30　T0~255　C0~255　LW0~62　AC0~3　KW(常数)				
	VW0~2046		VW8190	VW0~10238	
	SMW0~164	SMW0~298	SMW0~548		
	AIW0~30　AQW0~30		AIW0~62　AQW0~62		
双字存取	ID0~12　QD0~12　MD0~28　SD0~28　LD0~60　AC0~3　HC0~5　KD(常数)				
	VD0~2044		VD0~8188	VD0~10236	
	SMD0~162	SMD0~296	SMD0~546		

【想想练练】

如图 3-12 所示，若 I0.1 端子外所接按钮用常闭触点，程序中 I0.1 用常开还是常闭合适？

第五节　STEP7-Micro/WIN32 编程软件的使用

STEP7-Micro/WIN32 编程软件是 S7-200 系列 PLC 专用的编程软件，它为用户提供梯形图、指令表和功能块图三种编辑器。可以实现在离线方式下对程序的创建、编辑、编译、调试和系统组态；在线方式下通过联机通信的方式上传和下载用户程序及组态数据，编辑和修改用户程序，直接对 PLC 进行各种操作；在编辑程序过程中进行语法检查；提供对用户程序进行文档管理、加密处理；设置 PLC 的工作方式和运行参数，进行监控和强制操作等。本节以 STEP7-Micro/WIN-V4.0-SP9 版本介绍其使用方法。

一、STEP7-Micro/WIN32 软件的安装

STEP7-Micro/WIN32 软件可以从西门子官方网站下载或使用安装光盘安装，安装完成后桌面出现三个快捷方式，双击 V4.0STEP7，打开英文界面的编程软件，通过菜单栏中的【tools】（工具），依次选择【Options】（选项）→【General】（常规）→【International】（国际）→【Chinese】（中文），单击确认按钮后，重新打开 STEP7 出现中文界面。

二、STEP7-Micro/WIN32 软件界面

STEP7-Micro/WIN32 软件界面如图 3-13 所示。

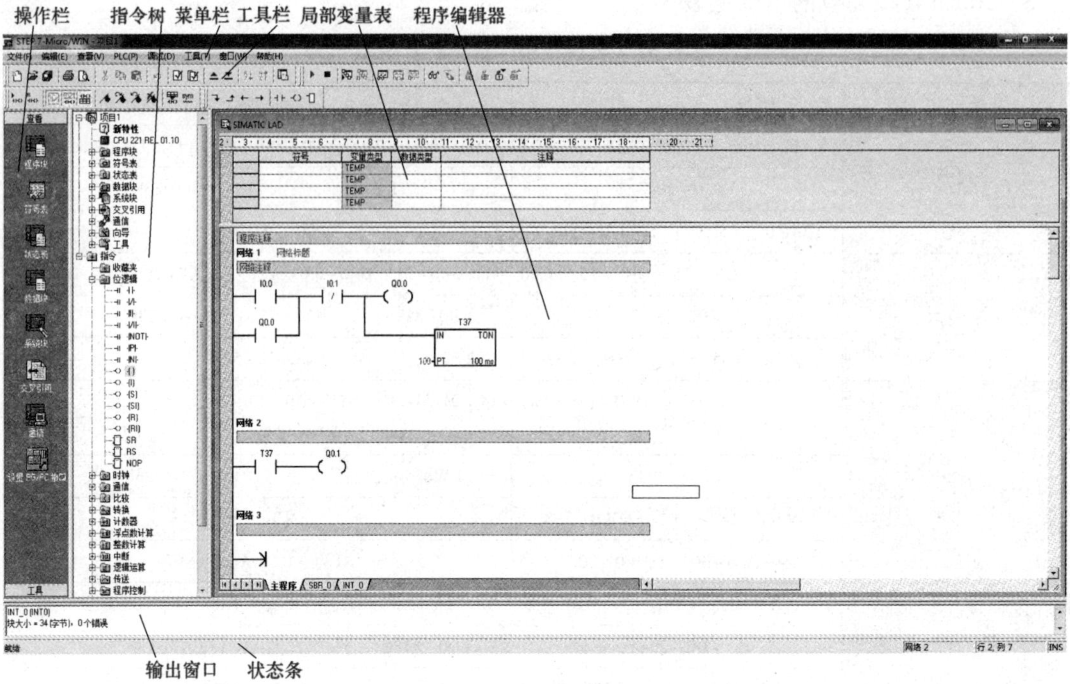

操作栏　指令树　菜单栏　工具栏　局部变量表　程序编辑器

输出窗口　状态条

图3-13　STEP7-Micro/WIN32软件界面

1）菜单栏：包含8个主菜单，允许使用鼠标左键单击或采用对应热键执行操作各种命令。

2）工具栏：可以提供简便的鼠标操作。工具栏中包括标准工具栏、调试工具栏、公用工具栏和指令工具栏。各工具栏如图3-14所示。

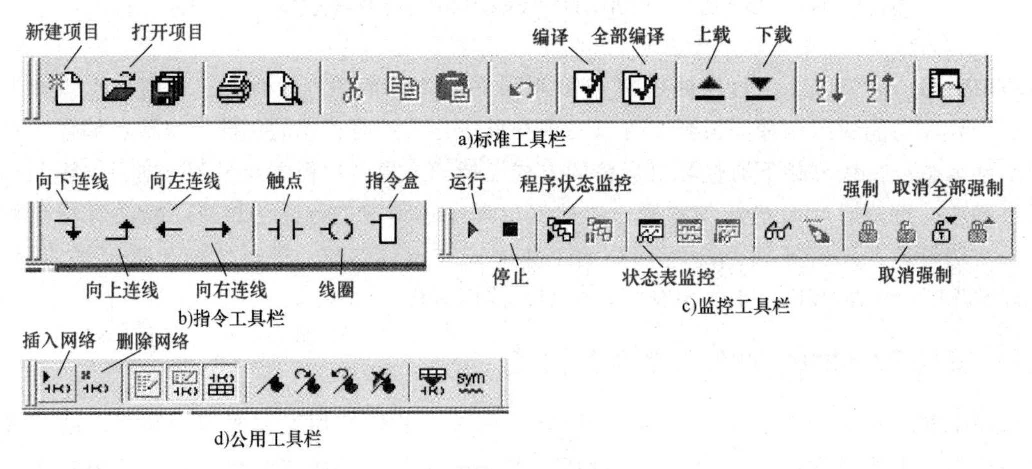

图3-14　工具栏

3）操作栏（浏览条）：提供按钮控制的快速窗口切换功能。包含“查看”和“工具”选项。

① 程序块：由主程序（OB）、可选子程序（SBR）和中断程序（INT）以及程序注释部分组成。

② 符号表：将梯形图中的存储地址（如I0.0）与名称地址（如起动）建立对应关系，便于记忆。

③ 状态表：用来观察程序运行时用户指定的变量变化关系。

④ 数据块：用来对V存储器赋初值。

⑤ 系统块：用来设置系统参数。

⑥ 交叉引用：用来列举出程序中使用的各操作数在哪个程序块哪个网络中出现，以及使用它们的指令助记符在程序中的位置。

⑦ 通信：用来通信设置。

4）指令树：提供编程时用到的所有快捷操作命令和PLC指令。

5）输出窗口：显示程序编译的结果信息，包括错误信息。

6）状态条：显示软件执行状态。

7）程序编辑器：编辑程序。

8）局部变量表：每个程序对应一个局部变量表。在带参数的子程序调用中，参数的传递就是通过局部变量表进行的。

三、编写程序

1. 建立、保存、打开项目文件

1）建立项目文件：单击工具栏上的新建项目图标或执行菜单命令“文件”→“新建”，即新建一个文件名为“项目1”的项目文件。

2）保存项目文件：单击工具栏上的保存图标或执行菜单命令“文件”→“保存”，弹出“另存为”对话框，在该对话框中选择项目文件的保存路径并输入文件名，单击“保存”按钮，将项目文件保存。

3）打开项目文件：单击工具栏上的打开项目文件图标或执行菜单命令“文件”→“打开”，从弹出的对话框中选择需要打开的项目文件，然后单击“打开”按钮，文件即被打开。

2. 编写程序

1）进入主程序编辑状态　主程序编辑状态如图3-13所示，若不在主程序编辑状态，可在“指令树”区域选择“程序块”→“主程序（OBI）”，将程序编辑区切换为主程序编辑区。

2）选择编程语言：从菜单栏中的“查看”，选择LAD（梯形图）、STL（语句表）、FBD（功能块图）语言。

3）设置PLC类型：S7-200PLC类型很多，为了使编写的程序适合当前使用的PLC，在编写程序前需要设置PLC类型。执行菜单“PLC”→“类型”或“指令树”区域双击“新特性”下“CPU”，弹出如图3-15对话框，将CPU设为使用的类型。

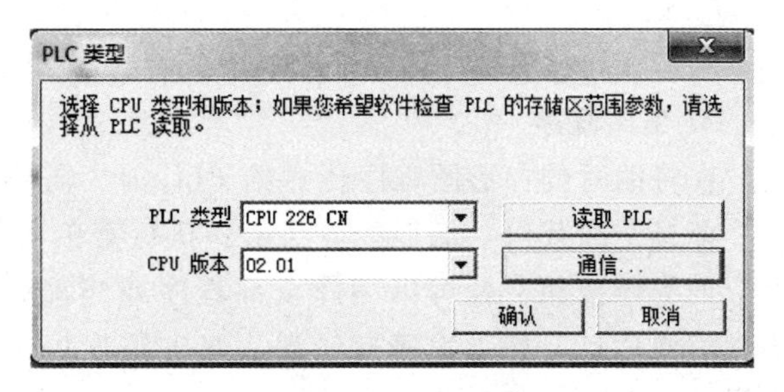

图3-15　设置PLC类型

4）编写程序：下面以梯形图为例介

绍程序的编写过程。

① 放置编程元件：将鼠标在程序编辑区需要放置编程元件的位置处单击，会出现一个“选择方框”（矩形光标），可以通过以下方法输入编程元件的指令符号：在指令数中双击指令符号；在指令树中左键单击选择指令并按住，将指令拖曳至程序编辑区需放置指令的位置后释放鼠标按键；单击或按对应的快捷键，从工具栏中选择需要的触点、线圈或指令盒，从弹出的窗口下拉列表框所列出的指令中单击所需的指令。如图 3-16 所示。

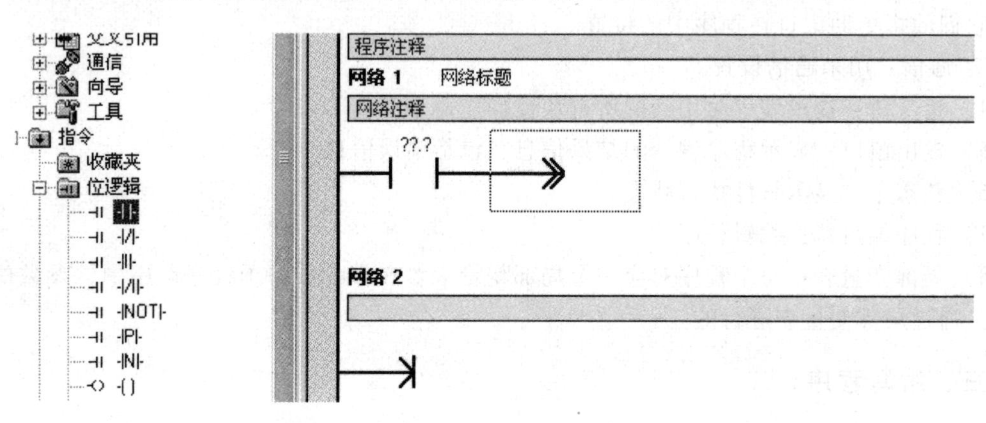

图 3-16　放置编程元件

② 输入操作数：刚放置的元件操作数以“?? . ?”代表，表示参数未赋值，单击“?? . ?”，键入对应的操作数（例如 I0.0）。

③ 并联分支：在同一网络块中第一行下方的编程区域单击鼠标，出现矩形光标，然后输入编程元件，用工具条上的向上连线或向下连线，连接程序元件构成网络程序。如图 3-17 所示为并联分支的输入。

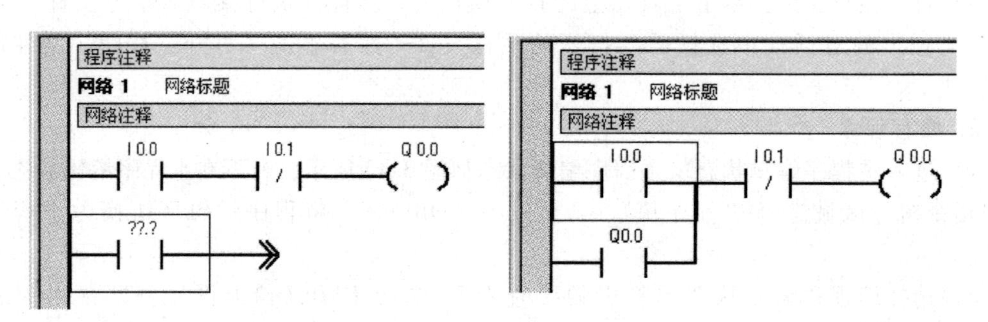

图 3-17　并联分支

在编辑的过程中，可以采取剪切、复制、粘贴、插入、删除等操作对梯形图进行编辑。

3. 编译程序

在将编写的梯形图程序传送给 PLC 前，需要先对梯形图程序进行编译，将它转换成 PLC 能接受的代码。编译的方法是：执行菜单命令“PLC”→“全部编译”，也可单击工具栏上的编译按钮，就可以编译全部程序或当前打开的程序，编译完成后，在输出窗口会出现编译信息。如果程序有错误，双击错误提示，程序编辑区的定位框会跳至程序出错位置。

4. 通信设置

STEP7-Micro/WIN32 软件是在计算机中运行的，只有将 PC 与 PLC 连接起来，才能将编写的程序写入 PLC 或将 PLC 已有的程序读入 PC 重新修改。

采用 RS232-PPI 通信电缆将 PC 与 PLC 连接好后，还要在 STEP7-Micro/WIN32 软件中进行通信设置。

1）设置 PLC 的通信端口、地址和通信速率　单击 STEP7-Micro/WIN32 软件窗口操作栏中“查看”→“组件”→“系统块”，从弹出的“系统块”对话框中单击“通信端口”项，将“端口 0”中的 PLC 地址设为“2”，波特率设为“9.6kbps”，其他参数保持默认，单击“确认”按钮关闭对话框。如图 3-18 所示。

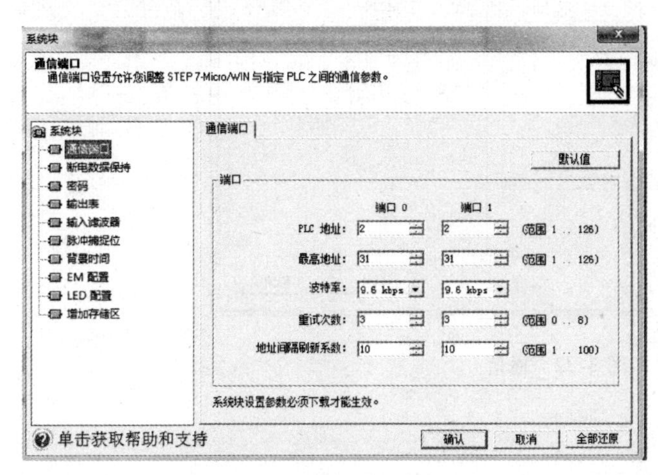

图 3-18　PLC 的系统块设置

图 3-19　设置 PG/PC 接口

2）设置 PG/PC 接口：单击 STEP7-Micro/WIN 32 软件窗口操作栏中“查看”→“组件”→“设置 PG/PC 接口”项，从弹出图 3-19 所示的“设置 PG/PC 接口”对话框中选择“PC/PPI cable（PPI）”项，再单击“属性”按钮；如图 3-20 所示，从弹出的属性对话框中将“PPI”选项卡下的“地址”设为“0”，传输率设为“9.6kbps”；如图 3-21 所示，将“本地连接”选项卡下的“连接到”选择为“COM1”，单击“确认”按钮关闭对话框。

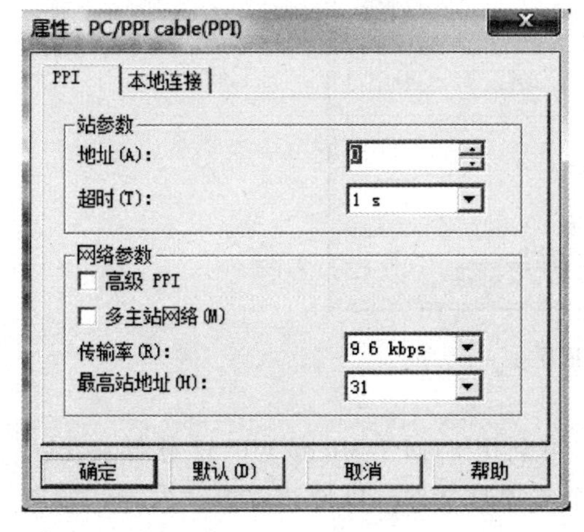

图 3-20　PC/PPI cable（PPI）的 PPI 选项

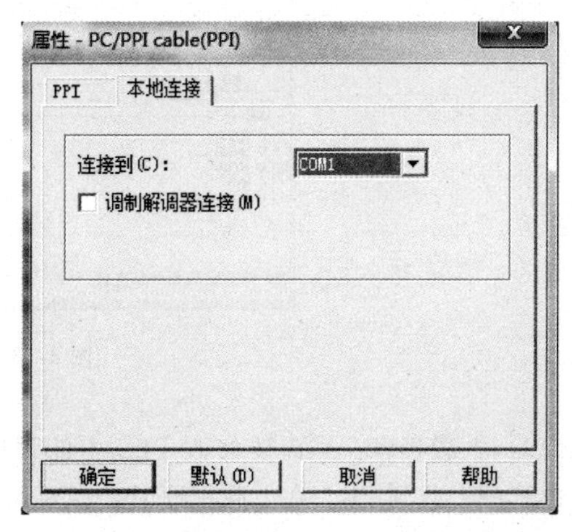

图 3-21　PC/PPI cable（PPI）的本地连接选项

3）建立 PLC 与 PC 的通信连接：单击 STEP7-Micro/WIN32 软件窗口操作栏中“查看”→“组件”→“通信”项，从弹出的“通信”对话框中选择“搜索所有波特率”项，再双击对话框右方的“双击刷新”，PC 开始搜索与它连接的 PLC，两者连接正常，将会在“双击刷新”位置出现 PLC 图标及型号。如图 3-22 所示。

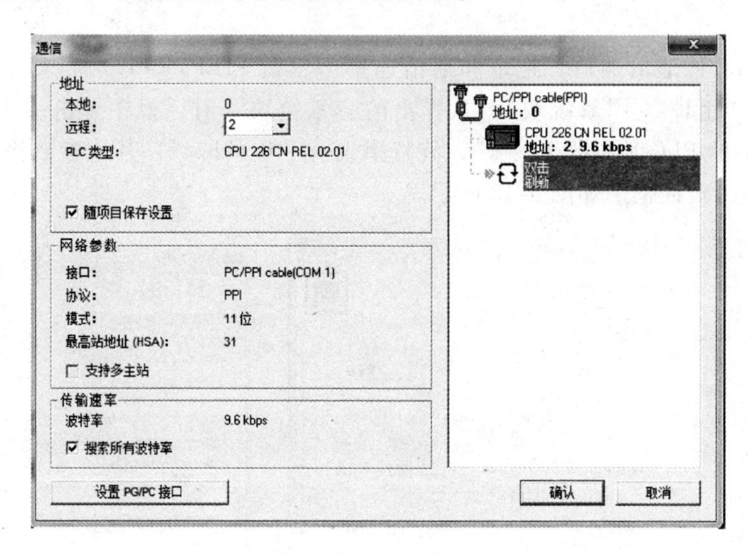

图 3-22　通信

5. 上载和下载程序

将 PC 中编写的程序传送给 PLC 称为下载，将 PLC 中的程序传送给 PC 称为上载。

1）下载程序：执行菜单命令“文件”→“下载”，也可单击工具栏上的“下载”按钮，从弹出的“下载”对话框中单击“下载”按钮即可将程序下载到 PLC。如图 3-23 所示。

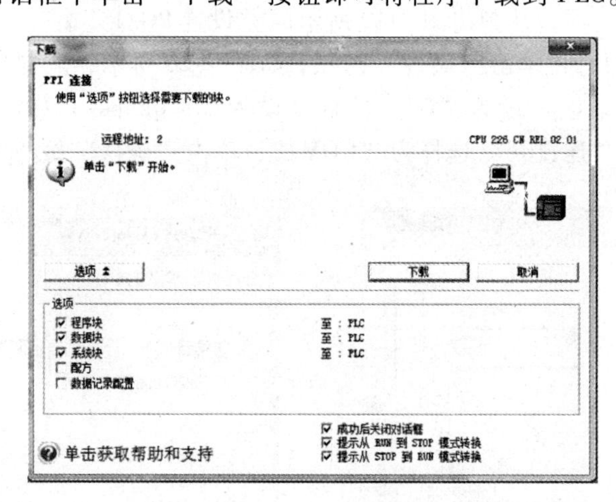

图 3-23　下载程序

2）上载程序：当需要修改 PLC 中的程序时，可利用 STEP7-Micro/WIN32 软件将 PLC 中的程序上载到 PC，在上载程序时，需要新建一个空项目文件，以便放置上载内容，如果项目文件有内容，将会被上载内容覆盖。

上载的方法是执行菜单命令“文件”→“上载”，也可单击工具栏上的“上载”按钮，从弹出的“上载”对话框中单击“上载”按钮，即可将程序上载到 PC 中。

四、程序的监控

STEP 7-Micro/WIN32 编程软件提供了一系列工具，可以使用户直接在软件环境下监视用户程序的执行。

1. 梯形图监控

现对图 3-24 所示的梯形图进行运行监控，操作步骤为：

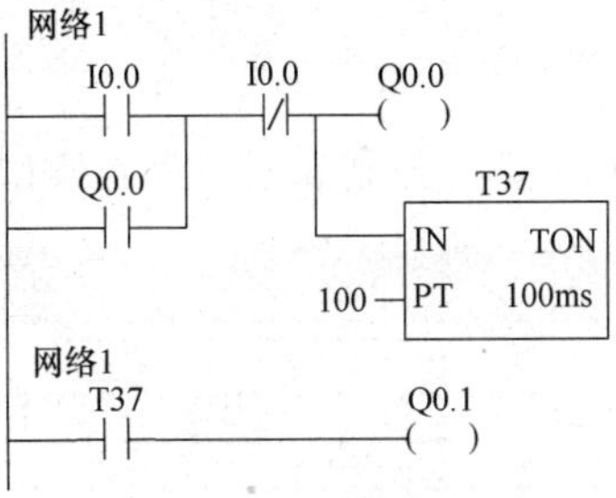

网络1
I0.0　I0.0　Q0.0
Q0.0　T37
IN　TON
100　PT　100ms
网络1
T37　Q0.1

图 3-24　梯形图程序

1）打开“程序状态监控”图标，梯形图变为图 3-25 所示。

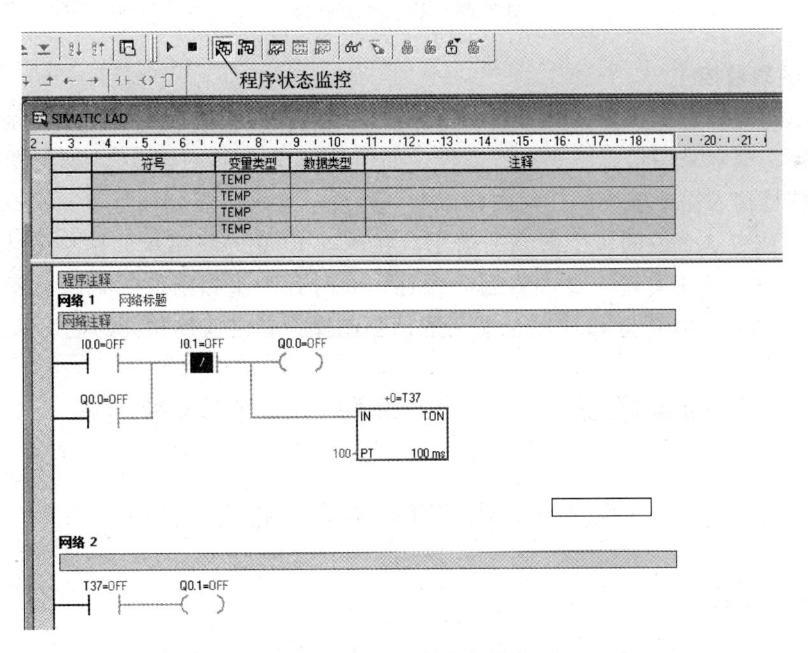

图 3-25　程序状态监控

2）单击文字 I0.0（注意不要点 I0.0 下方的图形符号）。

3）单击监控工具栏中的“强制”图标，出现如图 3-26 所示的强制对话框，单击按钮“强制”，会出现图 3-27 所示的监控梯形图。此时再次单击文字 I0.0，单击监控工具栏的“取消强制”图标。

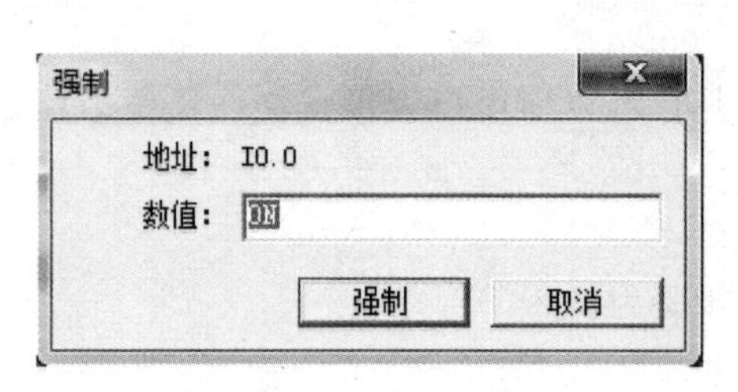

图 3-26　强制 I0.0 接通

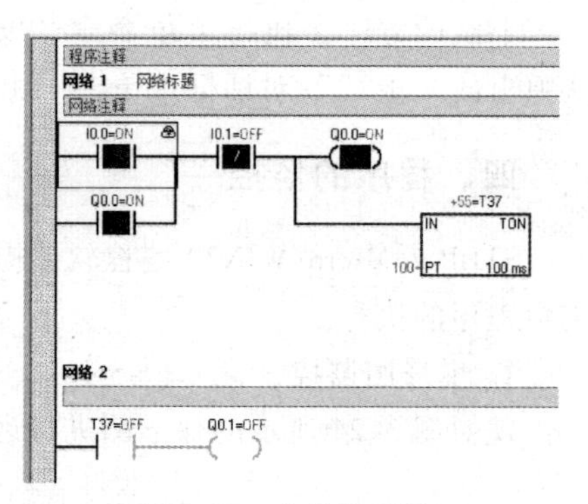

图 3-27　监控梯形图

4）重复步骤 2)、3)，对 I0.1 进行强制和取消强制操作，监控程序运行结束。

状态表

	地址	格式	当前值	新值
1	I0.0	位	2#0	
2	Q0.0	位	2#0	
3	Q0.1	位	2#0	
4	I0.1	位	2#0	
5	T37	有符号	+0	

图 3-28　状态图表监控

2. 状态图表监控

尽管梯形图监控直观性强，但当程序较长梯形图监控的范围较少时，或者是对某些功能指令进行监控，则常采用状态图表进行监控。如图 3-28 所示为对图 3-24 梯形图的监控状态图表，在地址栏输入需要监视的任何内存或 I/O 地址，就可以看到该字节、字或双字中存储数值的“位”或者这个值的各个数制的表示。在地址 I0.0 的新值单元格中输入 1，光标放到 I0.0 当前值处，单击右键，点“强制”图标，此时各个量当前值的状态会变化。与梯形图监控类似，可进行 I0.0 与 I0.1 的强制与取消强制操作，可监控相关的程序状态。

实训课题三　S7-200 系列 PLC 的基本训练

实训一　S7-200 系列 PLC 的认识

一、实训目的

1）观察 S7-200 系列 PLC 主机的外部结构，了解各部分组成及作用。

2）观察 S7-200 系列 PLC 外部端子，了解 I/O 点的类别、编号。

3）学会给 S7-200 系列 PLC 供电、输入输出接线及扩展模块与 PLC 的连接。

二、实训器材

1）工具：电工工具一套

2）器材：S7-200（CPU226）可编程序控制器主机一台、起动按钮两个、实训控制台一个、万用表、红外传感器、灯座、灯泡、蜂鸣器、交流接触器、熔断器、连接导线若干。

三、实训内容

1. S7-200 系列 PLC 硬件的认识

S7-200 系列 PLC 为小型整体式 PLC，S7-200 外部结构如图 3-29 所示。S7-200 的 CPU 分为晶体管（DC/DC/DC）和继电器（AC/DC/RELAY）两种类型

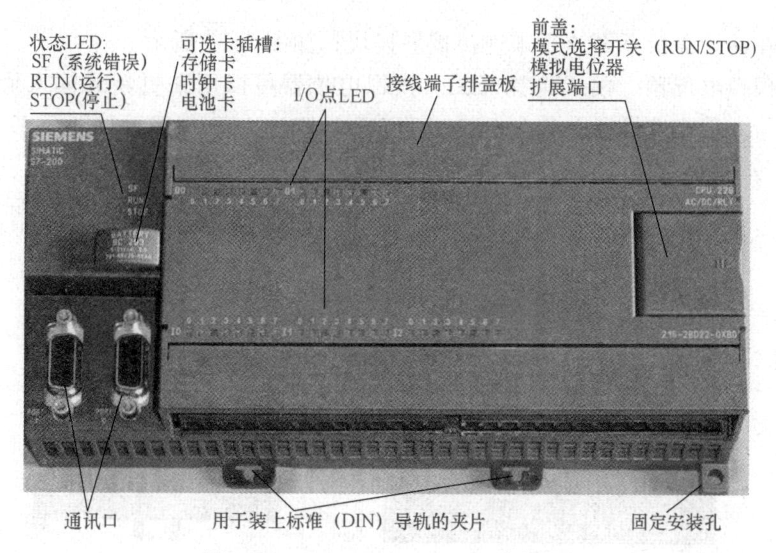

图 3-29　S7-200（CPU226）外部结构

1）外部接线端子：外部接线端子包括 PLC 电源（L1、N、L+、M）、输入端子（I）、输出端子（Q）、公共端（M）等，注意标“·”端子表示空端子，表示勿接线。

外部接线端子的作用是将外部设备与 PLC 进行连接，使 PLC 与现场构成系统，这样可以从现场通过输入设备（元件）得到信息（输入），或将经过处理后的控制命令通过输出设备（元件）送到现场（输出），达到实现自动控制的目的。

如图 3-30、图 3-31 所示分别为 S7-200 的接线端子。

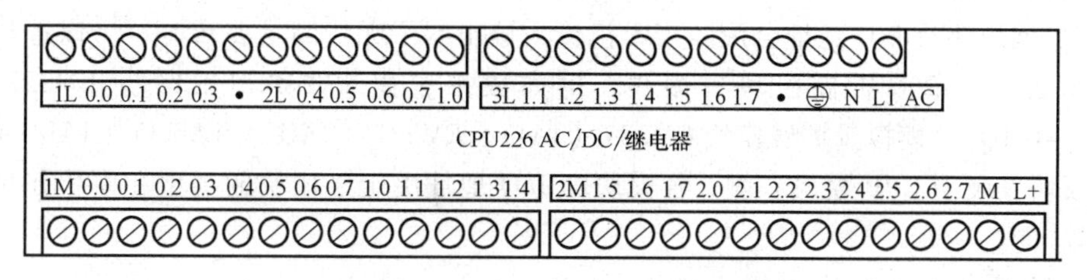

图 3-30　S7-226CN（AC/DC/RELAY）接线端子

2）指示部分：指示部分包括各输入、输出点的状态指示，故障（SF/DIAG）、运行（RUN）、停止（STOP）指示，用于反映 I/O 点和机器的状态。

3）接口部分：S7-200 可选卡插槽可以选择存储卡模块、实时时钟模块、电池模块，如图 3-29 所示。

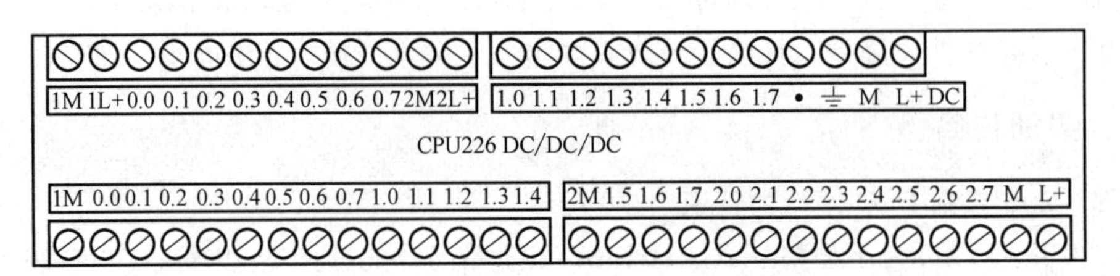

图 3-31　S7-226CN（DC/DC/DC）接线端子

扩展接口在活动盖板下面，用来连接扩展模块，如图 3-32 所示。

该处还有模拟电位器、模式选择开关。模拟电位器可以用来更新或输入值、更改预设值、设置极限值。模式选择开关包含 RUN、TEMP、STOP 三个位置，如图 3-32 所示。

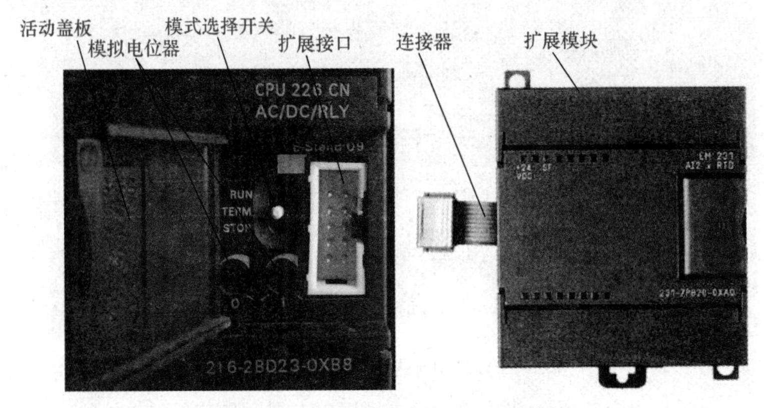

图 3-32　扩展模块与 PLC 的连接

① RUN：在 RUN 模式下，CPU 执行用户程序。

② TEMP：在 TEMP 模式下，允许使用编程软件来控制 PLC 的工作模式。

③ STOP：在 STOP 模式下，不能运行用户程序，可以向 CPU 装载用户程序或进行 CPU 设置。

④ 当电源断电又恢复后，如果模式选择开关在 TEMP 或 STOP 模式下，CPU 自动进入 STOP 模式；如果模式选择开关在 RUN 状态下，则 CPU 自动进入 RUN 模式。

4）扩展模块及 I/O 地址分配：当本机输入输出端子无法满足要求时，可以选择扩展模块进行组合。S7-200 扩展模块有多种，例如数字量模块 EM221（8I）、EM222（8Q）、EM223（4I/4Q），模拟量扩展模块 EM231（4AI）、EM232（2AQ）、EM235（4AI/1AQ）等。各扩展模块安装于 CPU 模块右侧。各模块的 I/O 地址决定于模块的类型和模块在扩展连接中的位置。

开关量以字节为单位占用 I/O 地址，当模块输入/输出点的数量不为整字节时，该字节多余的输入/输出点不能再分配给后续模块。

模拟量以双字为单位进行分配。

扩展模块地址分配如图 3-33 所示。

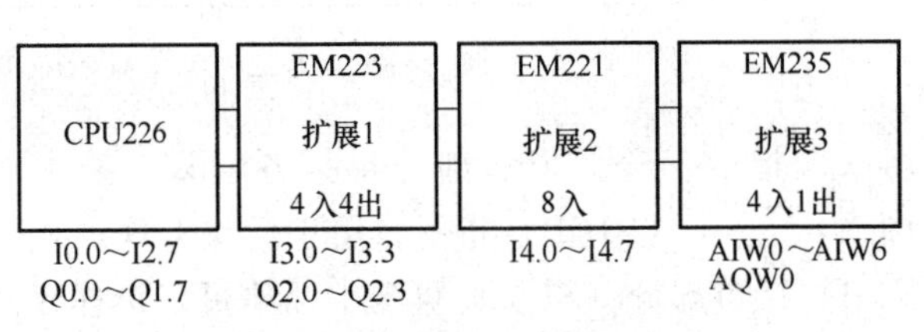

图 3-33　扩展模块地址分配

5）S7-226PLC 端子接线图：S7-226（DC/DC/DC）型和（AC/DC/RELAY）型接线如图 3-34、图 3-35 所示。

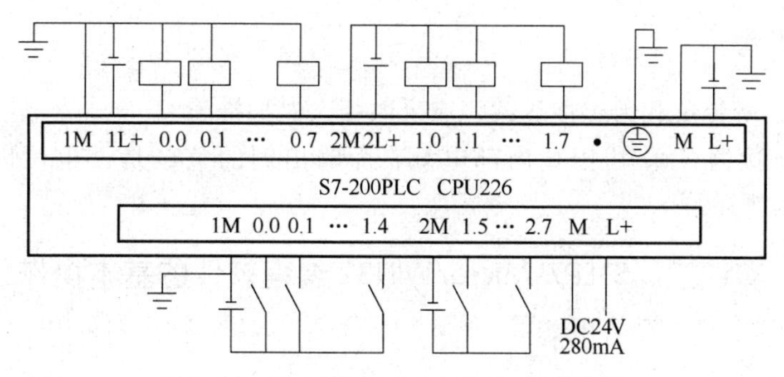

图 3-34　S7-226（DC/DC/DC）端子接线

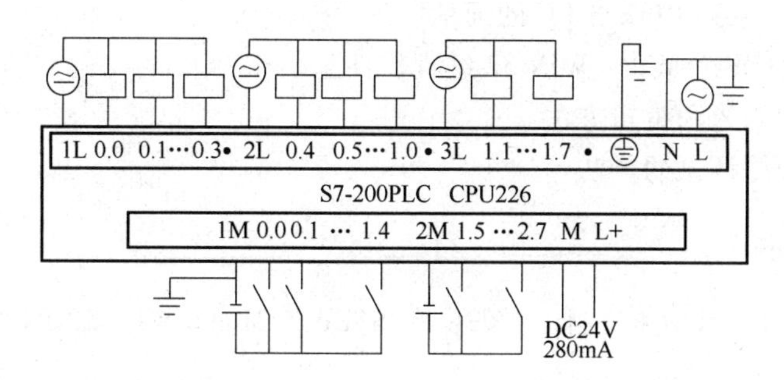

图 3-35　S7-226（AC/DC/RELAY）端子接线

2. S7-226（AC/DC/RELAY）I/O 接线

S7-226（AC/DC/RELAY）I/O 接线如图 3-36 所示，输入端采用 PLC 内部电源，输出端蜂鸣器、指示灯采用 24V 外接直流电源，接触器采用外接交流电源。

四、实训步骤

1）按图 3-36 连接好各种输入设备。

2）接通 PLC 的电源，观察 PLC 的各种指示是否正常。

3）分别接通各个输入信号，观察 PLC 的输入指示灯是否发亮。

4）仔细观察 PLC 的输出端子的分组情况，明白同一组中的输出端子不能接入不同的电源。

5）仔细观察 PLC 的各个接口，明白各接口所接的设备。

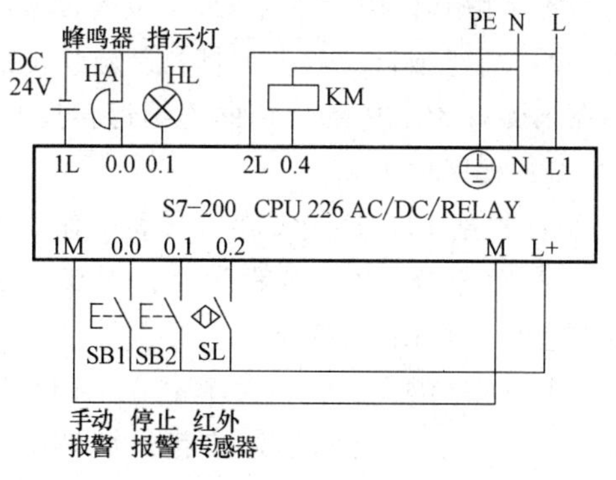

图 3-36　S7-226（AC/DC/RELAY）I/O 接线

五、注意事项

1）PLC 接线时，必须断开电源，以免造成短路。

2）认真核对 PLC 电源规格，交流电源要接于专用端子上，如果接在其他端子上会烧坏 PLC。

3）接触器应选用额定电压为交流220V或以下电压等级的线圈。

4）PLC不要与电动机或其他大负载用同一个公共接地。

六、实训思考

1）如果PLC所带负载为感性负载，应采取什么保护措施？

2）输入侧所接器件采用PLC内部电源，而输出侧的负载是否也可以采用PLC内部电源？

实训二　STEP7-Micro/WIN32编程软件的基本操作

一、实训目的

1）认识S7-200系列PLC与PC的通信。

2）练习使用STEP 7-Micro/WIN 32编程软件。

3）学会程序的输入和编辑方法。

4）初步了解程序调试的方法。

二、实训器材

S7-200PLC一台、计算机一台（安装有STEP 7-Micro/WIN 32编程软件）、实训台、RS232-PPI电缆。

三、实训内容与步骤

1）认识软件：打开计算机上STEP 7-Micro/WIN 32编程软件，根据STEP 7-Micro/WIN 32操作界面，用鼠标操作菜单栏、工具栏、操作栏、指令树等各部分，观察各部分包含的内容，了解其作用。

2）新建项目：双击工具栏新建快捷图标或在菜单栏“文件”→“新建”，新建一个项目，并命名保存为“电动机单向连续运转控制”。

3）程序输入

① 根据PLC接线图在符号表中输入I/O注释，起动：I0.0，停止：I0.1，KM：Q0.0。

② 双击指令树中的程序块，再双击主程序子项，然后在右侧的状态图窗口中逐个输入控制程序，如图3-37所示。

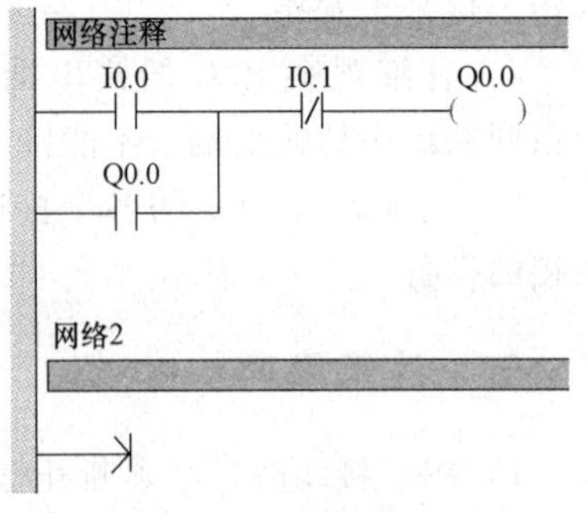

图3-37　起保停程序

4）程序编译：执行菜单命令“PLC”→“全部编译”，也可单击工具栏上的编译按钮，编译全部程序，观察程序有无错误。如有错误加以改正。

5）通信设置

① 用RS232-PPI电缆将PC与PLC连接好后，在STEP7-Micro/WIN32软件中进行通信设置。

② 设置PLC的通信端口、地址和通信速率，将“端口0”中的PLC地址设为“2”，波特率设为“9.6kbps”，其他参数保持默认。

③ 设置 PG/PC 接口：将“PPI”选项卡下的“地址”设为“0”，传输率设为“9.6kbps”，将“本地连接”选项卡下的“连接到”选择为“COM1”。

④ 建立 PLC 与 PC 的通信连接：从弹出的“通信”对话框中选择“搜索所有波特率”项，再双击对话框右方的“双击刷新”，PC 开始搜索与它连接的 PLC，两者连接正常，将会在“双击刷新”位置出现 PLC 图标及型号。

6）下载程序：执行菜单命令“文件”→“下载”，也可单击工具栏上的“下载”按钮，从弹出的“下载”对话框中单击“下载”按钮即可将程序下载到 PLC。

7）运行与调试程序：程序下载成功后，将 PLC 从 STOP 模式切换到 RUN 模式。单击工具条中的“运行”按钮，也可以从菜单中选择“PLC”→“运行”命令，使 PLC 转换到 RUN 模式。

在 RUN 模式，用接在端子 I0.0~I0.1 上的小开关来模拟按钮发出起动信号、停止信号，将开关接通后马上断开，观察 Q0.0 对应的 LED 状态变化。

8）梯形图程序的状态监视：单击菜单命令“调试”中的“开始程序状态监控”对话框，或单击工具条中的“程序状态监控”按钮，在梯形图程序编辑器查看以图形形式表示的当前程序运行状况。

四、注意事项

1）编程前要将 PLC 方式选择开关置于 STOP 位置。

2）运行操作时，要注意观察各指示灯的状态，如果与电路要求不一致，应终止运行并对程序认真进行检查。

五、实训思考

1）向 PLC 传送程序时，需要先删除 PLC 原有的程序吗？为什么？

2）如何进行程序的上载、删除、插入、监控等操作？

思考与练习

一、单项选择题

1. PLC 的中文含义是（　　）。

A. 个人计算机　　B. 可编程序控制器　　C. 继电控制器　　D. 单片机

2. PLC 控制器主要应用于（　　）。

A. 工业环境　　B. 农业环境　　C. 计算机行业　　D. 都可以

3. 以下几个特点中，不属于可编程序控制器的特点的是（　　）。

A. 可靠性高，抗干扰能力强

B. 编程方便，易于使用

C. 控制系统结构简单，通用性强

D. 能够完全代替控制电器，完成对各种电器的控制

4. S7-200 系列 PLC 的 I/O 点数为 300 点，存储容量为 6K 字的为（　　）。

A. 小型 PLC　　B. 中型 PLC　　C. 大型 PLC　　D. 超大型 PLC

5. PLC 的系统程序存储器用来存放（　　）。

A. 用户程序　　B. 编程器送入的程序　　C. 系统管理程序　　D. 任何程序

6. 有关可编程序控制器中编程器的作用，下列说法错误的是（　　）。

A. 用于编程，即将用户程序送入PLC的存储器中

B. 用于存放PLC内部系统的管理程序

C. 利用它进行程序的检查和修改

D. 利用它对PLC的工作状态进行监控

7. SM是哪个存储器的标示符（　　）。

A. 高速计数器　　B. 特殊辅助寄存器　　C. 内部辅助寄存器　　D. 输出继电器

8. PLC循环执行的工作阶段不包括的是（　　）。

A. 初始化　　B. 输入处理　　C. 程序执行　　D. 输出处理

9. 某可编程序控制器有多个输入端共用一个公共端和一个公共电源，则此输入接线方式为（　　）。

A. 分隔式　　B. 汇点式　　C. 公共式　　D. 分段式

10. PLC的输出方式为晶体管型时，它适用于哪种负载（　　）。

A. 感性　　B. 交流　　C. 直流　　D. 交直流

11. 可编程序控制器PLC采用的工作方式（　　）。

A. 键盘扫描　　B. 循环扫描　　C. 逐行扫描　　D. 逻辑扫描

12. 梯形图的逻辑执行顺序是（　　）。

A. 自上而下、自左而右　　B. 自下而上、自左而右

C. 自上而下、自右而左　　D. 随机执行

13. 一个完整的梯形图至少应有（　　）。

A. 一个梯级　　B. 两个梯级　　C. 三个梯级　　D. 四个梯级

14. 梯形图中的各类继电器是（　　）。

A. 物理继电器　　B. 暂存器　　C. 软继电器　　D. 存储单元

15. 关于指令语句表编程语言，说法不正确的是（　　）。

A. 语句是程序最小的独立单元

B. 每一条语句由操作码、操作数两部分组成

C. 每一条语句都必须有操作码、操作数

D. 有些语句没有操作数

16. PLC内部继电器的触点在编程时（　　）。

A. 可多次重复使用　　B. 只能使用一次

C. 最多使用两次　　D. 每种继电器规定次数不同

17. 下列哪项属于双字寻址（　　）。

A. QW1　　B. V10　　C. IB0　　D. MD28

18. 状态由外部控制现场的信号驱动的是（　　）。

A. 输入继电器　　B. 输出继电器　　C. 辅助继电器　　D. 数据寄存器

19. 驱动外部负载的继电器是（　　）。

A. 输入继电器　　B. 输出继电器　　C. 辅助继电器　　D. 数据寄存器

20. S7-200系列PLC中输入、输出继电器器件编号采用（　　）。

A. 十进制　　B. 八进制　　C. 二进制　　D. 十六进制

21. 初始化脉冲继电器是（　　）。

A. SM0.0　　B. SM0.1　　C. SM0.2　　D. SM0.3

22. SM0.4 的继电器名称为（　　）。

A. 运行监控继电器　　B. 初始化脉冲继电器

C. 分钟脉冲继电器　　D. 秒时钟脉冲继电器

23. CPU226 型 PLC 有几个通信口端（　　）。

A. 2　　B. 1　　C. 3　　D. 4

24. CPU226 型 PLC 本机 I/O 点数为（　　）。

A. 14/10　　B. 8/16　　C. 24/16　　D. 14/16

25. 在 PLC 运行时，总为 ON 的特殊存储器是（　　）。

A. SM1.0　　B. SM0.1　　C. SM0.0　　D. SM1.1

26. 工具栏中符号▼的作用是（　　）。

A. 上载　　B. 下载　　C. 运行　　D. 停止

二、简答题

1. PLC 由哪几部分组成？各有什么作用？

2. 简述 PLC 的工作过程，何为 PLC 的扫描周期？

3. 简要说明 PLC 用户程序执行过程中输入处理、程序执行、输出处理三个阶段各完成什么工作？

4. S7-200 系列 PLC 主机中有哪些主要编程元件？

5. 一个控制系统需要 12 点数字量输入、30 点数字量输出、7 点模拟量输入和 2 点模拟量输出。试问：

1）可以选用哪种主机型号？

2）如何选择扩展模块？

3）各模块按什么顺序连接到主机？

4）按 3）小题顺序，其主机和各模块的地址如何分配？

第四章　PLC 的基本指令系统及编程

基本逻辑指令是 PLC 中最基础的编程语言，掌握了基本逻辑指令也就初步掌握了 PLC 的编程语言。PLC 生产厂家很多，其指令的表达形式大同小异，梯形图的表现形式也基本相同。本章以西门子 S7-200 系列 PLC 的基本逻辑指令为例，说明指令的含义和梯形图绘制的基本方法。

通过本章的理论学习和实践操作，你将掌握 S7-200 系列 PLC 的基本指令的使用，学会指令表和梯形图间的相互转换，学会简单程序的梯形图编程。学习时请注意文中的使用说明。

【知识目标】

1. 理解 S7-200 系列 PLC 的基本逻辑指令的使用方法。
2. 了解梯形图的画法规则。
3. 掌握常用基本电路的编程实例。

【技能目标】

1. 会基本逻辑指令的指令表和梯形图的相互转换。
2. 会常用基本电路的编程及实训操作。

第一节　位逻辑指令

S7-200 系列 PLC 的位逻辑指令，是 PLC 编程语言的基础，运算结果用二进制数字 1 和 0 表示，可以实现基本的位逻辑运算和控制。现仅将最常用的位逻辑指令介绍如下。

一、逻辑取指令与输出线圈指令（LD、LDN、=）

1. 指令格式及梯形图表示方法

如表 4-1 所示。

表 4-1　逻辑取及线圈驱动指令

符号(名称)	功　　能	梯形图表示	操作元件
LD(取)	动合触点与母线相连	I0.0	I、Q、M、SM、T、C、V、S、L
LDN(取反)	动断触点与母线相连	I0.0	I、Q、M、SM、T、C、V、S、L
=(输出)	线圈驱动	I0.0　Q0.0	Q、M、SM、V、S、L

2. 使用说明

1）LD、LDN 指令可用于输入左母线相连的触点。在电路块中，每块中的第一个触点使

用LD、LDN指令，可与ALD、OLD指令配合实现块逻辑运算。

2）=指令可以连续使用若干次（相当于线圈并联）。

3）=指令目标元件为Q、M、SM、V、S、L，但不能用于I。

4）=指令对同一元件一般只能使用一次。

如图4-1所示为指令的应用示例。

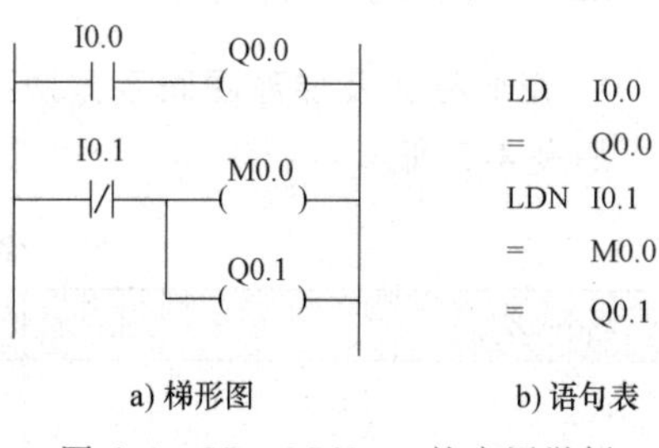

图4-1　LD、LDN、=的应用举例

二、触点的串联指令（A、AN）

1. 指令格式及梯形图表示方法

如表4-2所示。

表4-2　触点的串联指令

符号(名称)	功　能	梯形图表示	操作元件
A(与)	串联一个动合触点	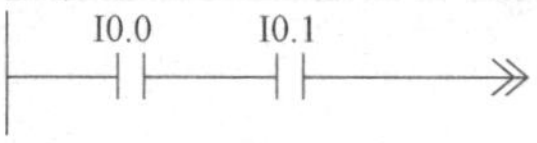 I0.0　I0.1	I、Q、M、SM、T、C、V、S、L
AN(与非)	串联一个动断触点	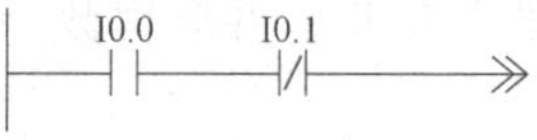 I0.0　I0.1	I、Q、M、SM、T、C、V、S、L

2. 使用说明

1）A指令用于一个动合触点串联连接指令，完成逻辑“与”运算；AN用于一个动断触点串联连接指令，完成逻辑“与非”运算。串联次数没有限制，可反复使用。

2）若要串联多个触点组合回路（块），须采用后面说明的ALD指令。

3）在=指令后面，通过某一触点去驱动另一个输出线圈，称为连续输出。只要电路的次序正确，就可以重复使用连续输出。

如图4-2所示为触点的串联指令应用示例，其中的M0.1线圈后面的Q0.1为连续输出。

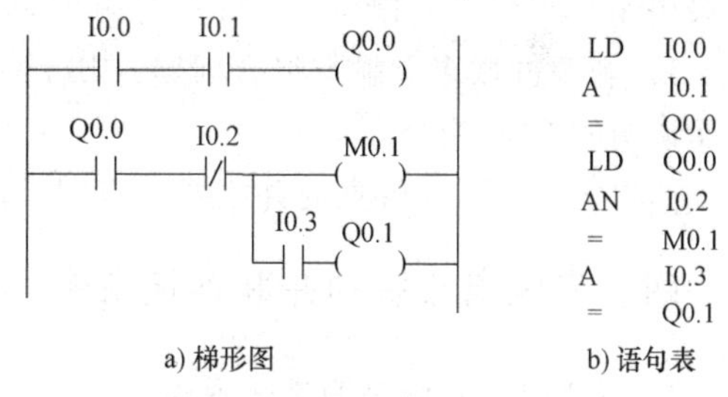

图4-2　A、AN的应用举例

【想想练练】

如图4-3所示的两个梯形图电路功能是否相同？二者的指令表相同吗？

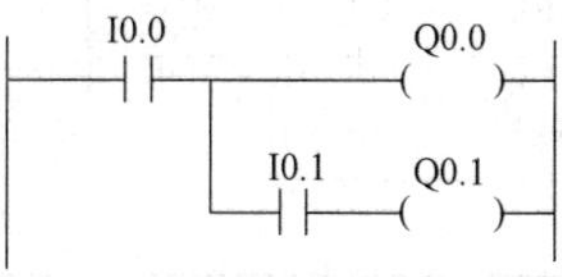

a) 连续输出的推荐形式 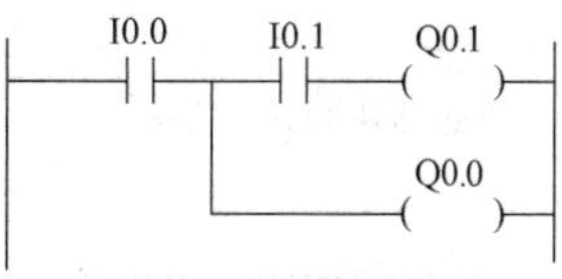　　b) 连续输出的不推荐形式

图4-3　连续输出

三、触点的并联指令（O、ON）

1. 指令格式及梯形图表示方法

如表 4-3 所示。

表 4-3 触点的并联指令

符号(名称)	功　能	梯形图表示	操作元件
O(或)	并联一个动合触点	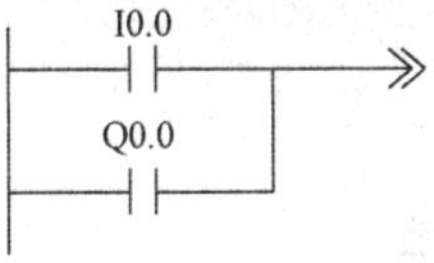I0.0 Q0.0	I、Q、M、SM、T、C、V、S、L
ON(或非)	并联一个动断触点	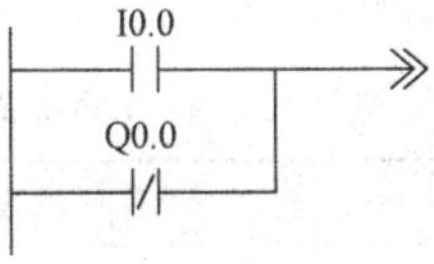I0.0 Q0.0	I、Q、M、SM、T、C、V、S、L

2. 使用说明

1）O 用于并联连接一个动合触点指令，完成逻辑“或”运算；ON 用于并联连接一个动断触点指令，完成逻辑“或非”运算。并联次数没有限制，可反复使用。

2）O 和 ON 用于单个触点与前面电路的并联，并联触点的左端接到该指令所在的电路块的起始点（LD 或 LDN）上，右端与前一条指令对应的触点的右端相连。

3）若要并联多个触点组合回路（块），须采用后面说明的 OLD 指令。

如图 4-4 所示为触点的并联指令应用示例。

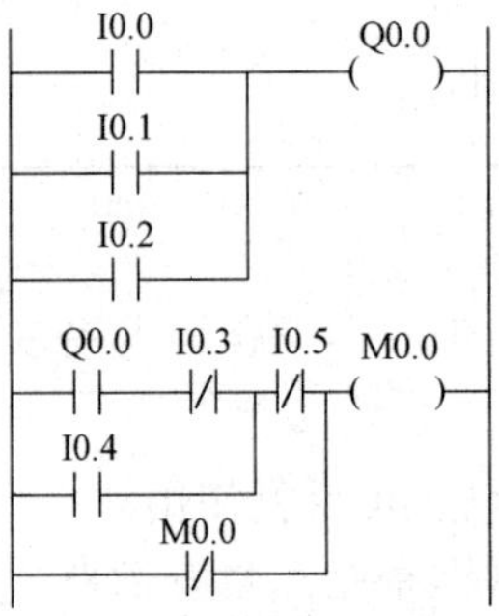

I0.0
Q0.0
I0.1
I0.2
Q0.0
I0.3
I0.5
M0.0
I0.4
M0.0

a) 梯形图

LD	I0.0
O	I0.1
O	I0.2
=	Q0.0
LD	Q0.0
AN	I0.3
O	I0.4
AN	I0.5
ON	M0.0
=	M0.0

b) 语句表

图 4-4 O、ON 的应用举例

四、串联电路块的并联连接指令（OLD）

1. 指令格式及梯形图表示方法

如表 4-4 所示。

表 4-4 串联电路块的并联连接指令

符号(名称)	功　能	梯形图表示	操作元件
OLD(块或)	串联电路块的并联连接	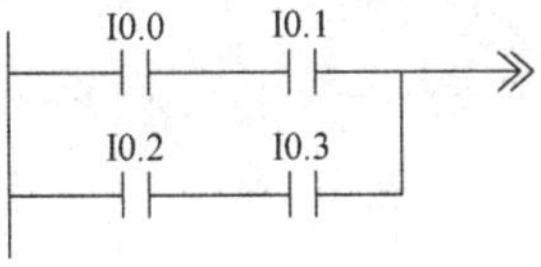I0.0 I0.1 I0.2 I0.3	无

2. 使用说明

1）两个或两个以上的触点串联连接的电路成为“串联电路块”，将串联电路块并联连

接时，分支开始用 LD、LDN 指令表示，分支结束用 OLD 指令表示。

2）分散使用 OLD 指令，即在要并联的两个块电路后面加 OLD 指令，其并联电路块的个数没有限制；集中使用中 OLD 指令的次数不允许超过 8 次，如图 4-5 所示。

3）OLD 指令无操作数。

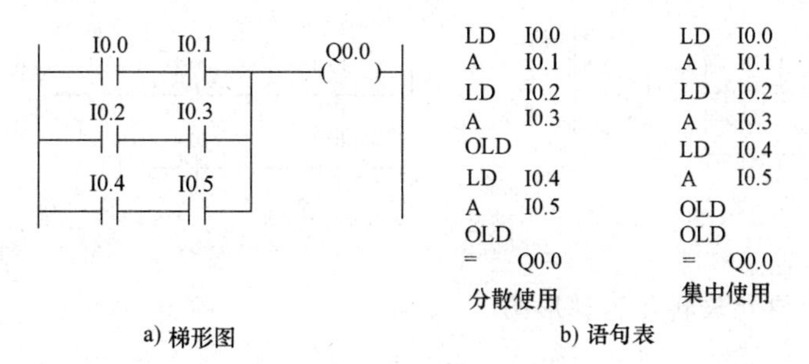

a) 梯形图　　　　b) 语句表

图 4-5　OLD 的应用举例

五、并联电路块的串联连接指令（ALD）

1. 指令格式及梯形图表示方法

如表 4-5 所示。

表 4-5　并联电路块的串联连接指令

符号(名称)	功　能	梯形图表示	操作元件
ALD(块与)	并联电路块的串联连接	I0.0 I0.1 I0.2 I0.3	无

2. 使用说明

1）两个或两个以上的触点并联连接的电路成为“并联电路块”，将并联电路块串联连接时，分支开始用 LD、LDN 指令表示，在并联电路块结束后，使用 ALD 指令与前面电路块串联。如图 4-6 所示。

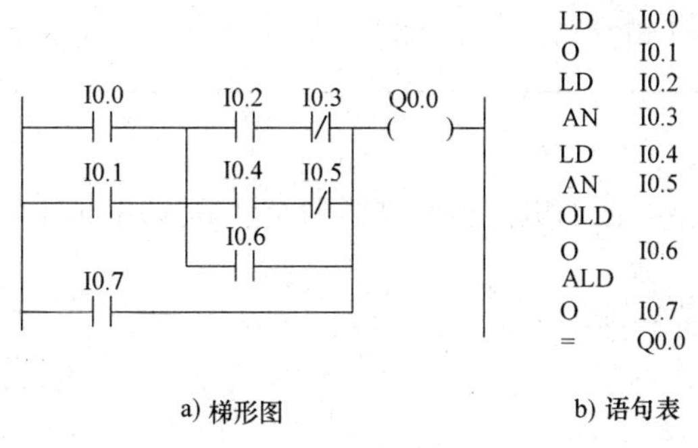

a) 梯形图　　　　b) 语句表

图 4-6　ALD 的应用举例

2）分散使用 ALD 指令，其串联电路块的个数没有限制；集中使用 ALD 指令的次数不允许超过 8 次。

3）ALD 指令无操作数。

【想想练练】

1. 写出如图 4-7 所示的梯形图的指令语句表。

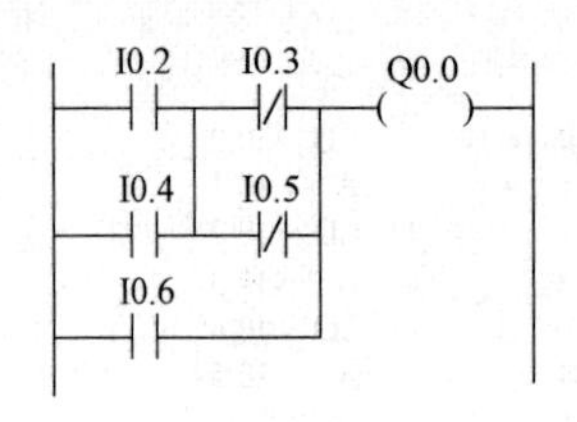

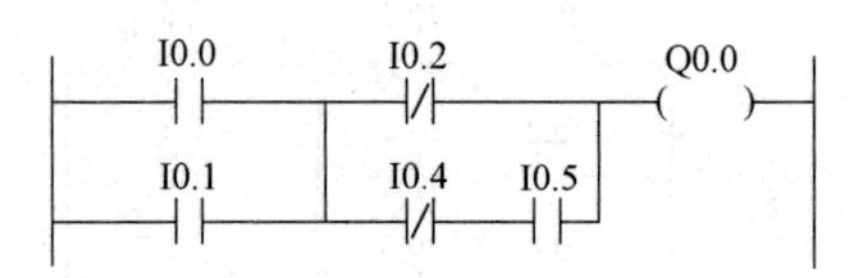

图 4-7　第 1 题图

2. 将下列指令语句表转化为梯形图

```
LD   I0.0
LD   I0.1
A    I0.2
OLD
LD   I0.3
O    I0.4
ALD
ON   I0.5
=    Q0.0
```

六、逻辑取反指令（NOT）

1. 指令格式及梯形图表示方法

如表 4-6 所示。

表 4-6　逻辑取反指令

符号(名称)	功　能	梯形图表示	操作元件
NOT(取反)	对指令前的逻辑运算结果取反	I0.0 ─┤ ├─┤NOT├─≫	无

2. 使用说明

1）NOT 指令将使该指令前的电路运算结果取反。其应用如图 4-8 所示。

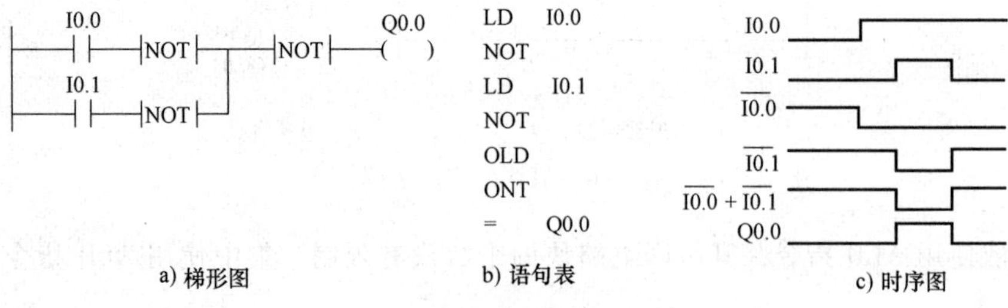

图 4-8　逻辑取反指令的应用

2）NOT 指令不能单独占用一条电路支路，也不能直接与左母线相连。编制 A、AN 指令步的位置可使用 NOT。

3）如果常开触点后面为 NOT 指令，功能相当于一个常闭触点。

【想想练练】

根据如图 4-9 所示的梯形图，试将指令表补画完整。

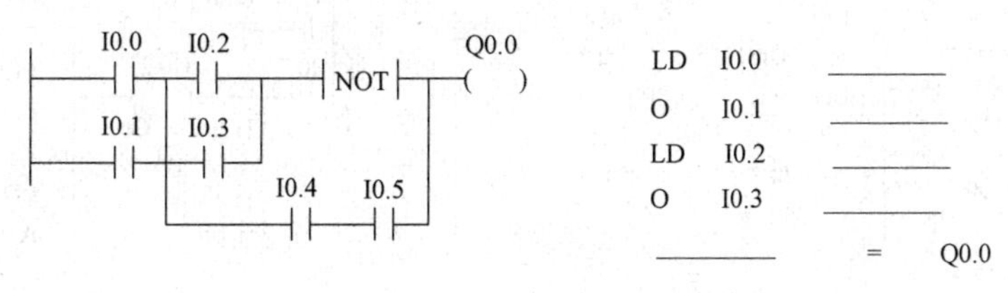

图 4-9　题图

七、栈指令（LPS、LRD、LPP）

1. 指令格式及梯形图表示方法

如表 4-7 所示。

表 4-7　栈指令

符号（名称）	功　能	梯形图表示	操作元件
LPS（进栈）	状态读入栈寄存器	I0.0　LPS　I0.1　Q0.0	无
LRD（读栈）	读出用 LPS 指令记忆的状态	LRD　I0.2　Q0.1	
LPP（出栈）	读出并清除用 LPS 指令记忆的状态	LPP　I0.3　Q0.2	

2. 使用说明

1）栈指令用于多分支输出的电路，所完成的操作功能是将多分支输出电路中连接点的状态先存储，再用于连接后面电路的编程。多重电路的第一个支路前使用 LPS 指令，中间支路前使用 LRD 指令，最后一个支路前使用 LPP 指令。

2）S7-200 系列的 PLC 中有 9 个存储中间结果的存储区域称为栈存储器。使用进栈指令 LPS 时，当时的运算结果被压入栈的第一层，栈中原来的数据依次向下一层推移；LRD 是最上层所存数据的读出专用指令，读出时，栈内数据不会发生移动；使用出栈指令 LPP 时，各层的数据依次向上移动一层。

3）这三条指令均无操作数，LPS、LPP 指令必须成对使用，使用次数不多于 9 次。若无中间支路，LRD 指令可以不用。

4）用编程软件将梯形图转换为指令表程序时，编程软件会自动加入栈指令。写入指令表程序时，必须由用户来写入栈指令。

LPS、LRD、LPP 指令的使用分别如图 4-10、图 4-11、图 4-12 所示。

八、置位和复位指令（S、R）

1. 指令格式及梯形图表示方法

如表 4-8 所示。

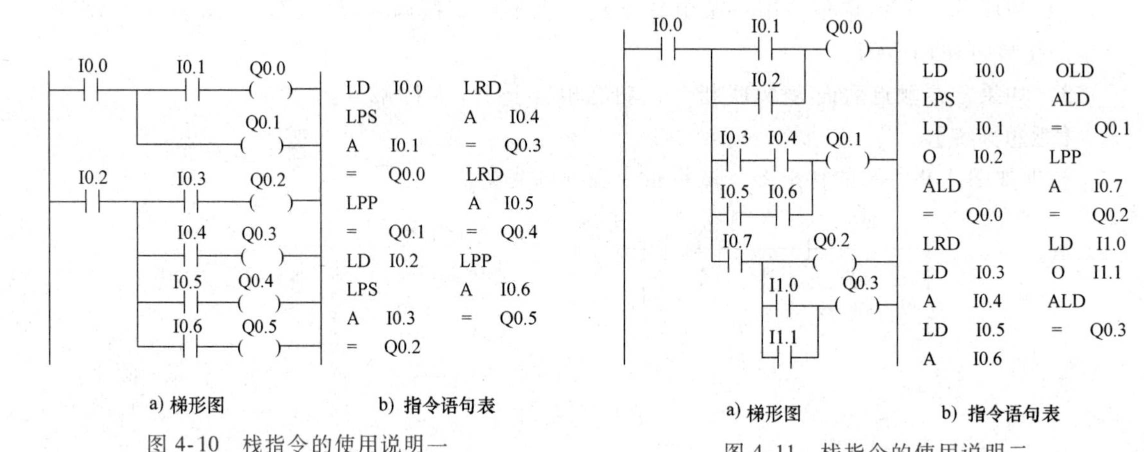

图 4-10 栈指令的使用说明一

图 4-11 栈指令的使用说明二

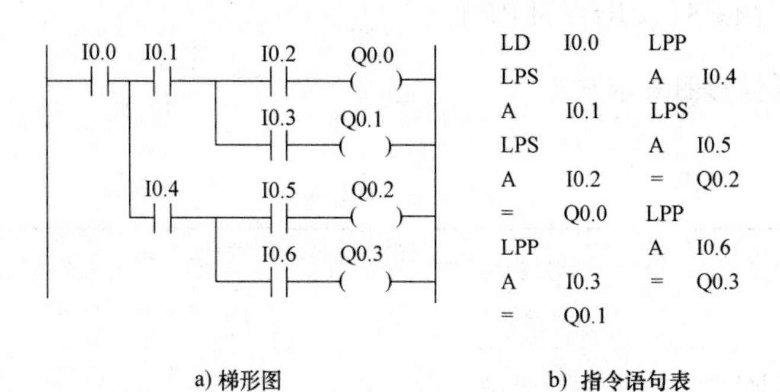

图 4-12 栈指令的使用说明三

表 4-8 置位和复位指令

符号(名称)	功　能	梯形图表示	操作元件
S(置位指令)	将由操作数指定的位开始的指定数目(1~255 位)的位置“1”,并保持	I0.0 M0.0 (S) 1	Q、M、SM、V、S 和 L
R(复位指令)	将由操作数指定的位开始的指定数目(1~255 位)的位清“0”,并保持	I0.1 M0.1 (R) 2	Q、M、SM、T、C、V、S 和 L

2. 使用说明

1）操作数被置“1”后，必须通过 R 清“0”。

2）S、R 指令可互换次序使用，但由于 PLC 采用循环扫描的工作方式，所以写在后面的指令具有优先权。如图 4-13 所示。

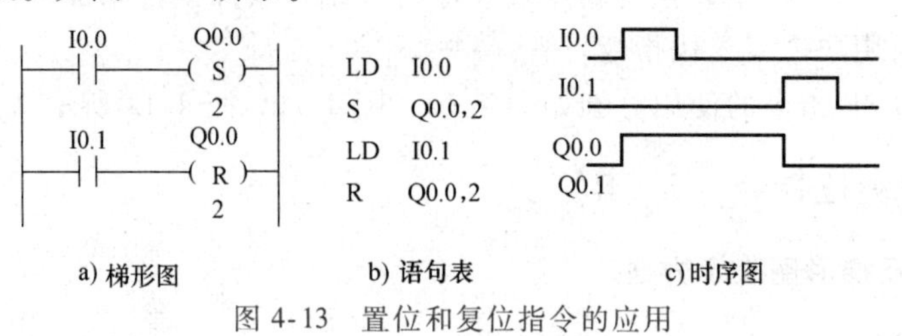

图 4-13 置位和复位指令的应用

3）如果对计数器和定时器复位，则C和T的当前值被清零。

4）使用S、R指令时需指定开始位（bit）和位的数量（N）。开始位（bit）的操作数为：Q、M、SM、T、C、V、S和L；N的范围为1~255。

【想想练练】

画出图4-14所示梯形图的时序图，并根据时序图分析与图4-13功能是否相同？若不同，如何修改程序使二者功能相同？

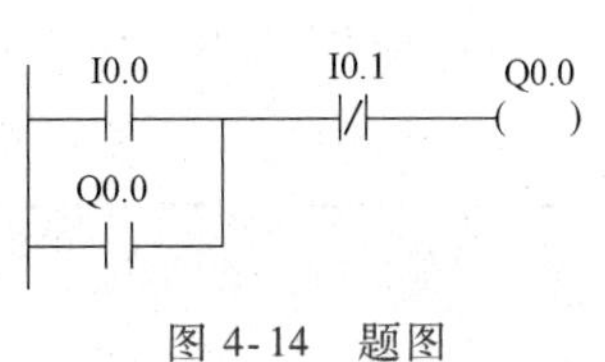

图4-14　题图

九、边沿脉冲指令（EU、ED）

1. 指令格式及梯形图表示方法

如表4-9所示。

表4-9　脉冲指令

符号(名称)	功　　能	梯形图表示	操作元件
EU(上升沿脉冲)	检测信号的上升沿,产生一个扫描周期宽度的脉冲	┤P├─( )	无
ED(下降沿脉冲)	检测信号的下降沿,产生一个扫描周期宽度的脉冲	┤N├─( )	

2. 使用说明

1）EU、ED指令为边沿触发指令。使用边沿脉冲指令仅在输入信号发生变化时有效，其输出信号的脉冲宽度为一个扫描周期。其使用方法如图4-15所示。

2）对开机时就为接通状态的输入条件，EU指令不执行。

3）EU、ED指令无操作数。

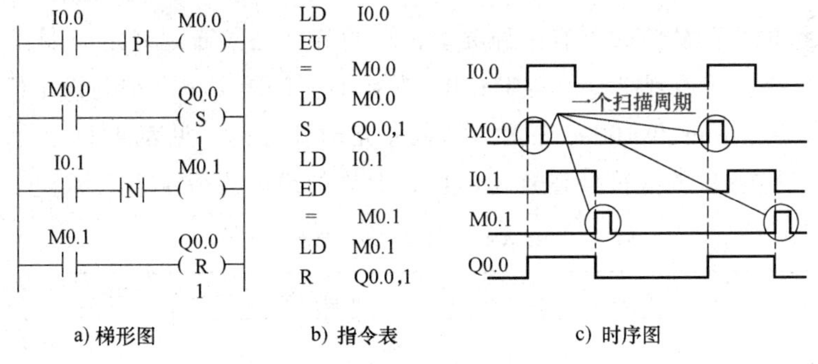

图4-15　边沿脉冲指令的应用

【想想练练】

根据图4-16所示的梯形图和X0波形图，画出Y0和Y1的波形图。

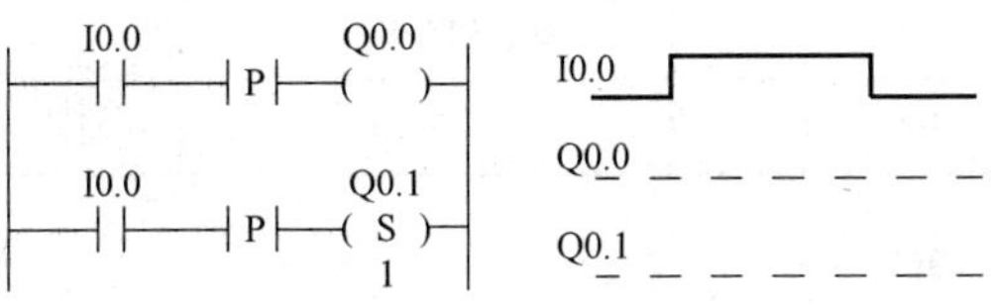

图4-16　题图

十、空操作指令（NOP）

1. 指令格式及梯形图表示方法

如表 4-10 所示。

表 4-10　空操作指令

符号(名称)	功　能	梯形图表示	操作元件
NOP(空操作)	无动作	M0.0 ─┤/├─ 100 NOP	无

2. 使用说明

1）该指令是一条无动作、无操作数的指令。

2）空操作指令的功能是让程序不执行任何操作。由于该指令本身执行时需要一定时间（约 0.22μs），则执行 N（$N=0\sim255$）次 NOP 的时间约为 0.22N，故可延长程序执行周期。

第二节　定时器和计数器指令

定时器和计数器指令在控制系统中主要用来实现定时操作及计数操作。可用于需要按时间原则控制的场合及根据对某事件计数要求控制的场合。

一、定时器指令

S7-200 系列 PLC 的软定时器有三种类型，它们分别是接通延时定时器 TON、断开延时定时器 TOF 和保持型接通延时定时器 TONR，其定时时间等于分辨率与设定值的乘积。定时器的分辨率有 1ms、10ms 和 100ms 三种，取决于定时器号码，见表 4-11 所示。定时器的设定值和当前值均为 16 位的有符号整数（INT），允许的最大值为 32767。

表 4-11　定时器的类型

工作方式	时基/ms	最大定时范围/s	定时器号
TONR	1	32.767	T0,T64
	10	327.67	T1~T4,T65~T68
	100	3276.7	T5~T31,T69~T95
TON/TOF	1	32.767	T32,T96
	10	327.67	T33~T36,T97~T100
	100	3276.7	T37~T63,T101~T255

1. 接通延时定时器 TON

1）指令格式及梯形图表示方法，如表 4-12 所示。

表 4-12　接通延时定时器指令的格式及功能

梯形图 LAD	指令表 STL		功　能
	操作码	操作数	
TXXX IN　TON PT	TON	TXXX,PT	TON 定时器的使能输入端 IN 为"1"时,定时器开始定时;当定时器的当前值大于预定值 PT 时,定时器位变为 ON;当 IN 端由"1"变"0"时,定时器复位

2）使用说明：如图 4-17 所示为指令的应用示例。

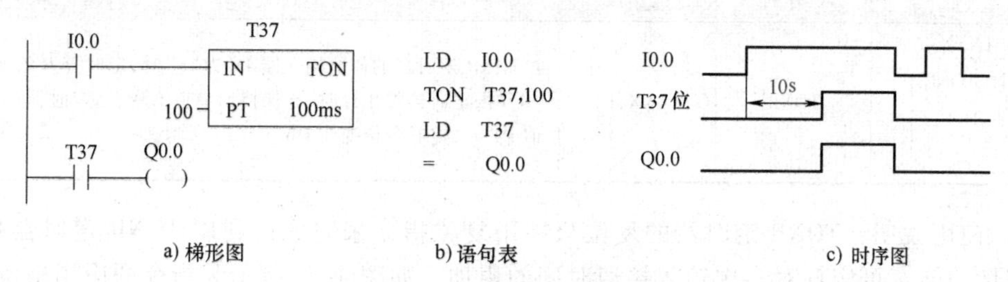

图 4-17　TON 定时器及时序图

【想想练练】

请分析图 4-18 所示梯形图的功能，并说明与图 4-17 相比在功能上的区别。

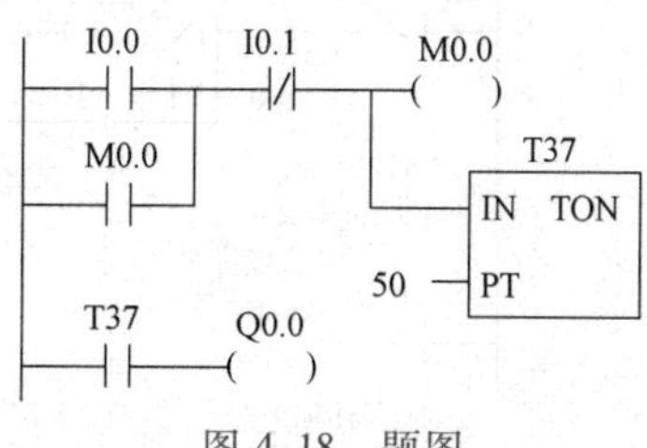

图 4-18　题图

2. 延时断开定时器 TOF

1）指令格式及梯形图表示方法，如表 4-13 所示。

2）使用说明：如图 4-19 所示为指令的应用示例。

表 4-13　延时断开定时器指令的格式及功能

梯形图 LAD	指令表 STL		功　能
	操作码	操作数	
TXXX IN　TON PT	TOF	TXXX,PT	TOF 定时器的使能输入端 IN 为"1"时,定时器位变 ON,当前值被清零;当定时器的使能输入端 IN 为"0"时,定时器开始计时;当当前值达到预定值 PT 时,定时器位变为 OFF

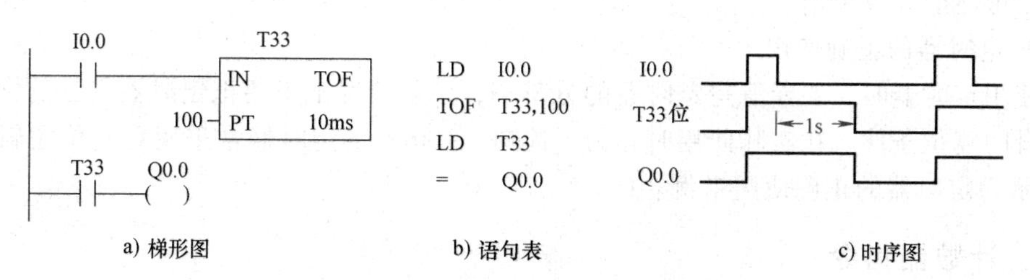

图 4-19　TOF 定时器及时序图

【想想练练】

请分析图 4-20 所示程序的功能，并比较与图 4-19 的程序功能上是否相同。

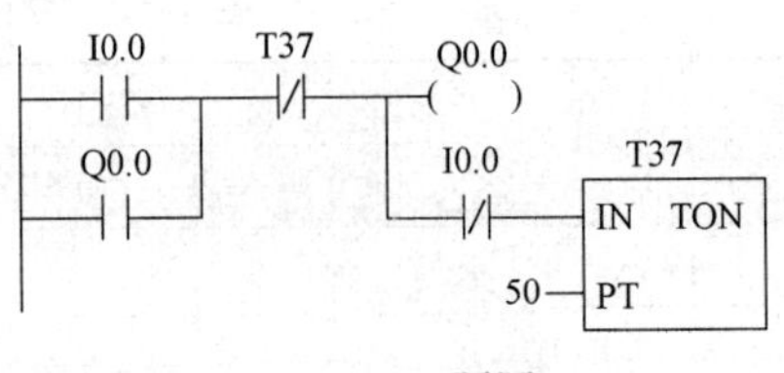

图 4-20　题图

3. 保持型延时接通定时器 TONR

1）指令格式及梯形图表示方法，如表 4-14 所示。

表 4-14　保持型延时接通定时器指令的格式及功能

梯形图 LAD	指令表 STL		功　能
	操作码	操作数	
TXXX IN TONR PT	TONR	TXXX,PT	TONR 定时器的使能输入端 IN 为“1”时，定时器开始延时；为“0”时，定时器停止计时，并保持当前值不变；当定时器达到预定值 PT 时，定时器位变为 ON

2）使用说明：TONR 定时器的复位只能用复位指令来完成；利用 TONR 定时器指令的时间记忆功能，可实现对多次输入接通时间的累加。如图 4-21 所示为指令的应用示例。

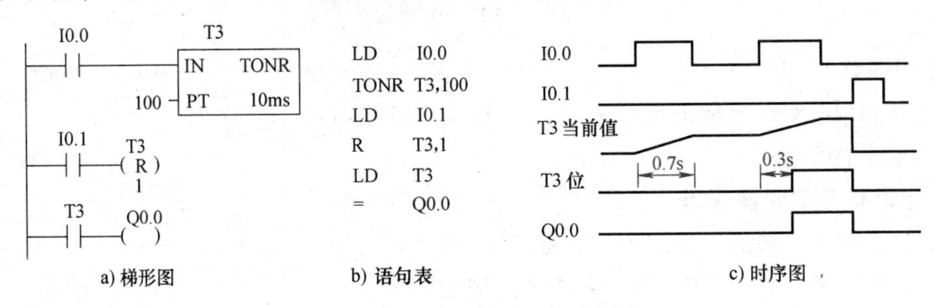

图 4-21　TONR 定时器及时序图

4. 定时器的刷新方式和正确使用

（1）定时器的刷新方式

1ms 定时器每隔 1ms 刷新一次，定时器刷新与扫描周期和程序处理无关。扫描周期大于 1ms 时，在一个周期中可能被多次刷新，其当前值在一个扫描周期内不一定保持一致。

10ms 定时器在每个扫描周期开始时自动刷新，由于是每个扫描周期只刷新一次，故在一个扫描周期内定时器的当前值和位保持不变。

100ms 定时器在定时器指令执行时被刷新，下一条执行的指令即可使用刷新后的结果。但应当注意，如果该定时器的指令不是每个周期都执行（如条件跳转时），定时器就不能及时刷新，可能会导致出错。

（2）定时器的正确使用

在使用定时器时，要弄清楚定时器的分辨率，一般情况下不要把定时器本身的常闭触点作为自身的复位条件。在实际使用时，为了简单，100ms 的定时器常采用自复位逻辑。如图 4-22 所示为定时器的正确使用举例。

二、计数器指令

计数器利用输入脉冲上升沿累计脉冲个数。其结构与定时器基本相同，每个计数器有一

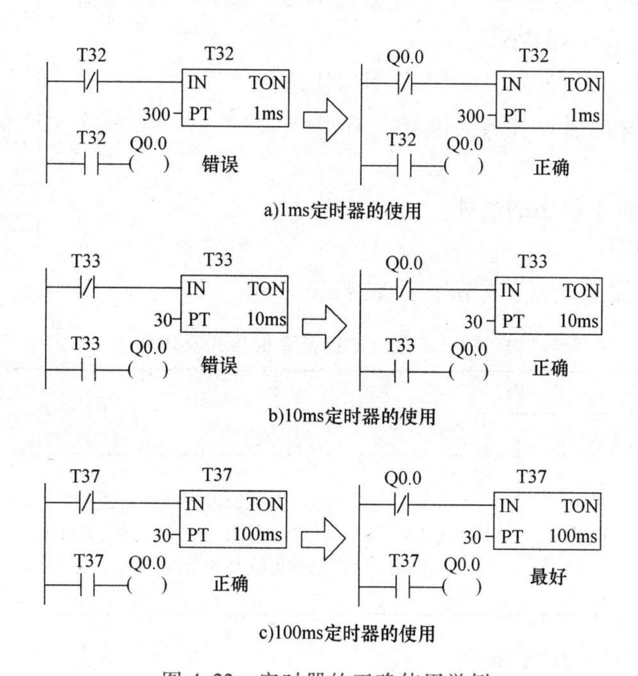

图 4-22　定时器的正确使用举例

个 16 位的当前值寄存器用于存储计数器累计的脉冲数（1~32767），另有一个状态位表示计数器的状态。若当前值寄存器累计的脉冲数大于等于设定值时，计数器的状态位被置 1，该计数器的触点转换。S7-200 系列 PLC 有三类计数器：加计数器 CTU、减计数器 CTD 和加减计数器 CTUD。

1. 加计数器 CTU

1）指令格式及梯形图表示方法，如表 4-15 所示。

表 4-15　加计数器指令的格式及功能

梯形图 LAD	指令表 STL		功　　能
	操作码	操作数	
CXXX CU CTU R PT	CTU	CXXX,PV	加计数器对 CU 的上升沿进行加计数；当计数器的当前值大于等于设定值 PV 时，计数器位被置 1；当计数器的复位输入 R 为 ON 时，计数器被复位，计数器当前值被清零，位值变为 OFF

2）使用说明：如图 4-23 所示。

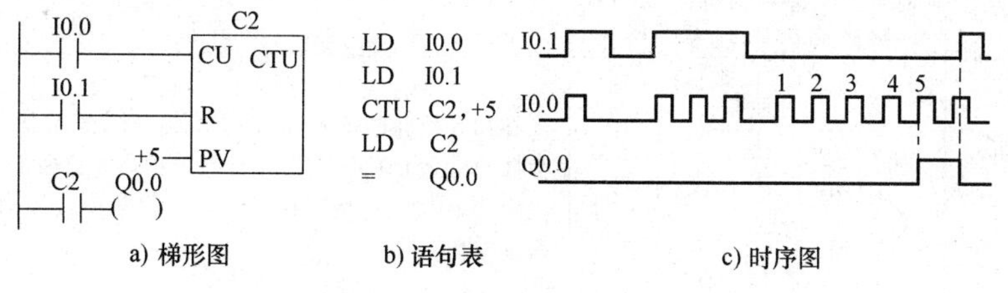

图 4-23　CTU 计数器及时序图

① CU为计数器的计数脉冲；R为计数器的复位；PV为计数器的预设值，取值范围在1~32767之间。

② 计数器的号码CXXX在0~255范围内任选。

③ 计数器通过复位指令为其复位。

【想想练练】

请分析图4-24所示程序的功能。

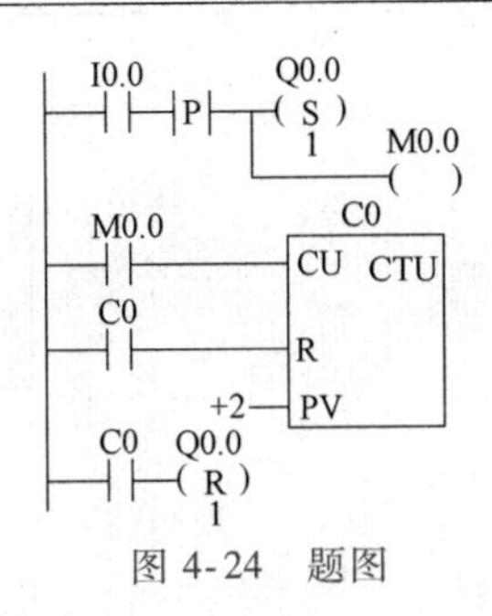

图4-24　题图

2. 减计数器CTD

1）指令格式及梯形图表示方法，如表4-16所示。

表4-16　减计数器指令的格式及功能

梯形图LAD	指令表STL		功　　能
	操作码	操作数	
CXXX CD CTD LD PV	CTD	CXXX,PV	减计数器对CD的上升沿进行减计数；当计数器的当前值等于0时，该计数器位被置1，同时停止计数；当计数装载端LD为1时，当前值恢复为预设值，位值置0

2）使用说明：如图4-25所示。

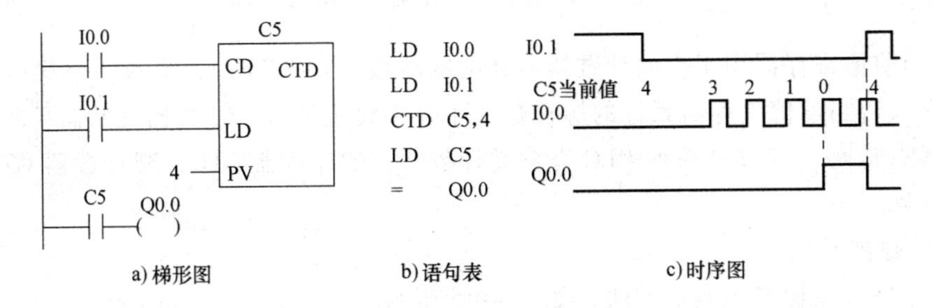

图4-25　CTD计数器及时序图

① CD为计数器的计数脉冲；LD为计数器的装载端，用于连接复位信号；PV为计数器的预设值，取值范围在1~32767之间。

② 减计数器的编号及预设值范围和加计数器一样。

3. 加减计数器CTUD

1）指令格式及梯形图表示方法，如表4-17所示。

表4-17　加减计数器指令的格式及功能

梯形图LAD	指令表STL		功　　能
	操作码	操作数	
CXXX CU CTUD CD R PT	CTUD	CXXX,PV	在加计数脉冲输入CU的上升沿，计数器的当前值加1；在减计数脉冲输入CD的上升沿，计数器的当前值减1；当前值大于等于设定值PV时，计数器位被置位。若复位输入R为ON时，计数器被复位

2）使用说明：如图4-26所示。

① 当计数器的当前值达到最大计数值（32767）后，下一个CU上升沿将使计数器当前值变为最小值（-32768）；同样，在当前计数值达到最小计数值（-32768）后，下一个CD输入上升沿将使当前计数值变为最大值（32767）。

② 加减计数器的编号及预设值范围同加计数器。

③ 不同类型的计数器不能共用同一编号。

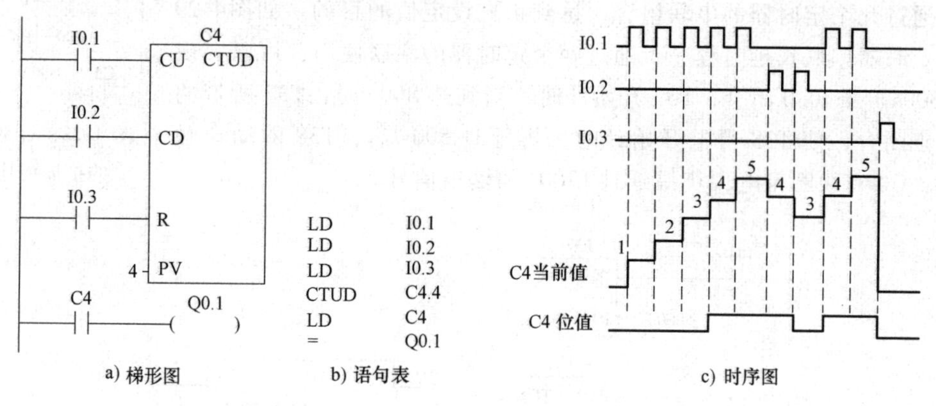

图4-26 CTUD计数器及时序图

三、定时器和计数器的应用

1. 定时器和计数器构成的长延时程序

如图4-27为定时器和计数器组合的长延时程序，该电路可以获得10h的延时。图中T37的设定值为600s，当I0.0闭合时，T37开始计时，当600s延时时间到，T37的动断触点断开，使T37自动复位，T37再次开始计时。在电路中，T37的动合触点每隔600s闭合一次，计数器计一次数，当计到60次时，C4的动合触点闭合，Q0.0线圈得电。

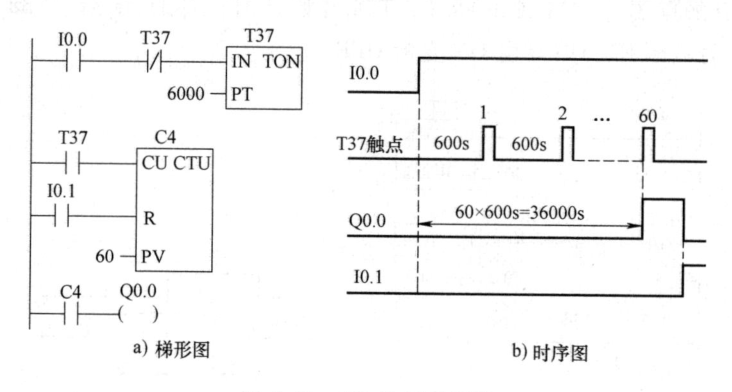

图4-27 10h长延时程序

2. 计数器的扩展程序

S7-200系列PLC计数器最大的计数范围是32767，若需要更大的计数范围，则必须进行扩展。如图4-28所示计数器扩展程序，图中是两个计数器的组合电路，C1形成了一个设定值为100次自复位计数器。计数器C1对I0.1的接通次数进行计数，I0.1的触点每闭合

100 次，C1 自复位重新开始计数。同时，连接到计数器 C2 端 C1 常开触点闭合，使 C2 计数一次，当 C2 计数到 200 次时，I0.1 共接通 100×200 次=20000 次，C2 的常开触点闭合，线圈 Q0.0 通电。该程序的计数值为两个计数器设定值的乘积。

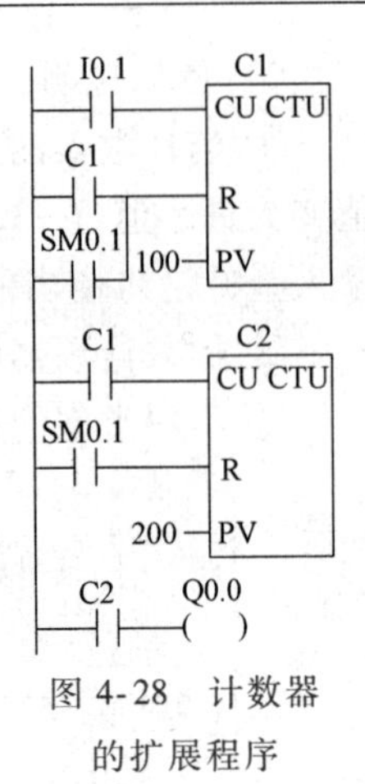

图 4-28　计数器的扩展程序

3. 定时器串联长延时程序

PLC 的定时器有一定的延时范围，如果需要超出定时器的设定范围，可通过几个定时器的串联组合，达到扩充设定值的目的。如图4-29 所示为定时器串联长延时程序，通过两个定时器的串联使用，可以实现延时 1300s。当 I0.0 闭合，T37 开始计时，当到达 800s 时，T37 所带的动合触点闭合，使 T38 得电开始计时，再延时 500s 后，T38 的动合触点闭合，Q0.0 线圈得电，获得延时 1300s 的输出信号。

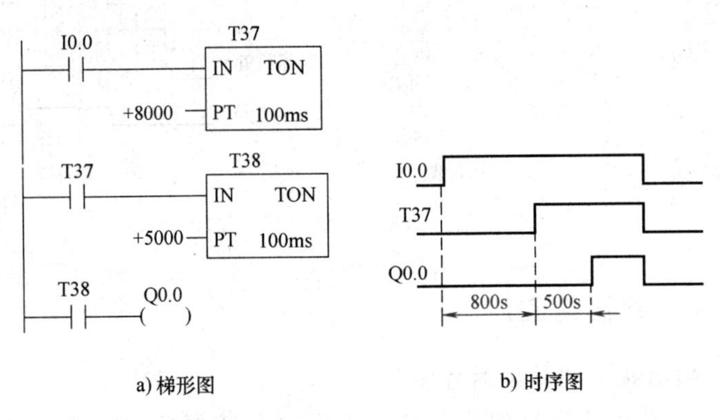

图 4-29　定时器串联长延时程序

4. 延时接通/延时断开程序

如图 4-30 所示，当 I0.0 接通后，T37 开始计时，计时 3s 后，T37 状态位为 ON，接通 Q0.0，Q0.0 常开触点闭合；当 I0.0 断开，T38 开始计时，计时 5s 后，T38 状态位为 ON，因此 T38 的常闭触点断开，Q0.0 由 ON 变为 OFF。

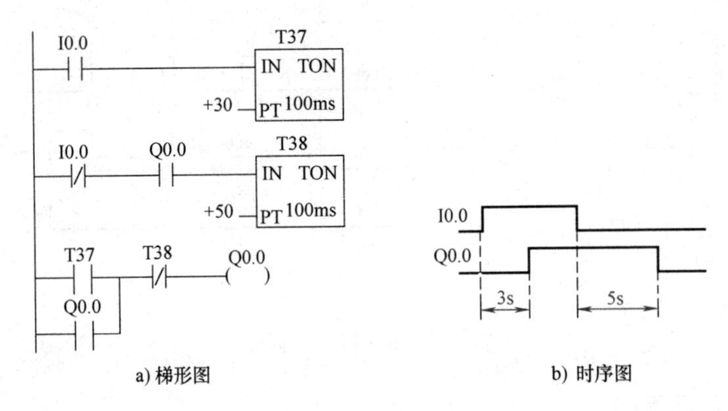

图 4-30　延时接通/延时断开程序

【想想练练】

请分析图 4-31 所示的程序，画出其时序图。

I0.0
T37
IN TON
+100 PT 100ms
T38
IN TON
+200 PT 100ms
Q0.0
T37
Q0.1
T38
Q0.2

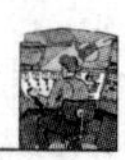

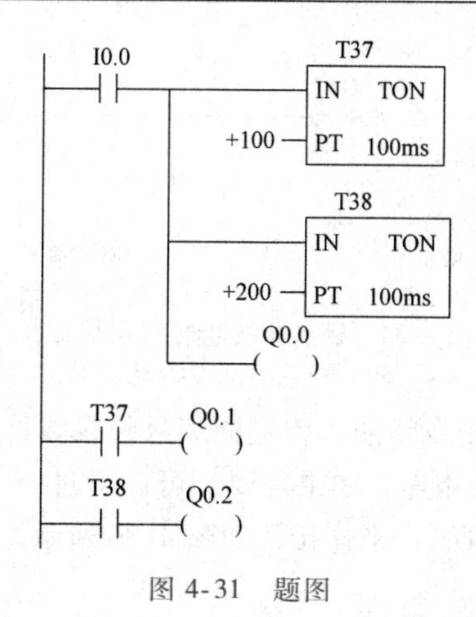

图 4-31　题图

第三节　梯形图的基本规则

梯形图作为程序设计的一种最常用的编程语言，被广泛应用于工程现场的系统设计，为更好地使用梯形图语言，下面介绍梯形图的一些基本规则。

一、梯形图编程的基本原则

1）梯形图程序行由上到下排列，每一行从左向右编写。PLC 程序的执行顺序与梯形图的编写顺序一致，因此程序的顺序不同，其执行的结果也不同，如图 4-32 所示。

I0.1
Q0.2
Q0.2
Q0.1
Q0.0
Q0.2
Q0.0
Q0.1
当 I0.1为 ON 时，Q0.0 和 Q0.2为 ON，Q0.1为OFF
I0.1
Q0.2
Q0.2
Q0.0
Q0.1
Q0.2
Q0.1
Q0.0
当 I0.1为 ON 时，Q0.1 和 Q0.2为 ON，Q0.0为OFF

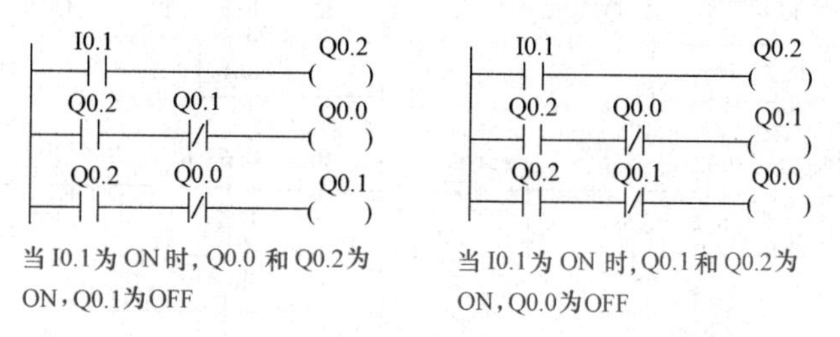

图 4-32　程序的顺序不同结果不同的梯形图

2）梯形图左边的垂直线称为左母线，右边的垂直线称为右母线（右母线在编程时可以不画出）。梯形图的最右侧必须放置输出线圈或输出指令，不能放置任何触点；而线圈的左侧不能直接接左母线，而必须通过触点连接。如图 4-33 所示。

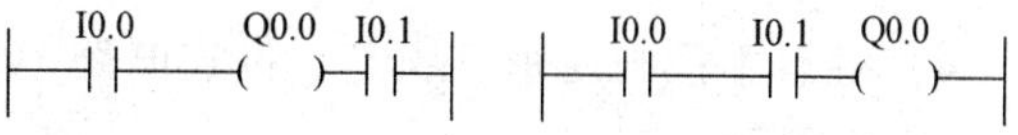

I0.0
Q0.0
I0.1
a) 错误
I0.0
I0.1
Q0.0
b) 正确

图 4-33　输出线圈的要求

3）梯形图程序中的触点可以任意串、并联，而输出线圈只能并联而不能串联，如图 4-34 所示。

4）梯形图中同一编号的触点可以重复使用。

二、梯形图编程的技巧

1）同一编号的线圈如果使用两次则称为双线圈，双线圈输出容易引起误操作，所以在

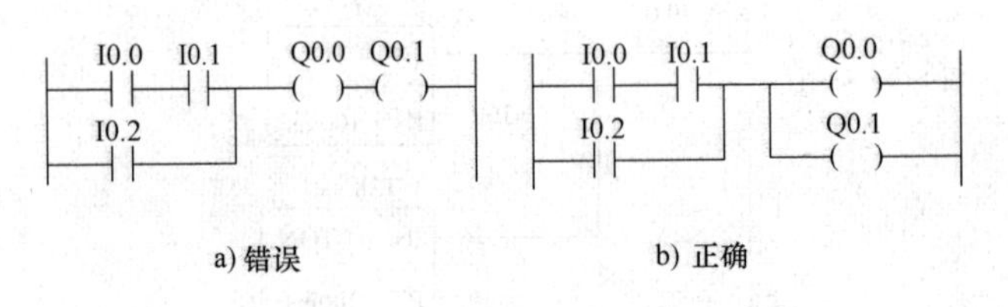

图 4-34　触点及线圈的串并联要求

一般逻辑控制程序中应避免使用双线圈，但不同编号的线圈可以并行输出，如图 4-35 所示。

2）线圈不能直接与左母线相连。如果需要，可以通过一个没有使用元件的动断触点或者特殊辅助继电器 SM0.0（常 ON）来连接，如图 4-36 所示。

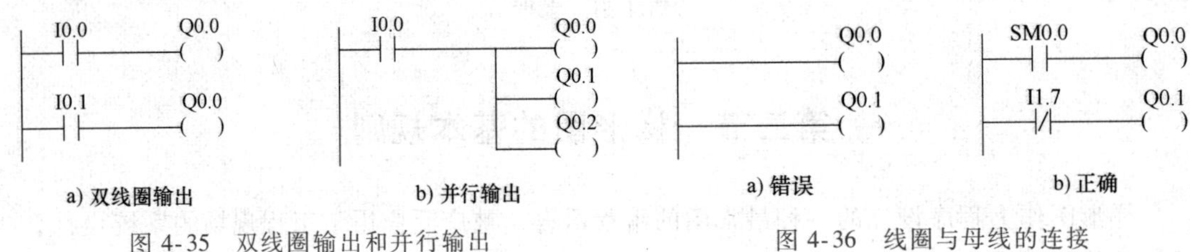

图 4-35　双线圈输出和并行输出　　图 4-36　线圈与母线的连接

3）触点多上并左。如果有串联电路块并联，应将串联触点多的电路块放在最上面；如果有并联电路块串联，应将并联触点多的电路块移近左母线，这样可以使编制的程序简洁，指令语句少，如图 4-37 所示。

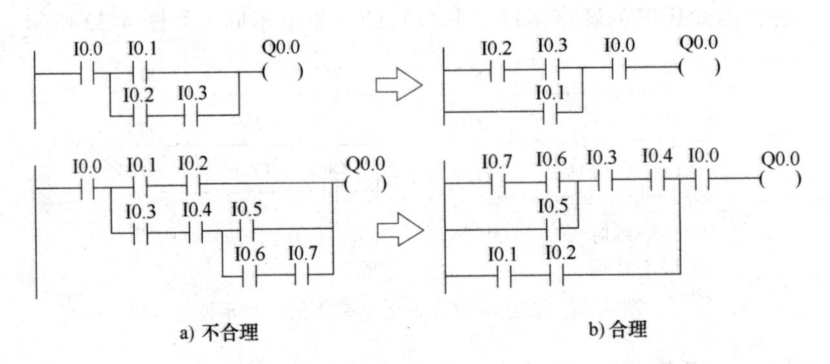

图 4-37　触点多上并左梯形图

4）触点不能画在垂直线上，桥式电路不能直接编程，必须画出其相应的等效梯形图，如图 4-38 所示。

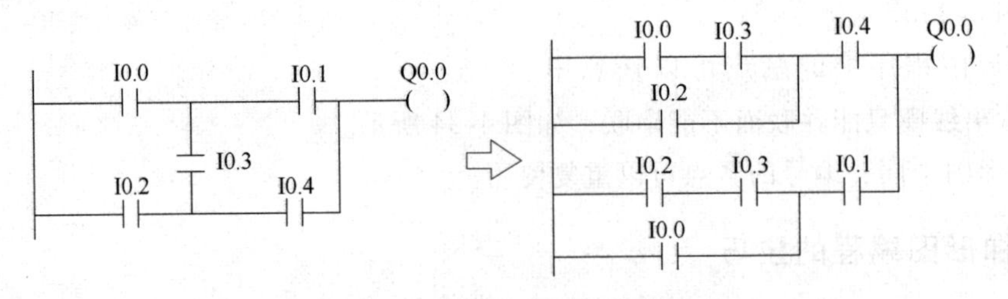

图 4-38　桥式电路的编程

5）如果有多重输出电路，最好将串联触点多的电路放在下面，这样可以不使用MPS、MPP指令，如图4-39所示。

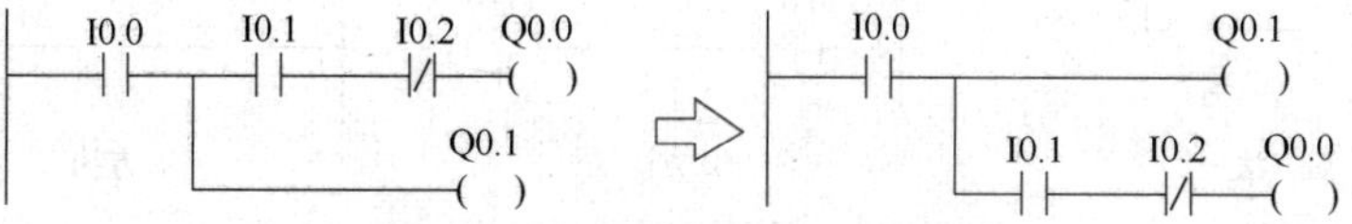

图4-39　多重输出电路的编程

【想想练练】

请将如图4-40所示的梯形图进行修改，使其符合梯形图画法规则。

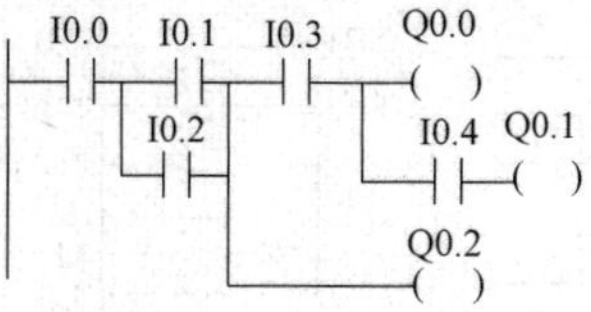

图4-40　程序修改

第四节　常用的PLC应用程序编程实例

为尽快提高PLC的编程技能，掌握PLC程序设计的方法和技巧，本节将介绍一些常用基本电路的程序设计。

一、电动机的起保停电路

起动、保持、停止功能电路是PLC控制电路的最基本环节，它经常应用于对内部辅助继电器和输出继电器进行控制。此电路有两种不同的构成形式：起动优先和停止优先控制方式。

如图4-41所示为停止优先的起保停电路，其可起动信号为I0.0，停止信号为I0.1，当I0.0和I0.1同时作用时，停止信号有效，所以此电路称为停止优先控制方式，这种控制方式常用于需要紧急停车的场合。分析时要注意方法一中停止信号用I0.1的常闭触点，而方法二中用I0.1的常开触点，但它们的外接输入接线却完全相同。

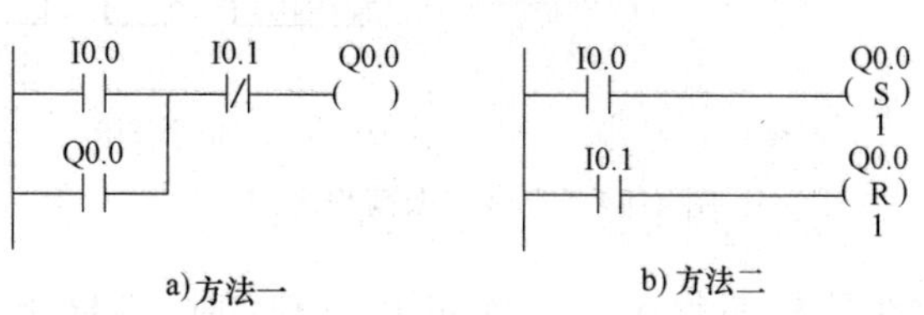

a）方法一　　b）方法二

图4-41　停止优先的起保停电路

如图4-42所示为起动优先的起保停电路，其可起动信号为I0.0，停止信号为I0.1，当I0.0和I0.1同时作用时，起动信号有效，所以此电路称为起动优先控制方式。这种控制方式常用于报警设备、安全防护及救援设备，需要准确可靠的起动控制，无论停止按钮是否处于闭合状态，只要按下起动按钮，便可以起动设备。

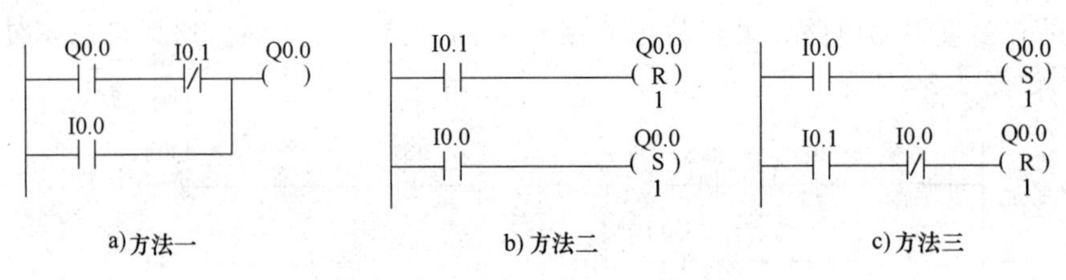

图 4-42　起动优先的起保停电路

【想想练练】

根据如图 4-43 所示的动作时序图和 PLC 的 I/O 接线图，设计控制梯形图。

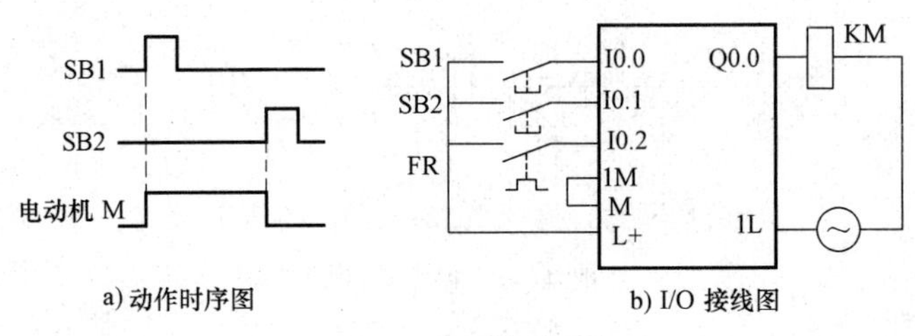

图 4-43　题图

二、振荡电路

振荡电路可以产生特定的通断时序脉冲，它经常应用在脉冲信号源或闪光报警电路中。

1. 定时器振荡程序

如图 4-44 所示为定时器构成的振荡电路程序一。当 I0.0 为 ON 时，T37 经过 5s 后，其动合触点闭合，T38 开始延时，经过 5s 后 T38 的动断触点断开，使 T37 断电，同时 T38 也断开，一个扫描周期后，T38 动断触点复位使 T37 再次得电，如此循环工作。

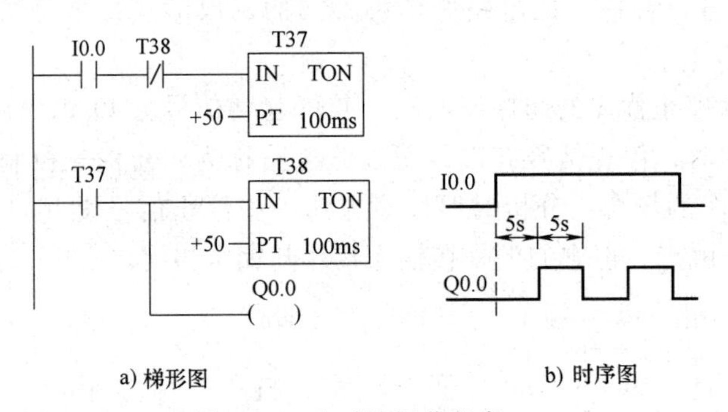

图 4-44　定时器振荡程序一

如图 4-45 所示为定时器振荡程序二。当 I0.0 为 ON 时，T37 开始延时且 Q0.0 输出，T37 经过 5s 后，其动合触点闭合，T38 开始延时，其动断触点断开，Q0.0 线圈失电；T38 经过 5s 后，其动断触点断开，使 T37 断电，同时 T38 也断电，一个扫描周期后，T38 动断触点复位使 T37 再次得电，如此循环工作。

【想想练练】

根据如图 4-46 所示的梯形图，分析其工作过程，画出其动作时序图。

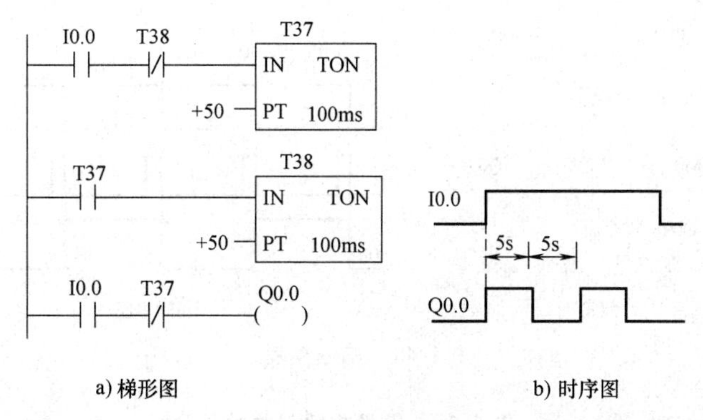

a) 梯形图　　b) 时序图

图 4-45　定时器振荡程序二

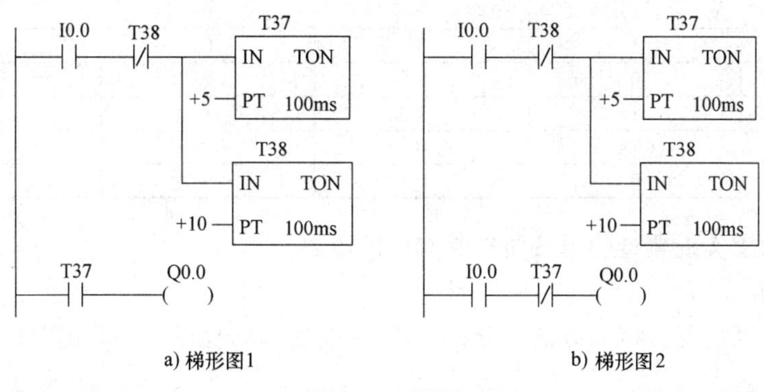

a) 梯形图1　　b) 梯形图2

图 4-46　题图

2. SM0.5 振荡程序

如图 4-47 所示为由 SM0.5 组成的振荡程序。因为 SM0.5 为 1s 的时钟脉冲，所以 Q0.0 输出脉冲的宽度为 0.5s。另外，SM0.4 产生周期为 1min 的时钟脉冲，其使用方法与 SM0.5 相同。

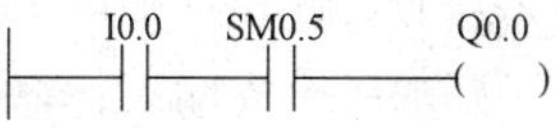

图 4-47　SM0.5 振荡程序

【想想练练】

用 SM0.5 组成的振荡电路，频率较快，请分析适合于晶体管输出还是继电器输出的 PLC？

3. 二分频程序

如图 4-48 所示为二分频程序，若输入一个频率为 f 的方波，则输出一个频率为 $0.5f$ 的方波，因此，该程序称为二分频程序。由于 PLC 是按循环扫描的顺序工作的，所以当 I0.0 的上升沿到来时，第一个扫描周期的 M0.0 映像寄存器为 ON（只接通一个扫描周期），此时 M0.1 线圈由于动合触点 Q0.0 断开而无电，Q0.0 线圈则由于动合触点 M0.0 闭合而有电；下一个扫描周期，M0.0 映像寄存器为 OFF，虽然 Q0.0 动合触点是接通的，但此时 M0.0 动合触点已经断开，所以 M0.1 线圈也无电，Q0.0 线圈则由于自锁触点而一直有电，直到下一个 I0.0 的上升沿到来时，M0.1 线圈才有电，并把 Q0.0 线圈断开，从而实现二分频。其工作过程可用表 4-18 来说明。

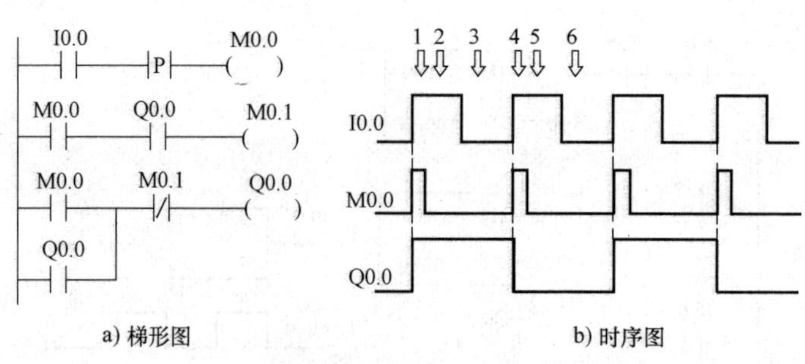

图 4-48 二分频程序

表 4-18 循环扫描过程分析

状态	I0.0	M0.0	M0.1 线圈	Q0.0 线圈
1	1	1	0	1
2	1	0	0	1
3	0	0	0	1
4	1	1	1	0
5	1	0	0	0
6	0	0	0	0

该程序可用于实现典型的单按钮控制起停的电路。

【想想练练】

根据循环扫描过程分析的方法，分析如图 4-49 所示的程序，并绘出时序图。

三、优先程序

优先程序执行时，能在多个输入信号中仅对最先接收输入信号作出反应，其后的输入信号不接收。此原则常用于抢答器中。如图 4-50 所示是优先程序的梯形图，图中四个输入信号中任何一个先输入，都会先输出，而且阻止其他信号再输出。

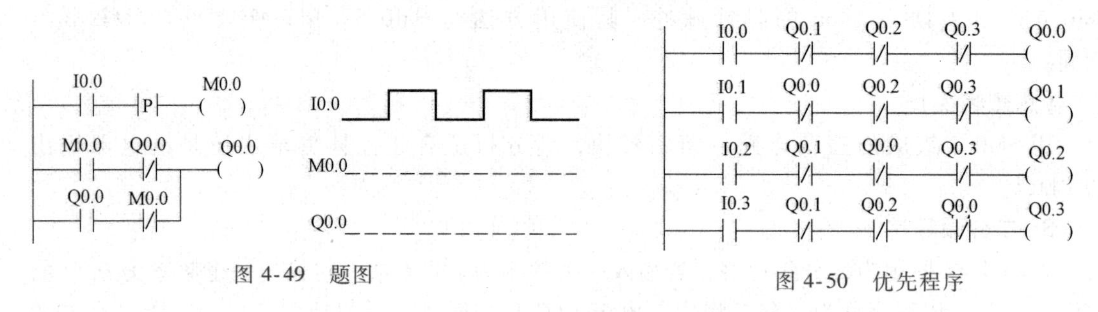

图 4-49 题图

图 4-50 优先程序

第五节 电动机的 PLC 控制编程实例

一、单向控制线路

1. 具有过载保护的自锁正转控制线路

如图 4-51 所示，按下起动按钮 SB1，接触器 KM 线圈通电吸合，电动机 M 起动；按下

停止按钮 SB2，接触器 KM 线圈断电释放，电动机 M 停转。热继电器 FR 作电动机 M 的过载保护。

PLC 的 I/O 分配的地址如表 4-19 所示。

根据单向连续控制线路，对 PLC 的外部接线和梯形图程序进行设计，现分为两种类型：

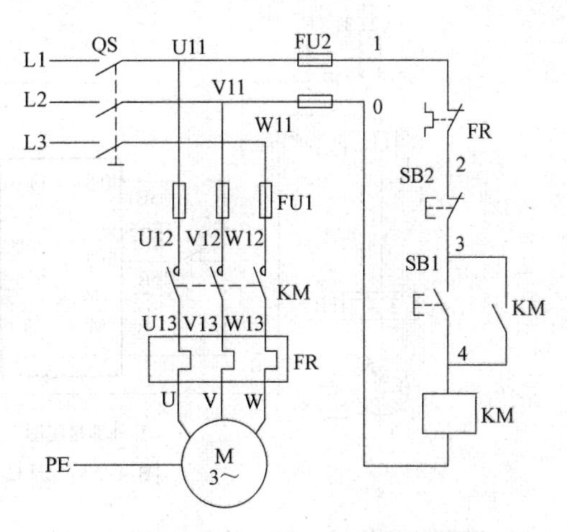

图 4-51 单向连续控制线路

1）输入端口全部使用动合触点 如图 4-52a所示为 PLC 控制的单向连续控制线路外部接线图，停止按钮 SB2 和热继电器 FR 全部采用动合触点，则程序梯形图如图 4-52b、c 所示。

2）输入端口使用继电器控制系统中的触点 如图 4-53a 所示为 PLC 控制的单向连续控制线路外部接线图，停止按钮 SB2 和热继电器 FR 采用动断触点，则程序梯形图如图 4-53b、c 所示。

比较图 4-52 和图 4-53 可以看出，将 SB1（起动按钮）、SB2（停止按钮）和 FR（热继电器）的常开触点接到 PLC 的输入端，梯形图中的触点类型与继电器控制系统完全一致，容易分析梯形图；再就是对 PLC 进行 I/O 外部接线施工时，对所有的输入设备统一按常开触点接线，可以有效地防止接线错误，因此 PLC 的输入触点常使用常开触点。在实际设备的电气 PLC 控制中，停止类按钮用常闭触点时，其动作响应比动合触点要快，在生产过程中 PLC 的输入回路发生断线故障时，设备能自动停车，常闭触点的可靠性比动合触点要高，因此为了提高安全性，停止按钮和热继电器却有时必须使用常闭触点。但在梯形图编程时要注意：先按输入全部为常开触点进行梯形图编程，然后将梯形图中外接常闭触点的输入位的触点改为相反的触点，即常开触点改为常闭触点，常闭触点改为常开触点。

表 4-19 I/O 地址分配表

输入信号			输出信号		
1	I0.0	起动按钮 SB1	1	Q0.0	接触器 KM
2	I0.1	停止按钮 SB2			
3	I0.2	热保护继电器 FR			

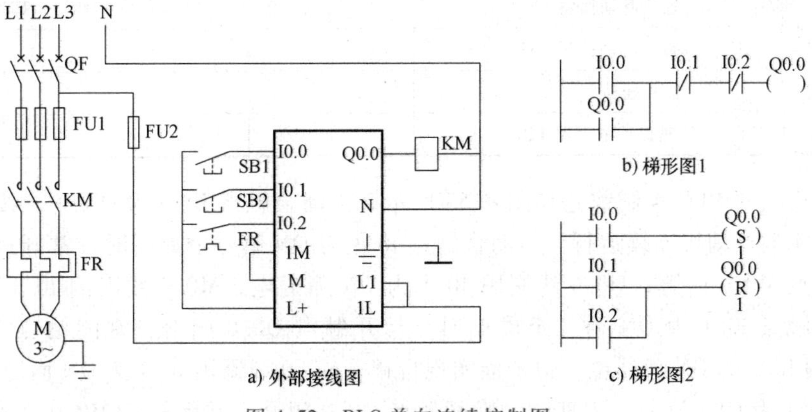

图 4-52 PLC 单向连续控制图一

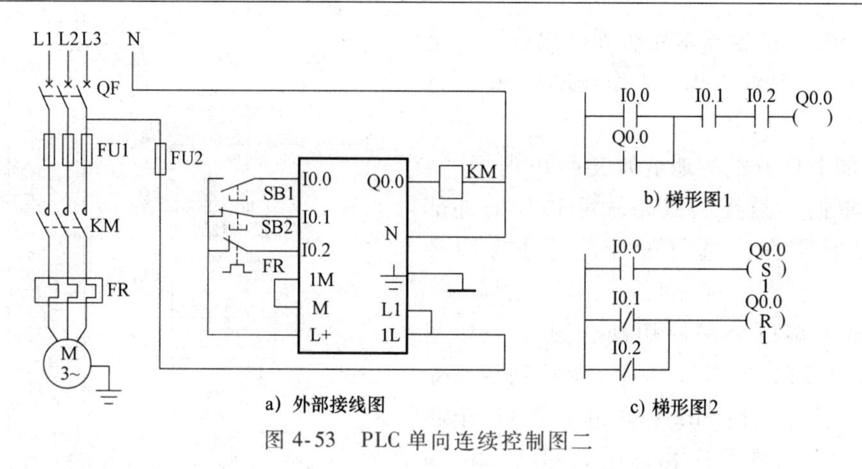

a）外部接线图　　b）梯形图1　　c）梯形图2

图 4-53　PLC 单向连续控制图二

【想想练练】

一般交流接触器的线圈额定电压为多少？在如图 4-53 所示的单向连续控制外部接线图中，交流接触器的线圈额定电压又为多少？如何处理？

2. 点动与连续的控制线路

如图 4-54 所示为三相异步电动机的点动与连续控制线路的原理图，其中 SB1 为连续起动按钮，SB2 为点动起动按钮，SB3 为停止按钮。按下连续起动按钮 SB1，接触器 KM 线圈通电并自锁，电动机 M 起动；按下停止按钮 SB3，接触器 KM 线圈断电释放，电动机 M 停转；按下点动起动按钮 SB2，接触器 KM 线圈通电吸合，断开 SB2，接触器 KM 线圈失电，电动机 M 停转。热继电器 FR 作电动机 M 的过载保护。

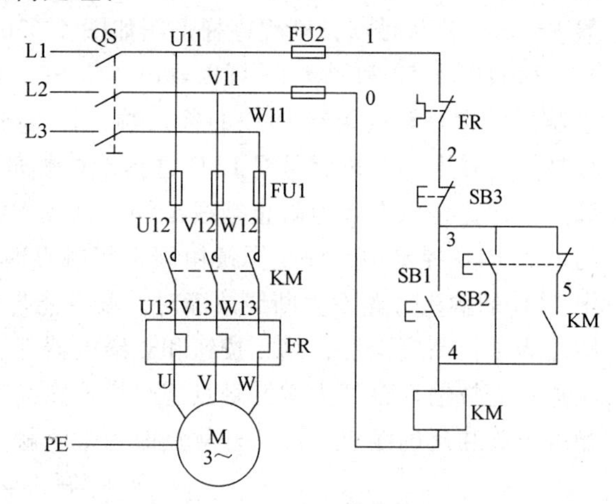

图 4-54　点动与连续控制线路

PLC 的 I/O 分配的地址如表 4-20 所示。

表 4-20　I/O 地址分配表

输入信号			输出信号		
1	I0.0	连续起动按钮 SB1	1	Q0.0	接触器　KM
2	I0.1	点动起动按钮 SB2			
3	I0.2	停止按钮 SB3			
4	I0.3	热保护继电器 FR			

点动与连续的 PLC 控制线路如图 4-55 所示，当动合触点 I0.0 为 ON 时，线圈 Q0.0 通电并自锁，实现电动机连续运行。当动合触点 I0.1 为 ON 第一个周期时，常开触点 Q0.0 断开，常闭触点 M0.0 闭合，Q0.0 线圈因 I0.1 为 ON 而通电，M0.0 线圈因 I0.1 为 ON 而通电；当动合触点 I0.1 为 ON 第二个周期时，常开触点 Q0.0 闭合，常闭触点 M0.0 断开，Q0.0 线圈因 I0.1 为 ON 而通电，但不能实现自锁，M0.0 线圈因 I0.1 为 ON 而通电；直到当常开触点 I0.1 为 OFF 第一个周期时，常开触点 Q0.0 闭合，常闭触点 M0.0 断开，Q0.0 线

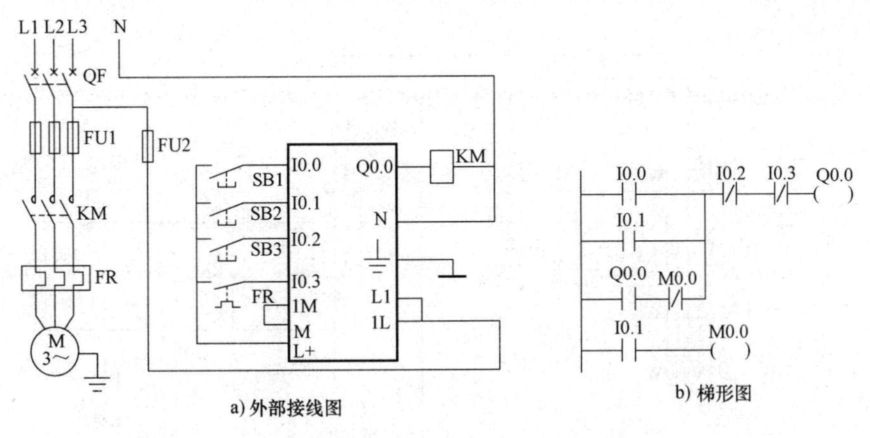

图 4-55　点动与连续的 PLC 控制线路

圈因不能实现自锁而断电，M0.0 线圈因 I0.1 为 OFF 而断电；当常开触点 I0.1 为 OFF 第二个周期时，常开触点 Q0.0 断开，常闭触点 M0.0 闭合，Q0.0 线圈因不能实现自锁而断电，M0.0 线圈因 I0.1 为 OFF 而断电。

【想想练练】

1. 用循环扫描分析的方法分析如图 4-56 所示的梯形图能否实现点动与连续的控制线路要求，比较与图 4-55 梯形图有何区别？

2. 如图 4-57 所示的点动与连续控制线路梯形图，分析其工作过程。

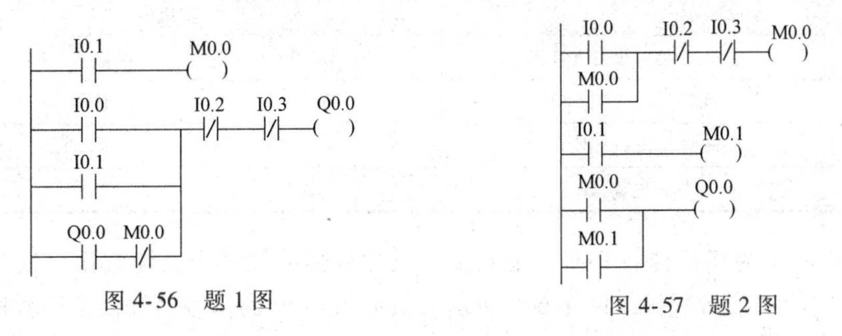

图 4-56　题 1 图　　　图 4-57　题 2 图

3. 某同学对点动与连续控制线路编程如图 4-58 所示，请你用循环扫描的方法分析点动功能能否实现？

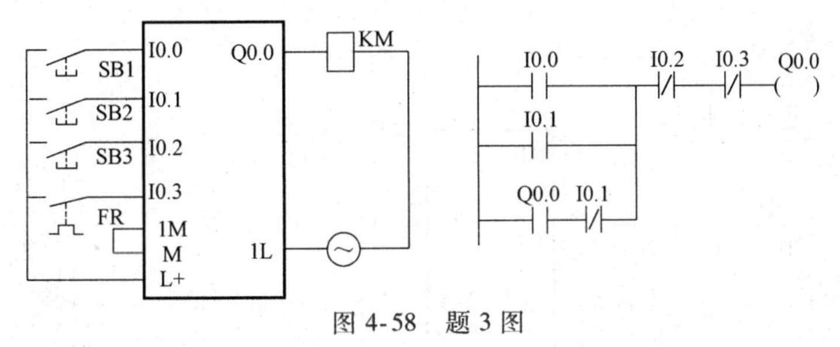

图 4-58　题 3 图

二、正反转控制线路

如图 4-59 所示为三相异步电动机的接触器联锁正反转控制线路图，其中 SB1 为正转

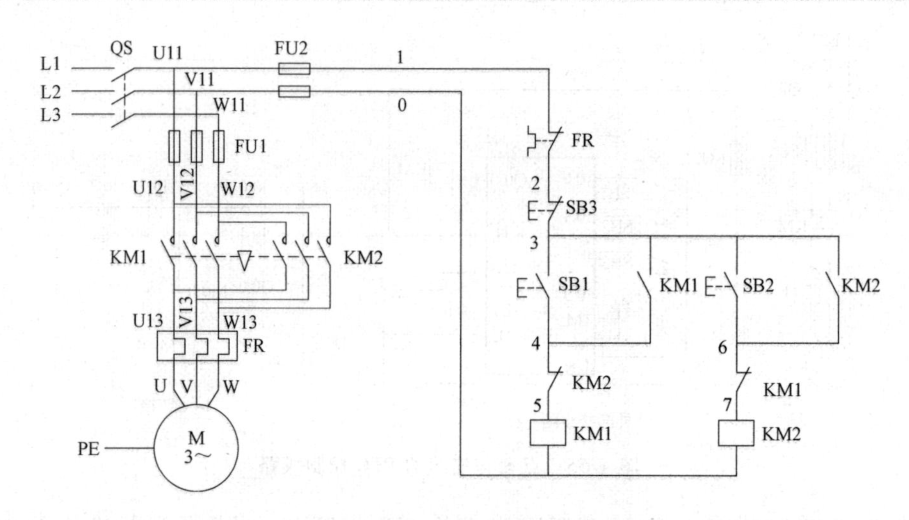

图 4-59　三相异步电动机的接触器联锁正反转控制线路

起动按钮，SB2 为反转起动按钮，SB3 为停止按钮，FR 的常闭触点用于电动机的过载保护。

PLC 的 I/O 分配的地址如表 4-21 所示。

表 4-21　I/O 地址分配表

输入信号			输出信号		
1	I0.0	正转起动按钮 SB1	1	Q0.0	接触器　KM1
2	I0.1	反转起动按钮 SB2	2	Q0.1	接触器　KM2
3	I0.2	停止按钮 SB3			
4	I0.3	热继电器 FR			

如图 4-60 所示为正反转的 PLC 控制线路，其中外部接线图中要注意输出端所接交流接触器 KM1 和 KM2 要设置联锁。图 4-60b 所示为根据图 4-59 的接触器联锁正反转控制线路所画的梯形图，经根据梯形图规则整理后的梯形图如图 4-61 所示。

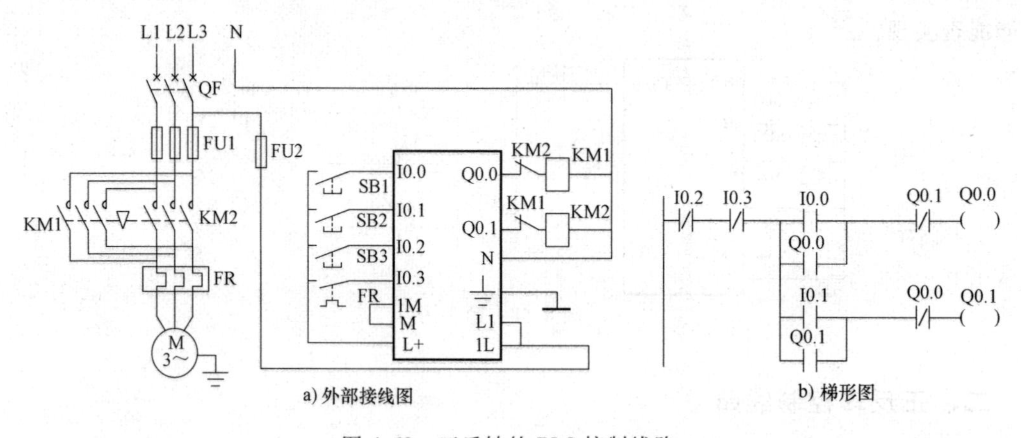

图 4-60　正反转的 PLC 控制线路

如图4-61所示的PLC控制的正反转控制过程是：

按下正转起动按钮SB1，输入继电器I0.0闭合，输出继电器线圈Q0.0得电并自锁，接触器KM1得电吸合，电动机正转；与此同时，Q0.0的常闭触点断开Q0.1线圈，KM2不能吸合，实现了电气的联锁。当按下反转起动按钮SB2时，输入继电器I0.1闭合，输出继电器线圈Q0.1得电并自锁，接触器KM2得电吸合，电动机反转；与此同时，Q0.1的常闭触点断开Q0.0线圈，KM1不能吸合，实现了电气的联锁。停止时按下按钮SB3，I0.2的常闭触点断开，过载时热继电器触点FR闭合，I0.3的常闭触点断开，这两种情况都使线圈Q0.0、Q0.1断电，从而使得KM1、KM2断电释放，电动机停下来。

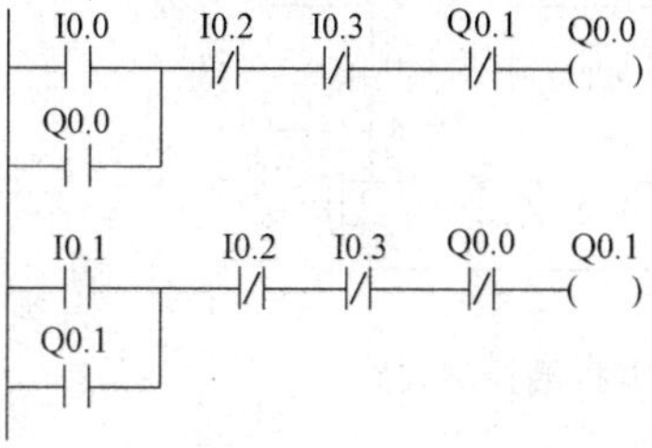

图4-61　PLC控制的正反转控制梯形图

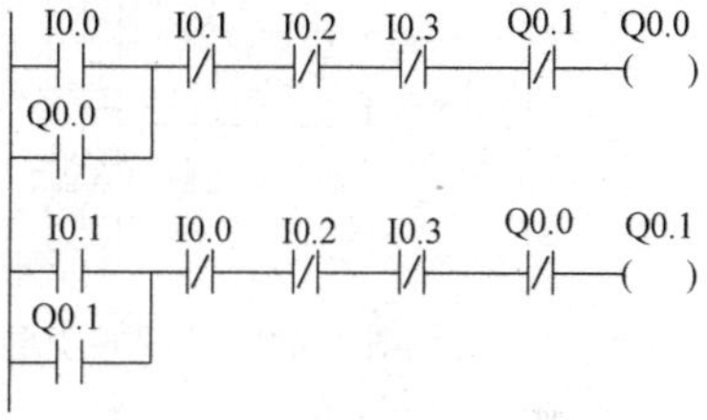

图4-62　PLC控制的双重联锁正反转控制梯形图

接触器联锁的正反转电路在实现正反转切换时，必须中间加入停止环节，如何直接由正转切换为反转呢？图4-62所示为电动机的双重联锁的正反转控制程序就可以实现直接正反转间的切换，但要注意此时电路中存在的问题。如果电动机正转运行，按下反转起动按钮I0.1，Q0.0会停止输出，Q0.1开始工作，逻辑关系是正确的；由于PLC输出是集中输出，也就是说Q0.0的状态改变与Q0.1的状态改变是同时的，外部交流接触器的触点完成吸合或断开约需100ms，远远低于PLC的程序执行速度，KM1还没有完全断开的情况下KM2吸合，会造成短路等电气故障。因此，可采取的措施是如图4-60a所示的电路中，必须增加KM1和KM2的硬件接触器联锁；为更好地起到保护作用，也可在硬件联锁基础上再采用如图4-63所示的电路，在KM1与KM2间切换时加入延时，图中延时时间为300ms。

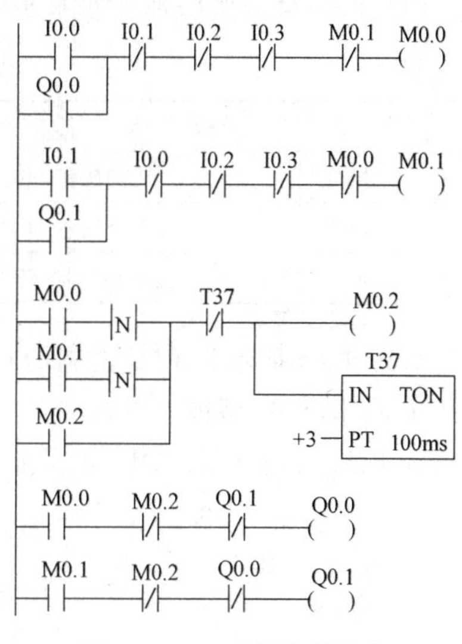

图4-63　正反转控制程序切换延时梯形图

三、Y-△减压起动的控制线路

如图4-64所示为三相异步电动机的Y-△减压起动的控制线路。当按下起动按钮SB1时，主接触器KM、Y起动接触器KM_{Y}线圈得电吸合，定子绕组接成Y，电动机Y形起动；经时间继电器一定时间（10s）延时后，Y起动接触器KM_{Y}线圈断电释放，主接触器KM、△起动接触器$KM_{\triangle}$线圈得电吸合，定子绕组接成△，电动机△运行。按下停止按钮SB2，KM、$KM_{\triangle}$线圈断电释放，电动机M停转。热继电器FR作电动机M的

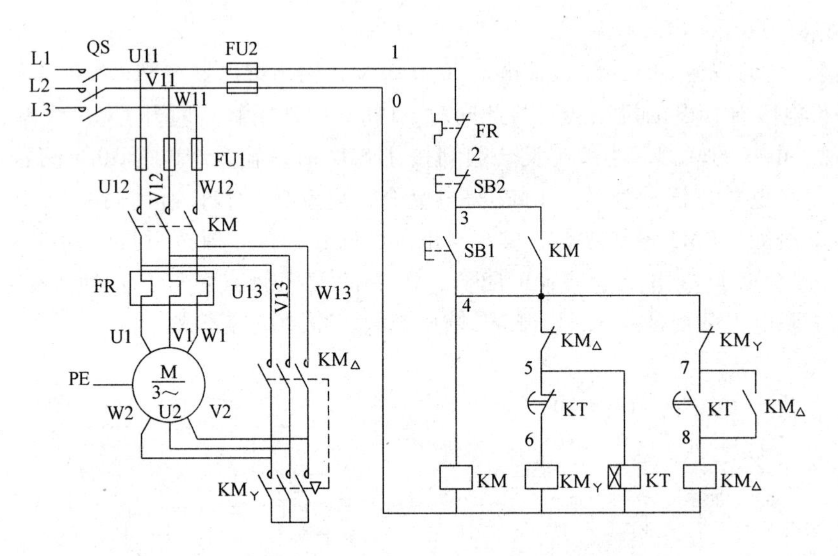

图 4-64　三相异步电动机Y-△减压起动继电接触控制线路

过载保护。

PLC 的 I/O 分配的地址如表 4-22 所示。

表4-22　I/O 地址分配表

输入信号			输出信号		
1	I0.0	起动按钮 SB1	1	Q0.0	接触器　KM
2	I0.1	停止按钮 SB2	2	Q0.1	接触器　KM_{Y}
3	I0.2	热继电器 FR	3	Q0.2	接触器　$KM_{\triangle}$

如图 4-65 所示为 PLC 控制的Y-△减压起动控制线路外部接线图，其中输出端接线时要注意 KM_{Y}和 $KM_{\triangle}$线圈要加联锁。其梯形图程序设计如图 4-66a 所示，为防止电弧短路，可设置在 KM_{Y}失电 1s 后 $KM_{\triangle}$才得电，其梯形图如图 4-66b 所示。

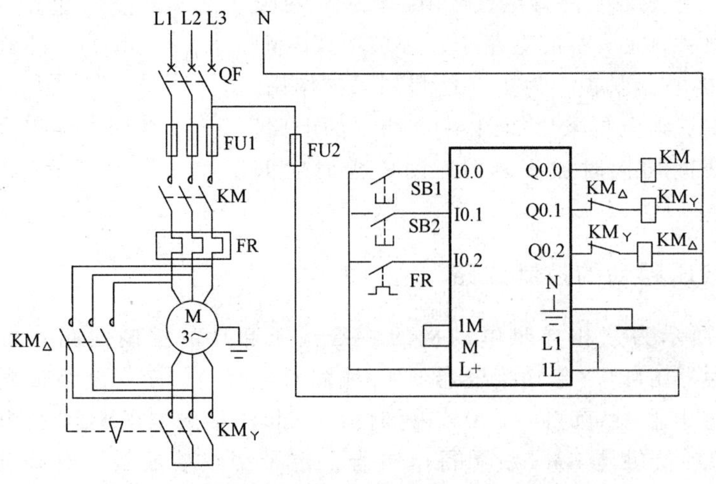

图 4-65　PLC 控制的Y-△减压起动控制线路外部接线图

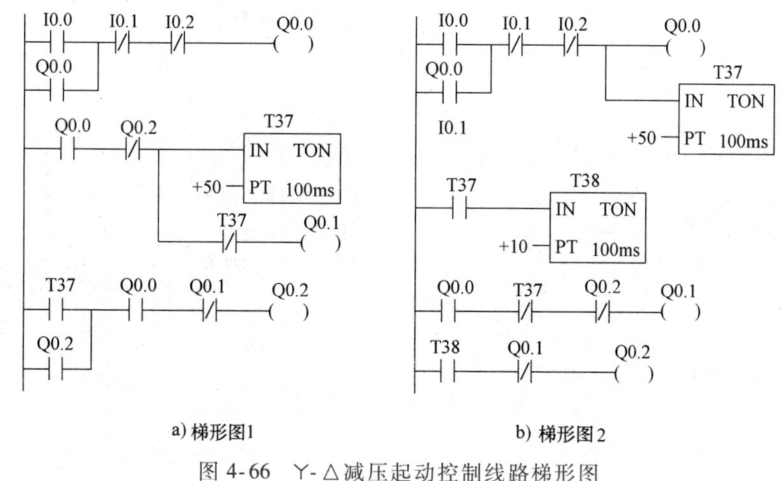

图 4-66　Y-△减压起动控制线路梯形图

实训课题四　基本指令实训操作

实训一　基本逻辑指令的编程实训（1）

一、实训目的

1）掌握常用逻辑指令的使用方法。

2）会根据梯形图写指令语句表。

二、实训器材

1）工具：尖嘴钳、螺钉旋具、镊子等。

2）器材：计算机（安装 STEP7-Micro/WIN SP9 编程软件，并配通信电缆）一台、PLC 主机模块一个、导线若干、开关及按钮模块一个、指示灯模块一个。

三、实训内容与步骤

1. LD、LDN、=指令实训

1）写出并理解如图 4-67 所示的梯形图所对应的指令语句表。

2）通过计算机编程软件用梯形图和指令语句表输入到 PLC 中。

3）将 PLC 置于 RUN 运行模式。

4）分析将输入信号 I0.0、I0.1 置于 ON 或 OFF，观察 PLC 的输出结果，并做好记录。

5）整理实训操作结果，并分析原因。

2. A、AN、O、ON 指令实训

1）写出如图 4-68 所示的梯形图所对应的指令语句表。

2）通过计算机编程软件分别用指令语句表和梯形图输入到 PLC 中，将 PLC 置于 RUN 运行模式。

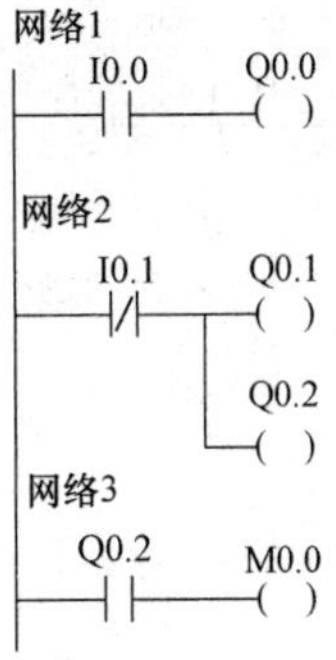

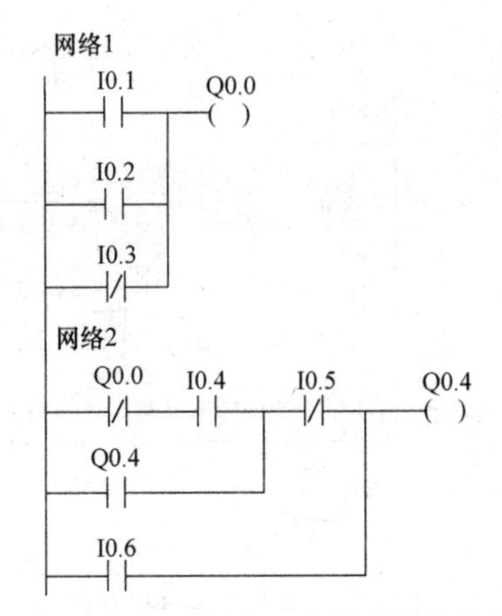

图 4-67　取指令与=指令

图 4-68　触点的串联与并联连接指令

3）分别将输入信号 I0.1、I0.2、I0.3 置于 ON 或 OFF，观察 PLC 的输出结果，并做好记录。

4）将输入信号 I0.4 置于 ON，然后再置于 OFF，最后将输入信号 I0.5 置于 ON，观察 PLC 的输出结果，并做好记录。

5）将输入信号 I0.6 置于 ON，然后再置于 OFF，观察 PLC 的输出结果，并做好记录。

6）将输入信号 I0.5、I0.6 置于 ON，然后再将输入信号 I0.6 置于 OFF，观察 PLC 的输出结果，并做好记录。

7）整理实训结果，并分析 Q0.4 在什么情况下连续得电，在什么情况下连续失电。

3. OLD、ALD、NOT 指令的实训

1）写出如图 4-69 所示的梯形图所对应的指令语句表。

2）通过计算机编程软件分别用指令语句表和梯形图输入到 PLC 中，将 PLC 置于 RUN 运行模式。

3）运行程序，任意确定 I0.0～I0.6 的接通或断开状态，观察并记录能使 Q0.0 的状态为 ON 的各种情况。

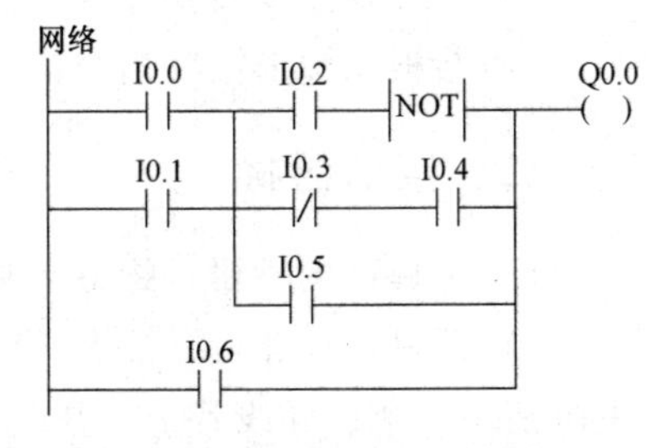

图 4-69　块连接与取反指令

四、注意事项

1）程序输入时，要注意英文字母 O 和阿拉伯数字 0 的区别。

2）在 PLC 程序写入时，PLC 必须工作于 STOP 状态，写入操作会使 PLC 原来的程序丢失。

五、实训思考

编程软件中的网络是如何区分的？

实训二　基本逻辑指令的编程实训（2）

一、实训目的

1）掌握常用逻辑指令的使用方法。

2）会根据梯形图写指令语句表。

二、实训器材

1）工具：尖嘴钳、螺钉旋具、镊子等。

2）器材：计算机（安装STEP7-Micro/WIN SP9编程软件，并配通信电缆）一台、PLC主机模块一个、导线若干、开关及按钮模块一个、指示灯模块一个。

三、实训内容与步骤

1. LPS、LRD、LPP指令实训

1）写出并理解如图4-70所示的梯形图所对应的指令语句表。

2）通过计算机编程软件分别用指令语句表和梯形图输入到PLC中，将PLC置于RUN运行模式。

3）分别将PLC的输入信号置于ON或OFF，观察PLC的输出结果，并做好记录。

4）整理实训操作结果，并分析原因。

2. S、R指令实训

1）写出并理解如图4-71所示的梯形图所对应的指令语句表。

2）通过计算机编程软件分别用指令语句表和梯形图输入到PLC中，将PLC置于RUN运行模式。

3）分别将PLC的输入信号置于ON或OFF，观察PLC的输出结果，并做好记录。

4）观察输出结果是否与波形图一致，整理实训操作结果，并分析原因。

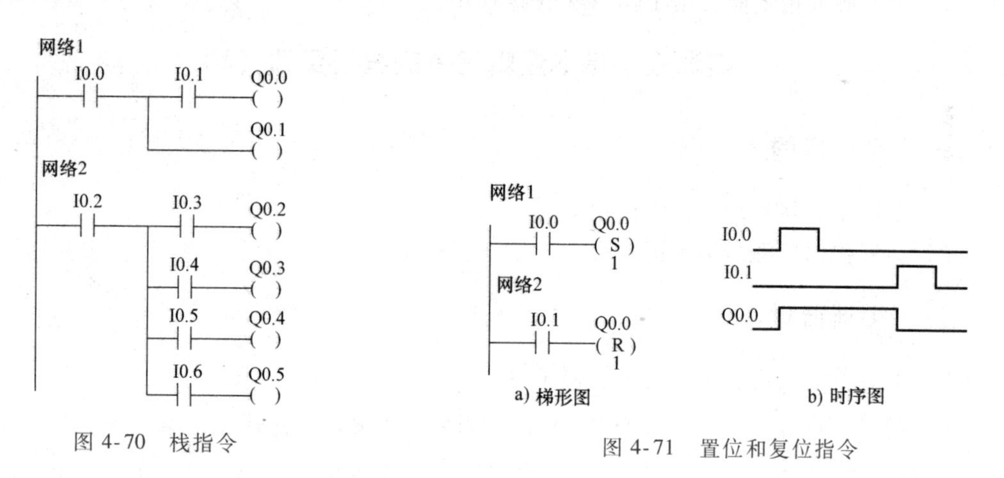

图4-70　栈指令

图4-71　置位和复位指令

3. EU、ED指令实训

1）写出如图4-72所示的梯形图所对应的指令语句表。

2）通过计算机编程软件分别用指令语句表和梯形图输入到PLC中，将PLC置于RUN运行模式。

3）分别令I0.0接通和断开，观察并记录Q0.0的状态；再分别令I0.1接通和断开，观察并记录Q0.0的状态。

4）观察输出结果是否与波形图一致。

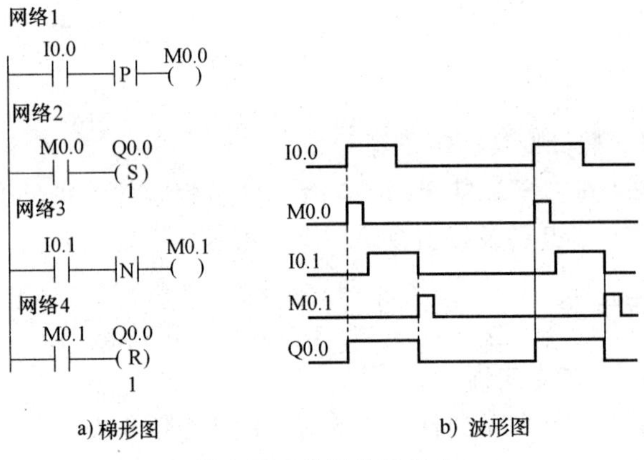

图4-72　边沿脉冲指令

四、注意事项

1）将图4-70指令表中的LPS、LRD、LPP删除，再与上述梯形图比较，有何区别？PLC的输出结果有何不同？

2）如果一次置位2个位Q0.0和Q0.1，置位指令语句该如何编程？

五、实训思考

1）置位复位指令与线圈驱动指令有何异同？

2）边沿脉冲指令能否用于输出继电器Q中？

实训三　基本逻辑指令的编程实训（3）

一、实训目的

1）掌握定时器和计数器的使用方法。

2）会根据梯形图写指令语句表。

二、实训器材

1）工具：尖嘴钳、螺钉旋具、镊子等。

2）器材：计算机（安装STEP7-Micro/WIN SP9编程软件，并配通信电缆）一台、PLC主机模块一个、导线若干、开关及按钮模块一个、指示灯模块一个。

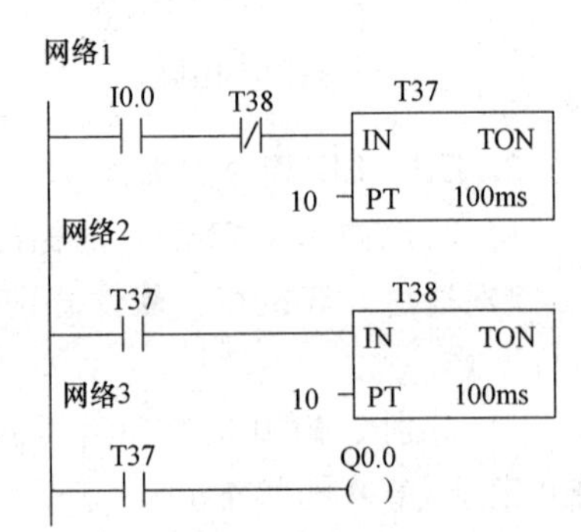

图4-73　定时器

三、实训内容与步骤

1. 定时器实训

1）写出并理解如图4-73所示的梯形图所对应的指令语句表。

2）通过计算机编程软件分别用指令语句表和梯形图

输入到 PLC 中，将 PLC 置于 RUN 运行模式。

3）分别令 I0.0 接通和断开，起动编程软件的监控功能，对 T37、T38 的当前值进行监控，观察 PLC 的输出结果，并做好记录。

4）整理实训操作结果，绘制相应的波形图。

2. 计数器实训

1）写出如图 4-74 所示的梯形图所对应的指令语句表。

2）通过计算机编程软件分别用指令语句表和梯形图输入到 PLC 中，将 PLC 置于 RUN 运行模式。

3）令 I0.1 接通 1 次，使 C2 复位，并起动编程软件的监控功能，对 C2 的当前值进行监控。

4）令 I0.0 接通 5 次，观察并记录 C2 和 Q0.0 的状态；再令 I0.0 接通 3 次，观察并记录 C2、Q0.0 的状态。

5）令 I0.0 接通 1 次，观察 C2 和 Q0.0 的状态，绘制相应的波形图。

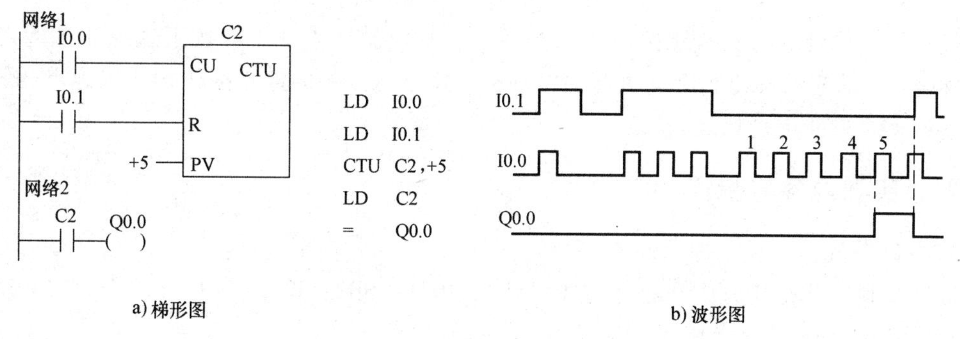

图 4-74 计数器

3. 定时器和计数器的综合实训

1）写出如图 4-75 所示的梯形图所对应的指令语句表。

2）通过计算机编程软件分别用指令语句表和梯形图输入到 PLC 中，将 PLC 置于 RUN 运行模式。

3）令 I0.0 接通，起动编程软件的监控功能，对 T37、T38 和 C0 的当前值进行监控，观察并记录 T37、T38、C0、Q0.0、Q0.1 的状态。

4）令 I0.1 接通，观察 PLC 的输出结果，并做好记录 T37、T38、C0、Q0.0、Q0.1 的状态。

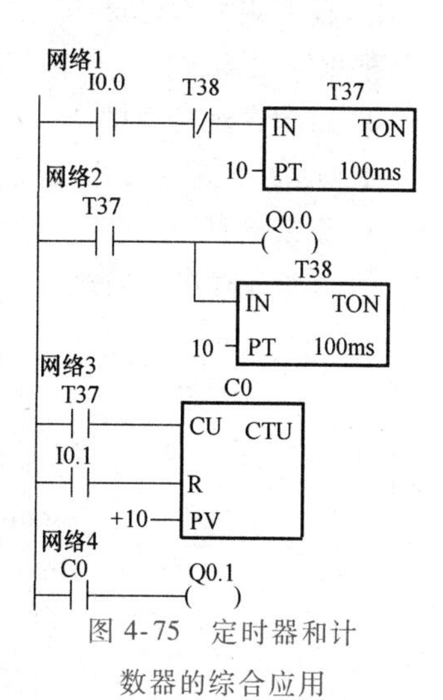

图 4-75 定时器和计数器的综合应用

四、注意事项

定时器和计数器的设定值最大为 32767。

五、实训思考

定时器和计数器指令设置值有哪些方法？如何对定时器和计数器进行复位？

实训四　两地控制电动机的起保停

一、实训目的

1）掌握起保停电路的编程方法。

2）会根据实际控制要求画出 PLC 的外围电路。

3）会根据实际控制要求画出简单的梯形图。

二、实训器材

1）工具：电工常用工具一套。

2）器材：计算机（安装 STEP7-Micro/WIN SP9 编程软件，并配通信电缆）一台、PLC 主机模块一个、导线若干、开关及按钮模块一个、电动机一台、交流接触器一个。

三、实训任务

设计一个单台电动机两地控制的控制系统。其控制要求如下：按下地点 1 的起动按钮 SB1 或地点 2 的起动按钮 SB2 均可起动电动机；按下地点一的停止按钮 SB3 或地点 2 的停止按钮 SB4 均可停止电动机运行。

四、实训内容与步骤

1. I/O 分配

根据控制要求，其 I/O 分配为 I0.0：SB1，I0.1：SB2，I0.2：SB3（动合），I0.3：SB4（动合），I0.4：FR（动合）；Q0.0：KM。

2. 梯形图方案设计

根据控制要求，该项目可用两种方案来设计，如图 4-76 所示。

3. 绘制系统接线图

根据系统控制要求，其 PLC 的外围电路如图 4-77 所示。

4. 系统调试

（1）输入程序　通过计算机将图 4-76 所示的梯形图正确输入 PLC 中。

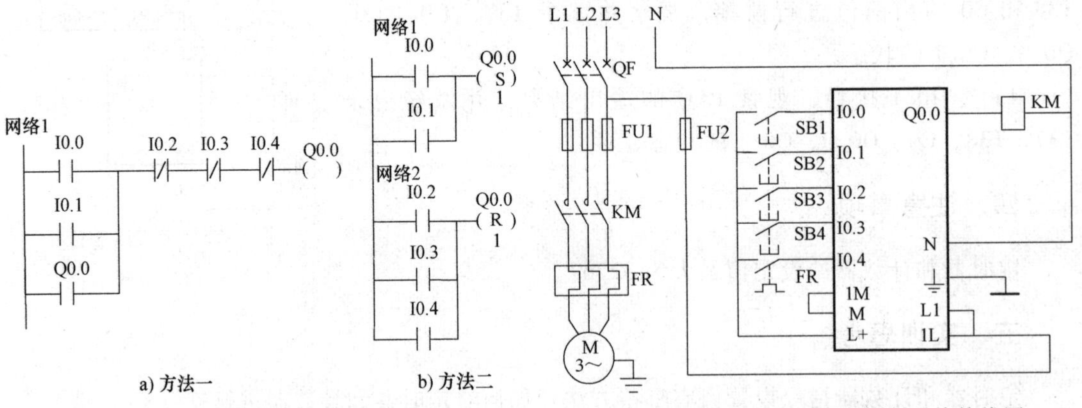

图 4-76　单台电动机两地控制梯形图

图 4-77　单台电动机两地控制系统接线图

（2）静态调试　按图4-77所示的系统接线图正确连接好输入设备，进行PLC程序的模拟静态调试（按下起动按钮SB1或SB2后，Q0.0亮，然后按下停止按钮SB3或SB4或按下热继电器的动合触点FR，Q0.0灭），观察PLC的输出指示灯是否按要求指示，否则，检查并修改程序，直至指示正确。

（3）动态调试　按图4-77所示的系统接线图正确连接好输出设备，进行系统的空载调试，观察交流接触器能否按控制要求动作，否则，检查电路接线或修改程序，直至交流接触器能按控制要求动作；再连接好主电路及电动机，进行带载动态调试。

5. 写出实训操作报告

五、注意事项

1）一般交流接触器的线圈电压为380V，系统接线图中交流接触器应换为220V的线圈。

2）热继电器和停止按钮如接常闭触点，则梯形图的相应触点要取反处理。

六、实训思考

如果输入点不够的话，可将热继电器的常开触点接到输出线圈侧，此时热继电器用手动复位型还是自动复位型?

实训五　两台控制电动机的顺序起动

一、实训目的

1）掌握两台电动机顺序起动的编程方法。

2）会根据实际控制要求画出PLC的外围电路。

3）会根据实际控制要求画出简单的梯形图。

二、实训器材

1）工具：电工常用工具一套。

2）器材：计算机（安装STEP7-Micro/WIN SP9编程软件，并配通信电缆）一台、PLC主机模块一个、导线若干、开关及按钮模块一个、电动机两台、交流接触器两个、热继电器两个。

三、实训任务

设计一个两台电动机顺序控制的控制系统。其控制要求如下：按下起动按钮SB1起动电动机M1，起动5s后电动机M2起动；按下停止按钮SB2后两台电动机停止运行。

四、实训内容与步骤

1. I/O分配

根据控制要求，其I/O分配为I0.0：SB1，I0.1：SB2（动合），I0.2：FR1（动合），I0.3：FR2（动合）；Q0.0：KM1，Q0.1：KM2。

2. 梯形图方案设计

根据控制要求，如图 4-78 所示为梯形图。

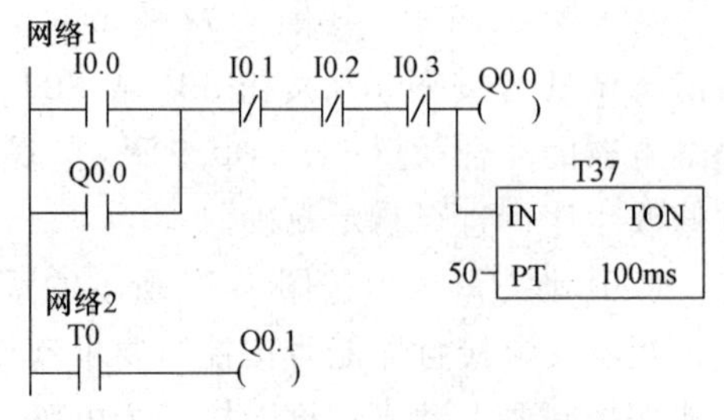

图 4-78　两台电动机顺序起动梯形图

3. 绘制系统接线图

根据系统控制要求，其 PLC 的外围电路如图 4-79 所示。

4. 系统调试

1）输入程序。通过计算机将图 4-78 所示的梯形图正确输入 PLC 中。

2）静态调试。按图 4-79 所示的系统接线图正确连接好输入设备，进行 PLC 程序的模拟静态调试（按下起动按钮 SB1 后，Q0.0 亮，5s 后 Q0.1 亮，然后按下停止按钮 SB2 或按下热继电器的动合触点 FR1 或 FR2，Q0.0 和 Q0.1 熄灭），观察 PLC 的输出指示灯是否按要求指示，否则，检查并修改程序，直至指示正确。

3）动态调试。按图 4-79 所示的系统接线图正确连接好输出设备，进行系统的空载调试，观察交流接触器能否按控制要求动作，否则，检查电路接线或修改程序，直至交流接触器能按控制要求动作；再连接好主电路及电动机，进行带载动态调试。

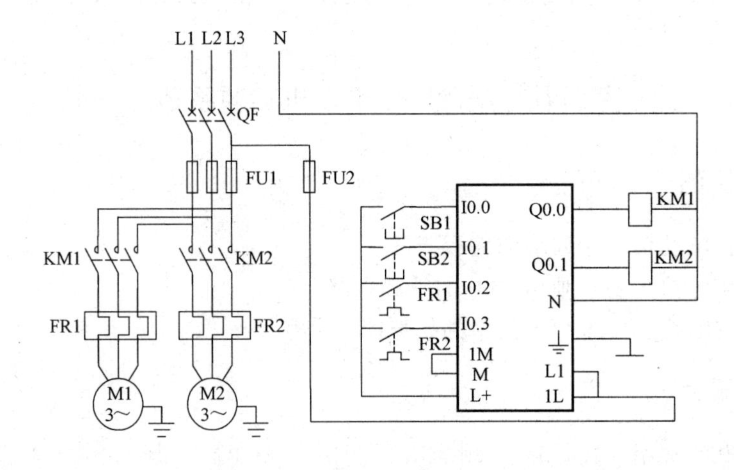

图 4-79　两台电动机顺序起动控制系统接线图

5. 写出实训操作报告

五、注意事项

1）一般交流接触器的线圈电压为 380V，系统接线图中交流接触器应换为 220V 的线圈。

2）由于两接触器并不联锁，因此在 PLC 输出线圈侧不要接联锁触点。

六、实训思考

如果没有中性线，是否在 PLC 上可接入 380V 电源？能否通过 380V/220V 的变压器接入代替中性线接入？

思考与练习

一、填空题

1. 集中使用 OLD 和 ALD 指令的次数不允许超过________次。

2. S7-200 系列 PLC 的指令中必须成对使用栈指令为________和________，使用次数不多于________次。

3. NOT 指令的功能是将之前的结果________。

4. S7-200 系列 PLC 的软定时器有三种类型，分别是________、________和________。计数器有三种类型，分别是________、________和________。

5. 计数器每次使用后需采用________指令复位一次，才能第二次使用。

二、单项选择题

1. ON 指令用于（　　）。

A. 串联动合触点　　B. 串联动断触点

C. 并联动合触点　　D. 并联动断触点

2. 下列 PLC 指令中，用于线圈驱动的是（　　）。

A. =　　B. OLD　　C. LD　　D. AN

3. 在使用指令 LPS、LRD、LPP 时，若 LPS、LPP、LRD 之后无触点，只有线圈，则应该使用（　　）。

A. LD　　B. A　　C. O　　D. =

4. 可编程序控制器中，关于“NOP”指令说法正确的是（　　）。

A. 有动作，无操作数　　B. 无动作，有操作数

C. 有动作，有操作数　　D. 无动作，无操作数

5. 关于电路块的串联、并联指令，下列说法错误的是（　　）。

A. ALD 用于并联电路块的串联　　B. OLD 用于串联电路块的并联

C. ALD、OLD 指令均无操作数　　D. ALD、OLD 指令均不占程序步

6. 在 PLC 指令系统中，栈指令用于（　　）。

A. 单输入电路　　B. 单输出电路

C. 多输入电路　　D. 多输出电路

7. 在 PLC 编程时，一个电路块的块首可以用的指令为（　　）。

A. A　　B. ALD　　C. OLD　　D. LN

8. 在输入信号的下降沿产生脉冲输出的指令是（　　）。

A. S　　B. EU　　C. ED　　D. R

三、判断题

1. 置位指令和复位指令是成对使用的。(　　)

2. 定时器应用是不用复位，而计数器则必须复位。(　　)

3. LPS 和 LPP 是成对使用，且使用次数必须不多于 9 次。(　　)

4. 电动机的正反转 PLC 控制的输出侧必须接入接触器的联锁触点。(　　)

5. PLC 的输入信号既可用常开触点，又可用常闭触点。(　　)

四、简答作图题

1. 请转化如图 4-80 所示的梯形图，使指令最少。

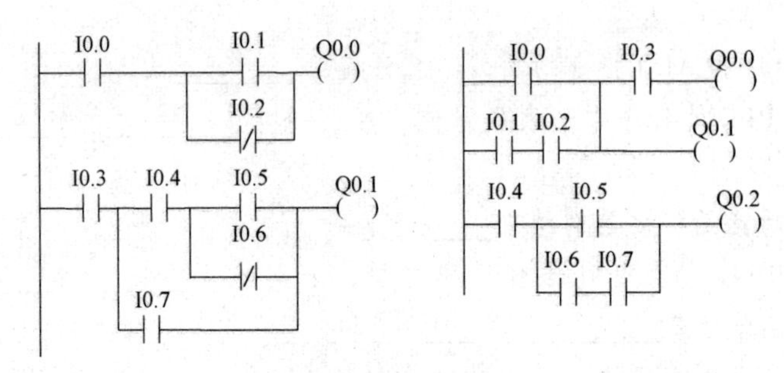

图 4-80　简答题 1 图

2. 根据图 4-81 所示的梯形图，写出指令语句表。

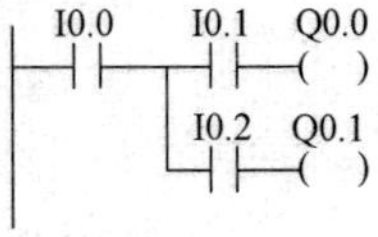

I0.0　I0.1　Q0.0
I0.2　Q0.1

图 4-81　简答题 2 图

3. 根据下列指令语句表，画出对应的梯形图。

```
LD   I0. 0
=      Q0. 0
LD   I0. 1
A      I0. 2
O      I0. 3
ALD
=      Q0. 1
```

4. 根据下列指令程序画出对应的梯形图。

```
LD      I0. 1
AN      I0. 2
O      I0. 3
A      I0. 4
=      Q0. 0
A      Q0. 1
TON      T37, 100
LD      T38
O      Q0. 1
A      Q0. 0
=      Q0. 1
```

5. 写出如图 4-82 所示梯形图的指令语句表。

6. 分析图4-83所示程序实现什么功能？

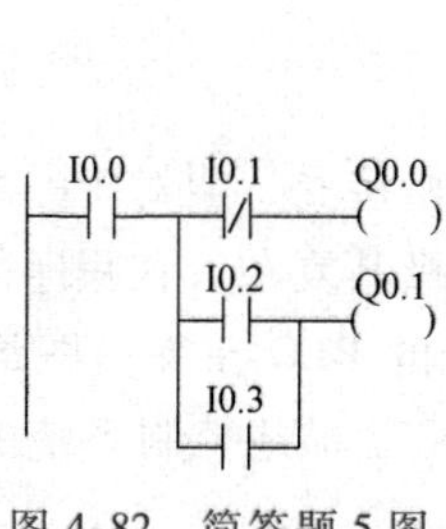

图4-82　简答题5图

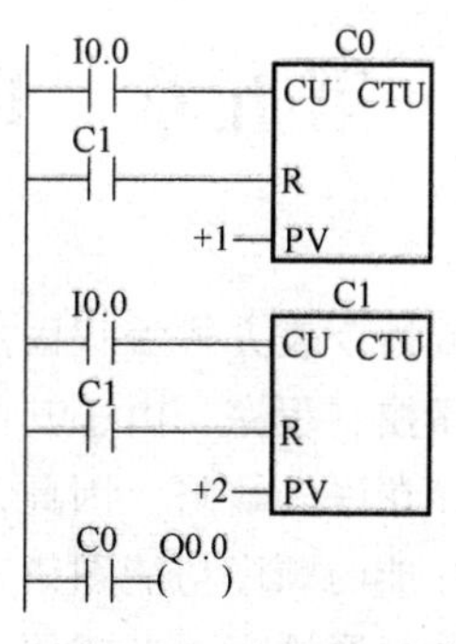

图4-83　简答题6图

7. 某同学用PLC进行电动机点动与连续运行控制电路的改造。

1）请将图4-84所示的原理图补画完整。

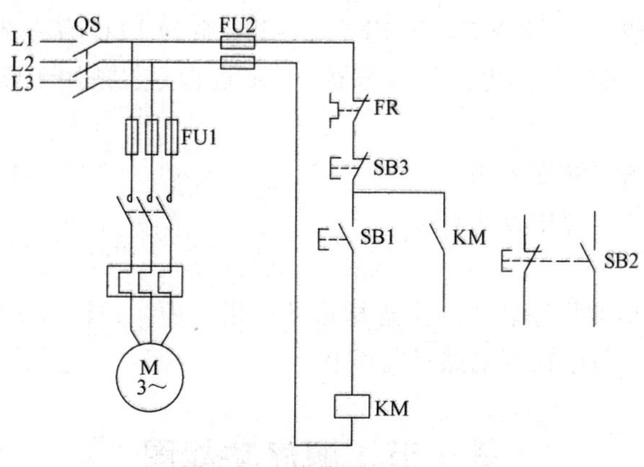

图4-84　简答题7图（1）

2）若通过PLC实现控制，请根据图4-85所示的I/O接线图，将梯形图补画完整。

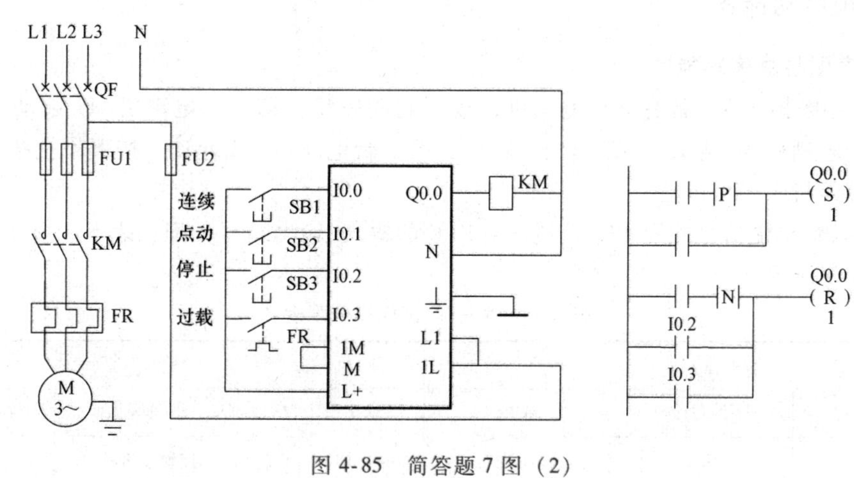

图4-85　简答题7图（2）

第五章　PLC 的步进指令及编程

用梯形图或指令表方式编程固然为广大电气技术人员所接受，但对于一些复杂的控制系统，尤其是顺序控制程序，由于其内部的联锁、互动关系极其复杂，在程序的编制、修改可读性等方面都存在许多缺陷。因此，近年来，许多新生产的 PLC 在梯形图语言之外增加了符合 IEC1131 标准的顺序功能图语言。顺序功能图（SFC）是描述控制系统的控制过程、功能和特性的一种图形语言，专门用于编制顺序控制程序。

所谓顺序控制系统，是指按照生产工艺预先规定的顺序，在各个输入信号的作用下，根据内部状态和时间的顺序，控制生产过程中的各个执行机构自动有序地进行操作的过程。使用顺序功能图编写程序时，首先应根据系统的工艺流程，画出顺序功能图，然后根据顺序功能图画出步进梯形图或写出指令表。西门子 S7-200 系列 PLC 有三条步进指令，分别是：LSCR、SCRT、SCRE。其目标继电器是状态器 S，步进指令仅适用于顺序控制系统。

【知识目标】

1. 掌握顺序功能图的编程方法。
2. 理解步进指令及其使用方法。

【技能目标】

1. 会将 SFC 顺序功能程序转化为步进梯形图或指令表，并输入编程软件。
2. 会用步进指令对顺序控制电路进行编程。

第一节　顺序功能图

一、顺序功能图

1. 工序图与顺序功能图

1）控制要求：某设备有三台电动机，按下起动按钮，第一台电动机 M1 起动；运行 5s 后，第二台电动机 M2 起动；M2 运行 15s 后，第三台电动机 M3 起动。按下停止按钮，三台电动机全部停机。

2）输入输出端口分配及 I/O 接线图：PLC 的输入/输出端口分配如表 5-1 所示，I/O 接线图如图 5-1 所示。

表 5-1　输入/输出端口分配表

输入			输出		
输入继电器	输入元件	作用	输出继电器	输出元件	控制对象
I0.1	SB1	起动按钮	Q0.1	接触器 KM1	M1
I0.2	SB2	停止按钮	Q0.2	接触器 KM2	M2
			Q0.3	接触器 KM3	M3

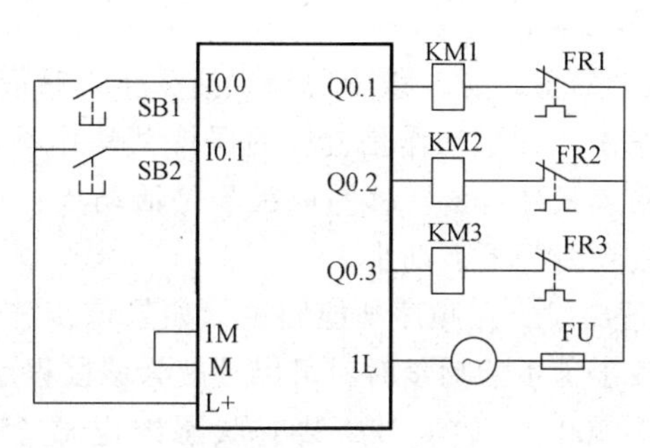

图 5-1　三台电动机顺序控制的 I/O 接线图

3）工序图与顺序功能图的编制：三台电动机顺序控制的工序图如图 5-2a 所示，其顺序功能图如图 5-2b 所示。

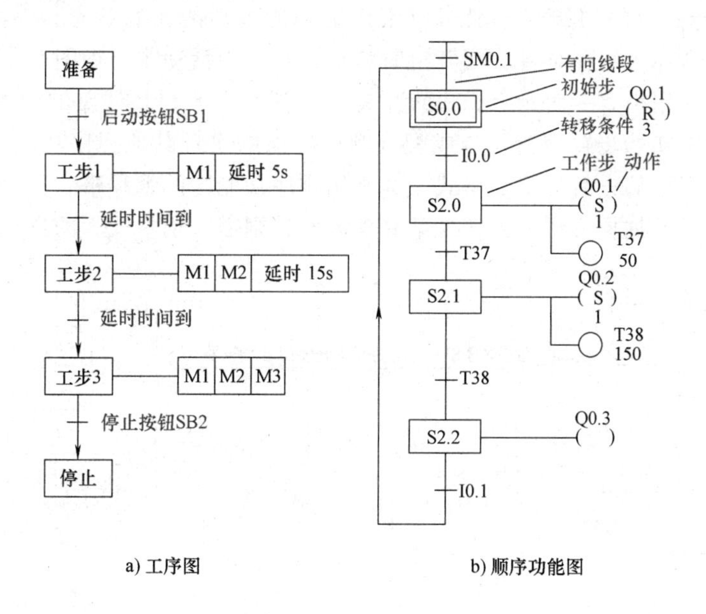

图 5-2　三台电动机的顺序控制

2. 顺序功能图的组成

顺序功能图是一种描述顺序控制系统的图形说明语言。它由步、转移条件和有向线段组成。

1）步：功能图中的步是控制过程中的一个特定状态。步又分为初始步和工作步，在每一步中要完成一个或多个特定的动作。初始步表示一个控制系统的初始状态，所以，一个控制系统必须有一个初始步，初始步可以没有具体要完成的动作。在功能图中，初始步用双线框表示，工作步用单线框表示。

2）转移条件：步与步之间的转移条件用与有向连线垂直的短划线来表示，将相邻两状态隔开。当条件得以满足时，可以实现由前一步转移到下一步的控制（由完成前一步的动作，转移到执行下一步的动作）。为了确保控制系统严格地按照顺序执行，步与步之间必须有转移条件。转移条件通常用文字、逻辑方程及符号表示。

3）有向线段：步与步之间用有向线段连接。当系统的控制顺序是从上向下时，可以不标注箭头；若控制顺序是从下向上时，必须要标注箭头。

3. 活动步与状态继电器

1）活动步：当状态继电器置位时，该步便处于活动步，相应的动作被执行；处于不活动状态时，相应的动作被停止（如果动作是置位的保持型动作不停止）。要使该步“激活”为活动步，必须同时满足两个条件：该转移的前级步是活动步；相应的转移条件得到满足。当该步为活动步后，其前级步变为不活动步。

从PLC的程序扫描原理出发，在顺序功能图中，如果该步“激活”为活动步，可以理解为该段程序被执行；当该步为不活动步时，可以理解为该段程序被跳过。

2）状态继电器S：S7-200系列的PLC共有状态继电器256个点，编号是“S0.0～S31.7”，是顺序控制程序的重要存储器。

4. 绘制顺序功能图的注意事项

1）两个步绝对不能直接相连，必须用转移条件将它们隔开。

2）顺序功能图中的初始步一般对应于系统等待起动的初始状态，一般用初始化脉冲SM0.1的常开触点作为转移条件，在开机时将初始步置为活动步。如图5-3所示为顺序功能图的一般格式，采用格式一时，SFC图的开头部分有不属于SFC回路的梯形图块LAD0，借助梯形图块实现将初始步置为活动步或配合顺序功能图实现其他程序功能，其中LAD后的数字，表示这些程序的先后位置。格式二为常用顺序功能图的编程格式，更加方便，但如果顺序功能图程序需外加梯形图才能实现某些功能时，则需采用格式一的方式。

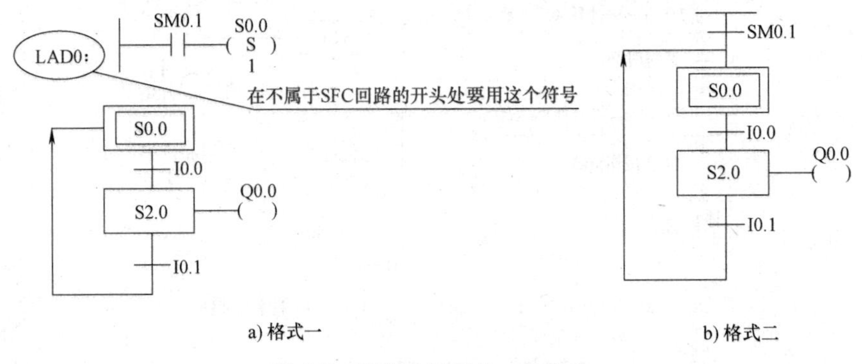

图5-3 顺序功能图的一般格式

3）系统应能多次重复执行同一工艺过程，系统结束时，一般返回初始状态。

4）由于S7-200系列PLC的编程软件中无顺序功能图程序的编写功能，在用编程软件编写程序时，需要将顺序功能图转换为步进梯形图或指令表进行输入。

5）在顺控程序中，每个状态都要有一个状态继电器与之对应，而且每个状态“S”的编号是不能相同的。对连续的状态，没有规定要用连续的编号，在编程时，为了程序修改的方便，常常对两个相邻的状态采用相隔2～5个数的编号。

6）对不同的状态中若有相同的输出点动作，需要使用置位和复位指令，或用梯形图块LAD中设置不同状态触点并联进行输出。功能图中禁止出现双线圈。

7）顺序功能图中定时器常应用TON型，计数器常应用CTU型。

二、顺序功能图编程举例

例5-1 某组合机床液压动力滑台的自动工作过程示意图如图5-4a所示，它分为原位、

快进、工进和快退四步。每一步所要完成的动作如图 5-4b 所示。SQ1、SQ2、SQ3 为限位开关；Q0.1、Q0.2、Q0.3 为液压电磁阀；KP1 为压力继电器，当滑台运动到终点时 KP1 动作。

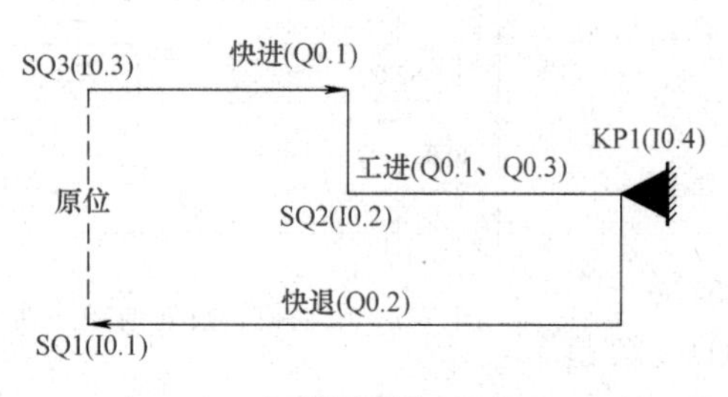

a) 工步示意图

工步 \ 元件	Q0.1	Q0.2	Q0.3	KP1
原位	0	0	0	0
快进	1	0	0	0
工进	1	0	1	0/1
快退	0	1	0	1/0

b) 工步动作表

图 5-4　液压滑台的自动循环示意图

解： 液压滑台自动循环的功能图如图 5-5 所示。

本题中功能图为单一顺序形式，单一顺序所表示的动作顺序是一个接着一个完成。每步连接着转移，转移后面也仅连接一个步。

【想想练练】

1. 用单一顺序功能图编制一个实现电动机起保停的程序，如何编程？
2. 用单一顺序功能图编制一个实现电动机点动的程序，如何编程？
3. 请分析图 5-6 所示的顺序功能图，程序实现什么功能？

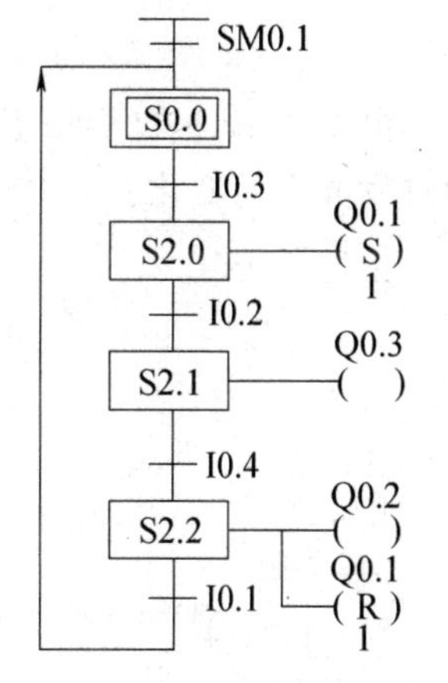

图 5-5　液压滑台的自动循环顺序功能图

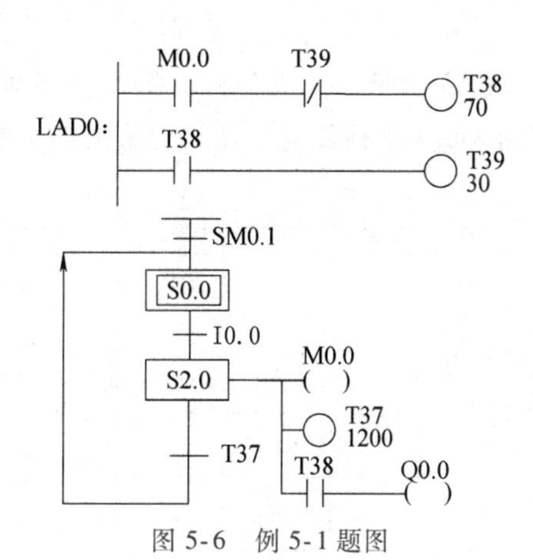

图 5-6　例 5-1 题图

例 5-2　用步进功能图完成电动机正反转的控制程序编程。

控制要求为：按正转起动按钮 SB1，电动机正转，按停止按钮 SB3，电动机停止；按反转起动按钮 SB2，电动机反转，按停止按钮 SB3，电动机停止；且热继电器具有保护功能。

解：（1）I/O 分配　I0.0：SB3（常开），I0.1：SB1（常开），I0.2：SB2（常开），I0.3：热继电器 FR（常开）；Q0.1：正转接触器 KM1，Q0.2：反转接触器 KM2。

（2）顺序功能图　如图 5-7 所示。

该题是一选择顺序的功能图，选择顺序用单水平线表示。选择顺序是指在一步之后有若干个单一顺序等待选择，而一次仅能选择一个单一顺序。为了保证一次仅选择一个顺序，即选择的优先权，必须对各个转移条件加以约束。选择顺序的转移条件应标注在单水平线以内。本题中电动机的正反转控制是一个具有两个分支的选择性流程，分支转移的条件是正转起动按钮 I0.1 和反转起动按钮 I0.2，汇合的条件是热继电器 I0.3 或停止按钮 I0.0。

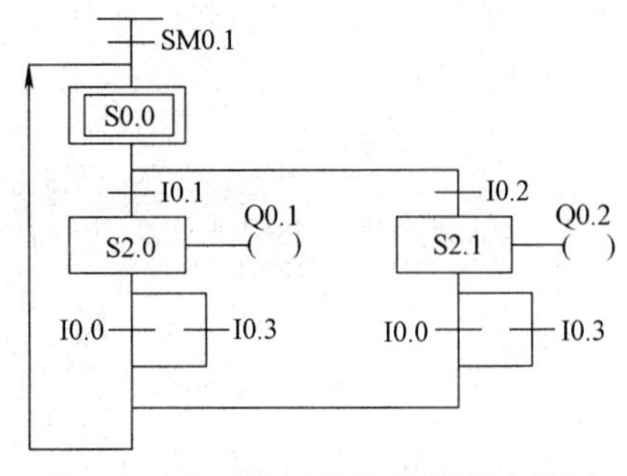

图 5-7　电动机正反转的顺序功能图

【想想练练】

1. 如图 5-8 所示是用选择顺序功能图编制一个实现电动机点动与连续的程序，请分析：①连续起动和点动控制的软继电器？②能否将 M0.1 和 M0.2 线圈用 Q0.0 代替？

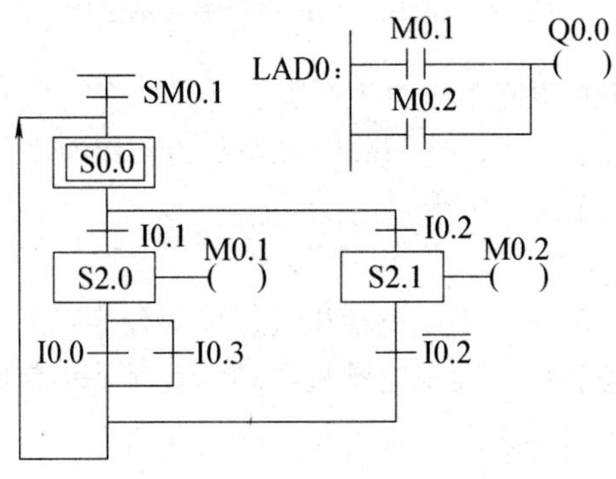

图 5-8　题图 1

2. 如图 5-9 所示，请分析：①当按下常开触点 I0.0 后，I0.2 在按下和不按下时，灯 Q0.0 和灯 Q0.1 如何发光？②当灯发光时，按下 I0.1 时，两灯发光有何变化？

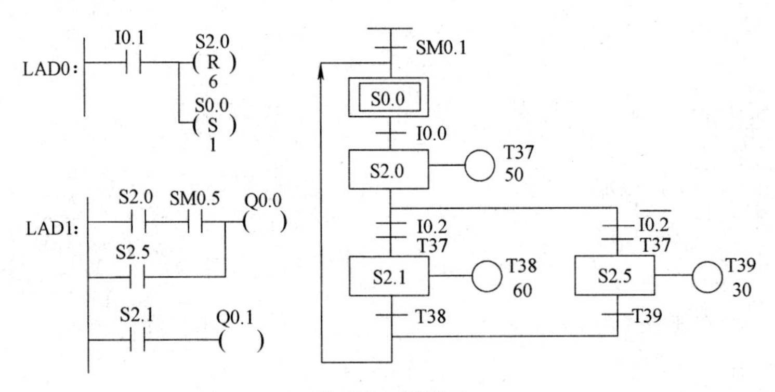

图 5-9　题图 2

例 5-3　简易交通信号灯一个周期（120s）的时序图如图 5-10 所示。南北信号灯和东西信号灯同时工作，0~50s 期间，南北信号绿灯亮，东西信号红灯亮；50~60s 期间，南北信号黄灯亮，东西信号红灯亮；60~110s 期间，南北信号红灯亮，东西信号绿灯亮；110~120s 期间，南北信号红灯亮，东西信号黄灯亮。

解：（1）I/O 分配　I0.0：运行开关；Q0.0：南北绿灯，Q0.1：南北黄灯，Q0.2：南北红灯，Q0.3：东西红灯，Q0.4：东西绿灯，Q0.5：东西黄灯。

（2）顺序功能图　如图 5-11 所示。

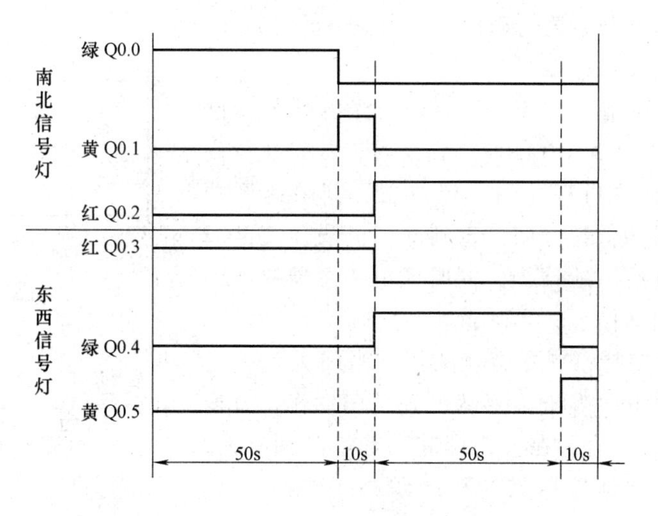

图 5-10 交通信号灯时序图

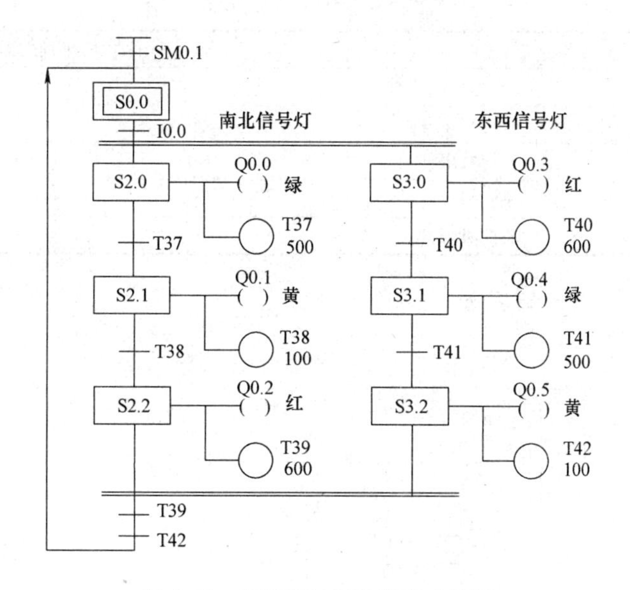

图 5-11 交通信号灯的顺序功能图

该题是一个并发顺序的功能图，并发顺序用双水平线表示。双水平线表示若干个顺序同时开始和结束。并发顺序是指在某一转移条件下，同时起动若干个顺序，完成各自相应的动作后，同时转移到并行结束的下一步。并发顺序的转移条件应标注在两个双水平线以外。

【想想练练】

1. 你能用单一顺序功能图编写交通信号的程序吗？如何编程？

2. 根据图 5-9 所示的 LAD1 梯形图及顺序功能图编写方式，修改图 5-11 所示的顺序功能图。

例 5-4 如图 5-12 为某自动门的工作示意图，关门时动作由高速转为低速运行，使自动门可以平稳地关闭；开门时动作由高速转为低速进行，使自动门可以平稳地完全打开。开门动作为：高开→低开，关门动作为：高关→低关。

自动门的控制要求：

1）开门动作控制：当有人靠近时，光电开关传感器 I0.0（有人时 I0.0 为 ON）检测到信号，首先执行高速开门动作；当自动门打开到一定位置，其限速开关 I0.1 闭合，自动转为低速开门，直到开门极限开关 I0.2 闭合；门全部打开后，延时 2s，同时光电传感器检测到无人，即转为关门动作。

2）关门动作控制：首先高速关门，当门关到一定位置时，限位开关 I0.4 闭合，转为低速关门动作，直至关门极限开关 I0.5 闭合；在关门期间，若检测到有人，则停止关门动作，并延时 1s 转为开门动作。

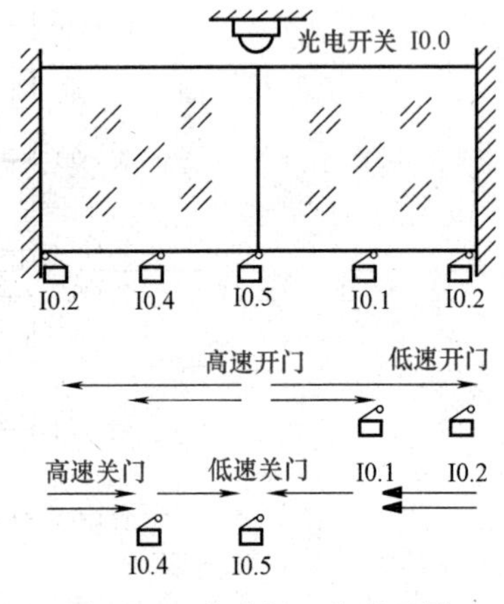

图 5-12　自动门工作示意图

解：1）I/O 地址分配如表 5-2 所示。

表 5-2　I/O 地址分配

输入继电器		输出继电器	
I0.0	光电传感器	Q0.0	高速开门
I0.1	开门限位开关	Q0.1	低速开门
I0.2	开门极限开关	Q0.3	高速关门
I0.4	关门限位开关	Q0.4	低速关门
I0.5	关门极限开关		

2）顺序功能图如图 5-13 所示。

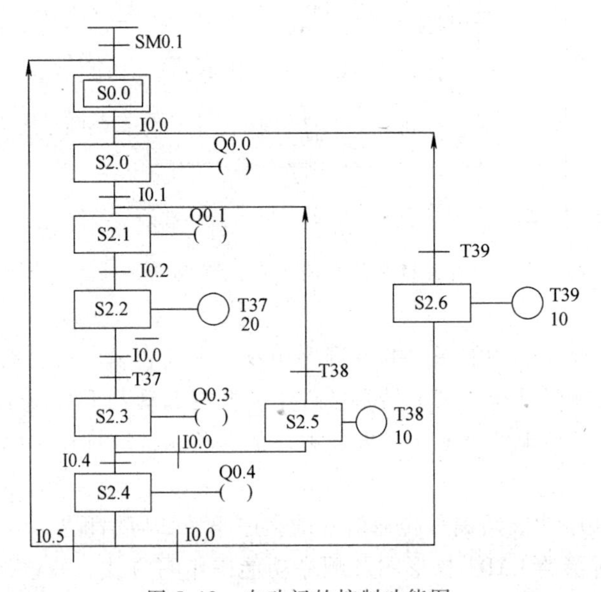

图 5-13　自动门的控制功能图

该例题为跳转与循环顺序，此形式的功能图表示顺序控制跳过某些状态和重复执行。

例 5-5　如图 5-14 所示，某流水灯系统的控制要求为：

1）按下起动按钮SB1，灯HL1和灯HL2发光，10s后变为灯HL2和灯HL3发光，再过10s后变为灯HL1和灯HL3发光，再过10s后循环往复控制。

2）按下停止按钮SB2后，所有灯立即停止发光。

3）按下停止按钮SB3后，须等到一个工作循环结束后才停止。

请根据控制要求编写顺序功能图。

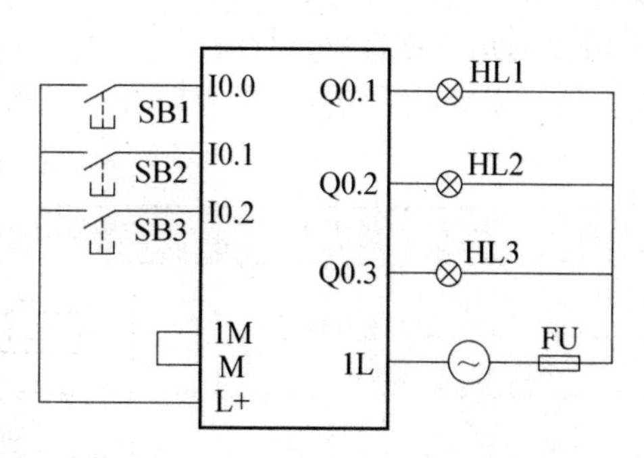

图5-14　流水灯控制的I/O接线图

解：1）I/O地址分配　如表5-3所示。

表5-3　I/O地址分配表

输入			输出	
输入继电器	输入元件	作用	输出继电器	输出元件
I0.0	SB1	起动按钮	Q0.1	灯HL1
I0.1	SB2	停止按钮	Q0.2	灯HL2
I0.2	SB3	停止按钮	Q0.3	灯HL3

2）顺序功能图　如图5-15所示。

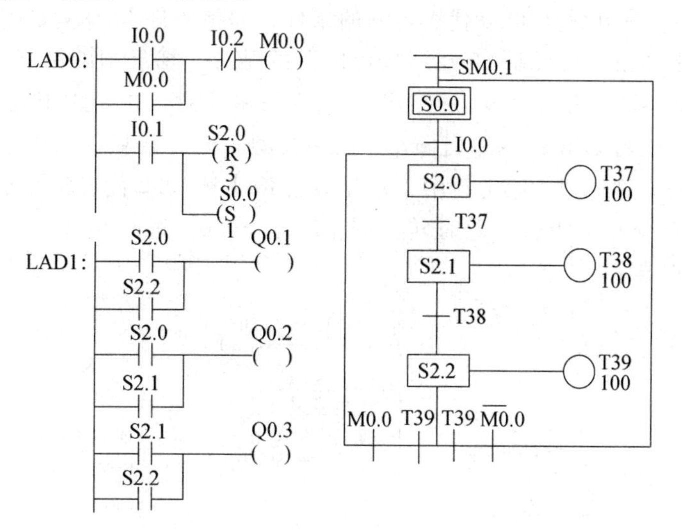

图5-15　流水灯控制的顺序功能图

该例题主要分析停止功能在顺序功能图中的应用。另外，由于PLC中顺序功能图不允许双线圈输出，因此本例LAD1中，将相同输出的状态器并联起来驱动负载。

第二节　步进指令及编程实例

一、步进指令

1. 步进指令及步进梯形图

S7-200系列PLC有三条步进指令，也称为顺序控制指令，分别是LSCR、SCRT、

SCRE。采用步进指令进行编程，不仅可以大大简化PLC程序编写的过程、降低编程的出错率，还可以提高系统控制的及时性。三条指令的使用说明如表5-4所示。

表5-4 步进指令的使用说明

指令	功能说明	梯形图表示	指令语句	操作元件
LSCR	顺控程序开始	S0.1 SCR	LSCR S0.1	S
SCRT	顺控程序转移	S0.2 (SCRT)	SCRT S0.2	S
SCRE	顺控程序结束	(SCRE)	SCRE	无

下面我们通过电动机带过载保护的起保停功能图来分析步进指令用法，如图5-16a所示是顺序功能图，图5-16b及图5-16c所示为步进梯形图和指令表。其中S0.0是初始步。PLC进入RUN状态时，初始化脉冲SM0.1的常开触点闭合一个扫描周期，梯形图中第一行将初始步S0.0置为活动步。梯形图的第二行是S0.0顺控程序段的开始，表示该段变为活动步。梯形图的第三行中，常开触点I0.0代表转移的条件，如果条件I0.0满足闭合，此时转移到下一步S2.0。梯形图第四行表示S0.0顺控程序段的结束。梯形图的第五行是S2.0顺控程序段的开始，表示该段变为活动步。梯形图的第六行中注意：在SCR段输出时，常用特殊辅助继电器SM0.0执行SCR段的输出操作；因为线圈不能直接和母线相连，所以必须借助于SM0.0完成任务。梯形图的第七行中，常开触点I0.1和I0.2代表转移的条件，如果条件I0.0或I0.1其中至少一个闭合，此时转移到下一步S0.0，进行循环。梯形图第八行表示S2.0顺控程序段的结束。

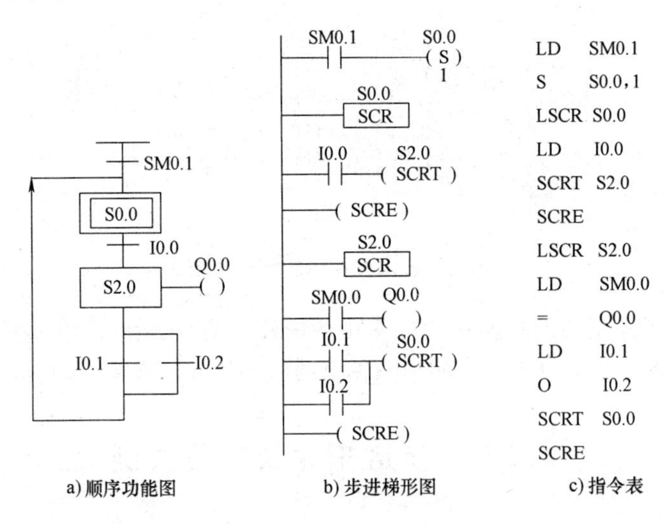

图5-16 步进指令用法

综上分析，步进梯形图的特点为：

1）步进开始。每个步进程序，都有步进初始化，步进初始化一般是一个短脉冲信号。

2）每一个步进工序应包含步进开始程序、驱动负载程序、步进转移程序、步进结束程序四部分。步进开始 SCR 和步进结束 SCRE 要成对使用。

3）当转移条件满足时，则会从上一状态转移到下一状态，而上一个状态自动复位。

4）利用步进指令进行编程时，先画出顺序功能图，再转化成步进梯形图或指令语句表。

2. 步进指令使用注意

1）顺序控制指令仅对状态继电器 S 有效，状态继电器 S 也具有一般继电器的功能，对它还可以使用其他继电器一样的指令。

2）SCR 段程序能否执行，取决于该段程序对应的状态器 S 是否被置位。另外，当前程序 SCRE 与下一个程序 LSCR 之间的程序不影响下一个 SCR 程序的执行。

3）状态器 S 作为步进开始的标志位，可以用于主程序、子程序或中断程序中，但只能用一次，不能重复使用。

4）SCR 段程序中不能使用跳转指令 JMP 和 LBL，即不允许使用跳转指令跳入、跳出 SCR 程序或在 SCR 程序内部跳转。

5）SCR 段程序中不能使用 FOR、NEXT 和 END 指令。

6）在使用 SCRT 指令实现程序转移后，前 SCR 段程序变为非活动步程序，该程序段的元件会自动复位。如果希望转移后某元件能继续输出，可对该元件使用置位或复位指令。在非活动步程序中，PLC 通电常闭触点 SM0. 0 也处于断开状态。

7）在活动状态的转移中，相邻两个状态的状态继电器会同时 ON 一个扫描周期，如果相邻步的动作不能同时输出（如正反转的线圈），应在功能图中加程序联锁，同时 PLC 的外部设置也要加硬件联锁。

3. STL 功能图与梯形图的转换

1）单一顺序的步进梯形图：例 5-1 所示的液压滑台的自动循环步进梯形图和指令表如图 5-17 所示。

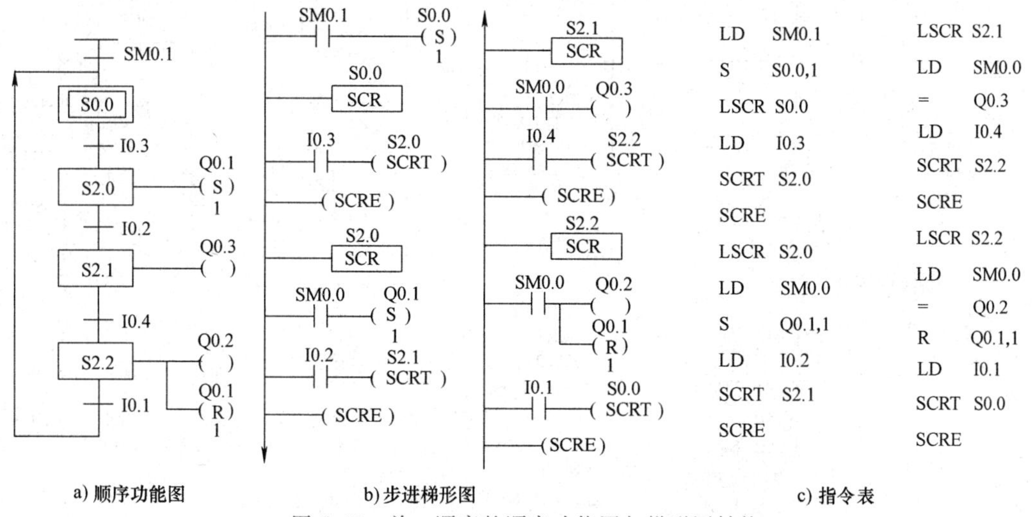

图 5-17 单一顺序的顺序功能图与梯形图转换

2）选择顺序的步进梯形图：例 5-2 所示的电动机正反转的步进梯形图和指令表如图 5-18 所示。图中 I0. 1 和 I0. 2 为选择转换条件，但 I0. 1 和 I0. 2 不能同时闭合。

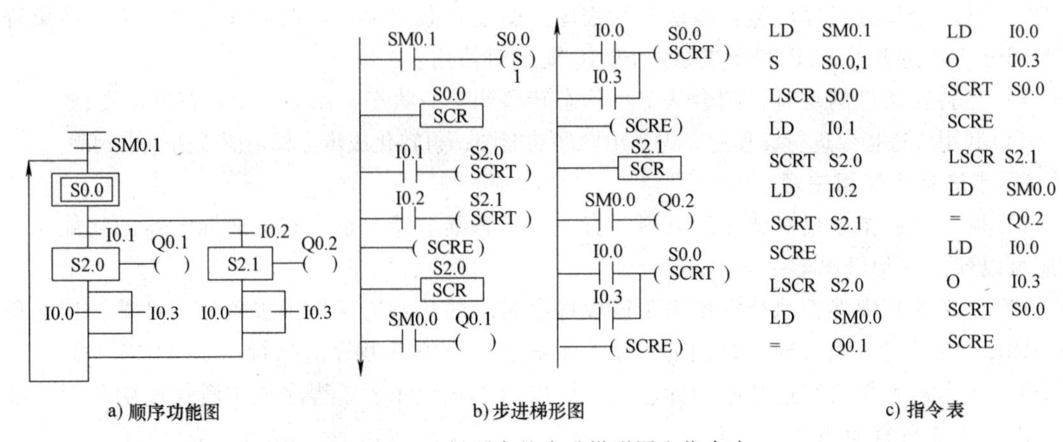

图 5-18　选择顺序的步进梯形图和指令表

3）并发顺序的步进梯形图：例 5-3 所示的交通信号灯的步进梯形图和指令表如图 5-19 所示。图中当转换条件 I0.0 闭合时，状态器 S2.0 和 S3.0 同时被置位，两个分支同时执行各自的步进流程，S0.0 自动复位。在 S2.2 和 S3.2 被置位后，若 T39 和 T42 闭合，则 S0.0 被置位，而 S2.2 和 S3.2 同时被复位。

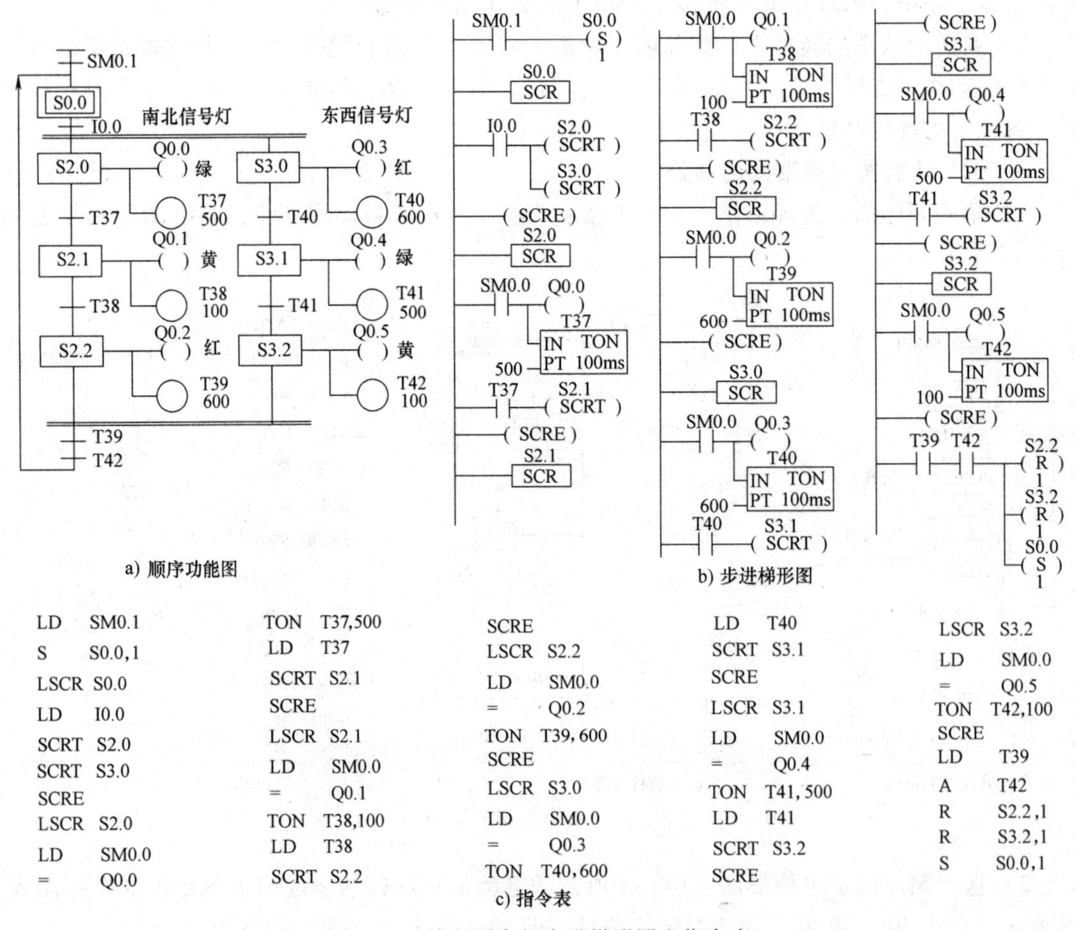

图 5-19　并发顺序的步进梯形图和指令表

4）有局部循环的步进梯形图：例5-4中自动门控制的步进梯形图如图5-20所示。本图中要注意功能图中I$\overline{0.0}$触点在步进梯形图中转化为I0.0的常闭触点。

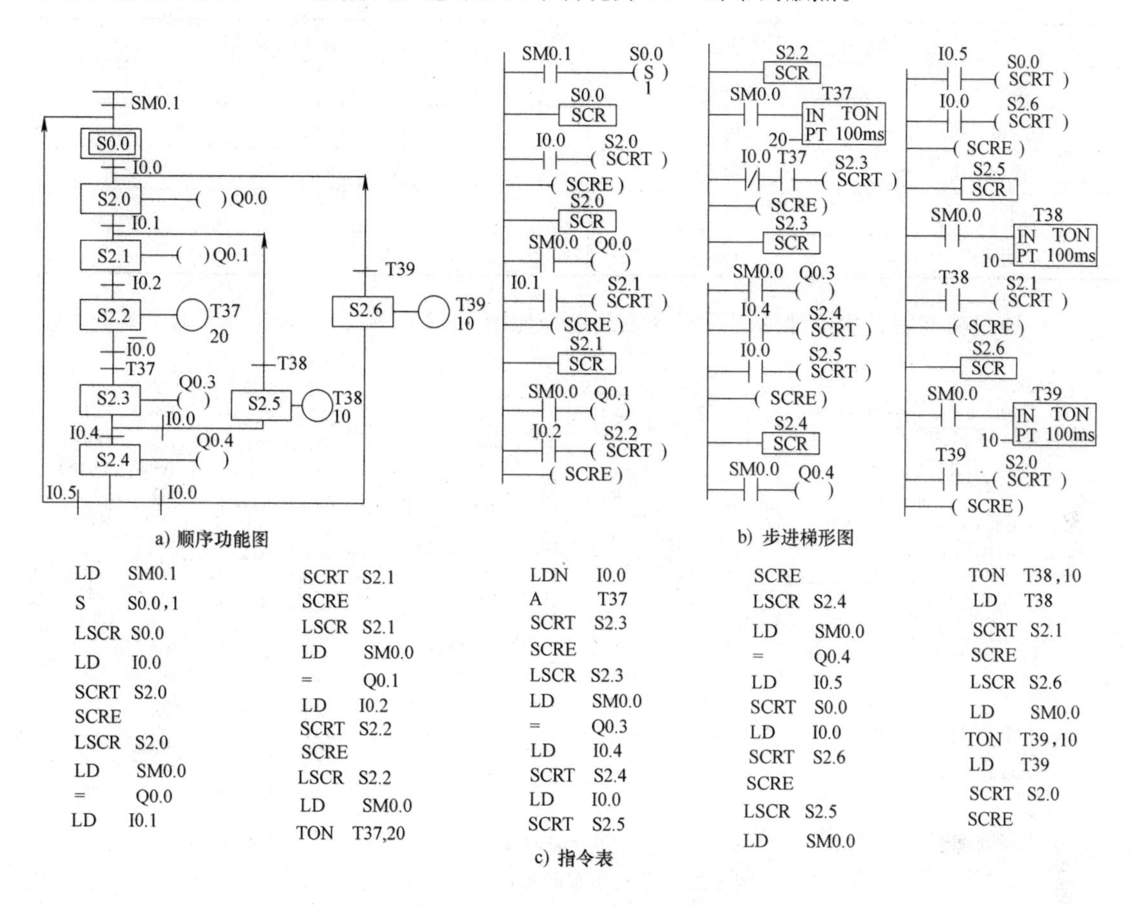

图5-20　有局部循环的步进梯形图

二、步进指令编程实例

例5-6　如图5-21所示为某小车送料工作示意图。其控制要求为：

1）在初始状态下，按下起动按钮（I0.0闭合），小车由初始状态前进。当小车前进至前限位时，前限位开关I0.3闭合，小车暂停；延时10s后，小车后退，后退至后限位时，后限位开关I0.4闭合，小车又开始前进，如此循环工作下去。

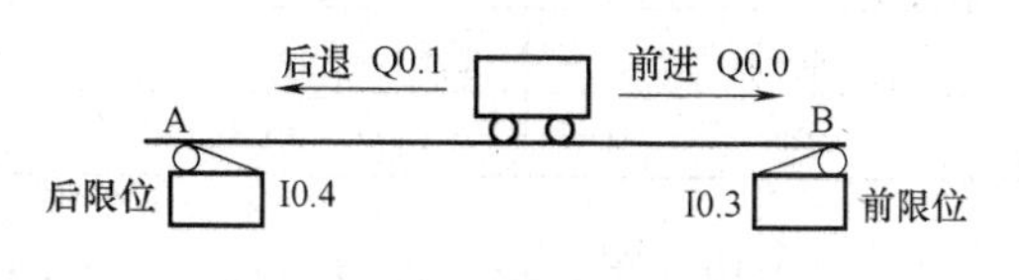

图5-21　送料小车示意图

2）小车在前进步时，如果按下停止按钮（I0.2闭合），则小车回到初始状态。

3）在初始状态时，如果按下后退按钮（I0.1闭合），则小车由初始状态直接到后退状态，然后按照后退→前进→延时→后退→……的顺序执行。

4）小车在后退时，如果按下停止按钮（I0.2闭合），则转移到初始状态，后退步停止。

解： 1）PLC 的 I/O 分配

输入点		输出点	
前进起动	I0. 0	前进	Q0. 0
后退起动	I0. 1	后退	Q0. 1
停止按钮	I0. 2		
前限位	I0. 3		
后限位	I0. 4		

2）顺序功能图、步进梯形图及指令表的编程如图 5-22 所示。

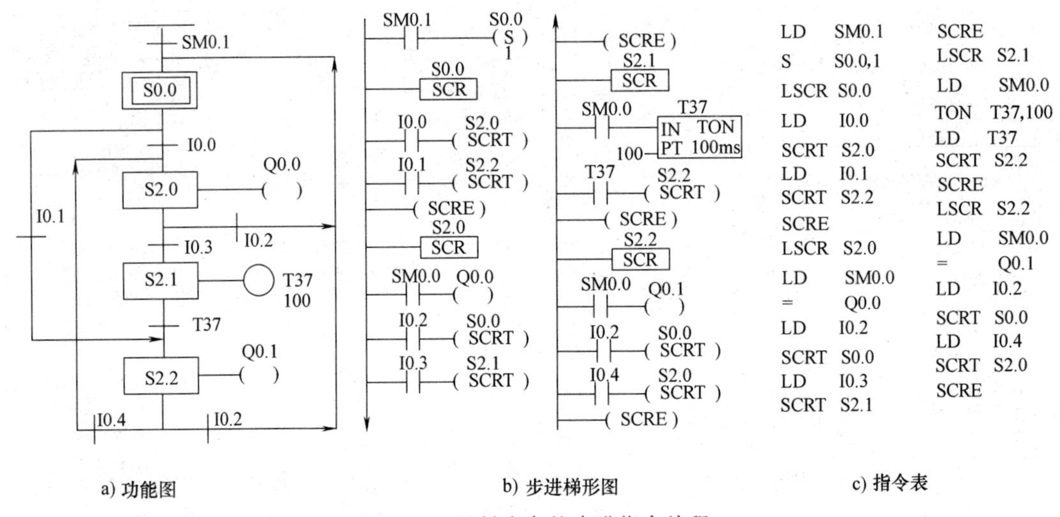

图 5-22 送料小车的步进指令编程

例 5-7 某三相异步电动机的控制要求为：按下起动按钮后，电动机正转运行 5min，反转运行 3min，该动作重复执行三次后自动停止，试编写顺序功能图。

解： 1）PLC 的 I/O 地址分配

输入点		输出点	
起动	I0. 0	正转	Q0. 0
停止	I0. 1	反转	Q0. 1

2）顺序功能图、步进梯形图及指令表的编程如图 5-23 所示。

【想想练练】

编写一个 PLC 控制Y-△电动机起动的顺序功能图，延时时间为 6s 由Y联结切换到△联结。

例 5-8 根据控制要求编写顺序功能图：使用一个按钮控制两盏灯，第一次按下时第一盏灯亮；第二次按下时第一盏灯灭，第二盏灯亮；第三次按下时两盏灯都灭。波形如图 5-24 所示，按钮信号 I0. 1，第一盏灯信号 Q0. 1，第二盏灯信号 Q0. 2。

解： 顺序功能图如图 5-25 所示。

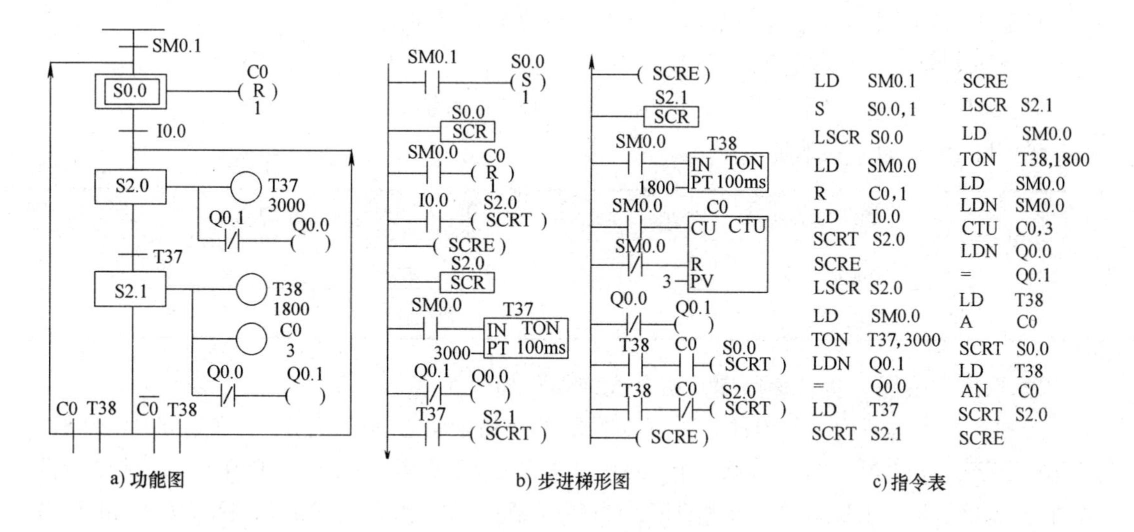

图 5-23　电动机的正反转及计数编程

当 PLC 上电，SM0.1 触点让 S0.0 置位，同时三个计数器 C1、C2、C3 复位。利用梯形图块 LAD0，当 I0.1 闭合时，计数器 C1 的常开触点闭合，使功能图从 S0.0 转到 S2.0，此时第一盏灯亮；当 I0.1 再次闭合时，计数器 C2 的常开触点闭合，使功能图从 S2.0 转到 S2.1，此时第二盏灯亮；当 I0.1 第三次闭合时，计数器 C3 的常开触点闭合，两灯熄灭。

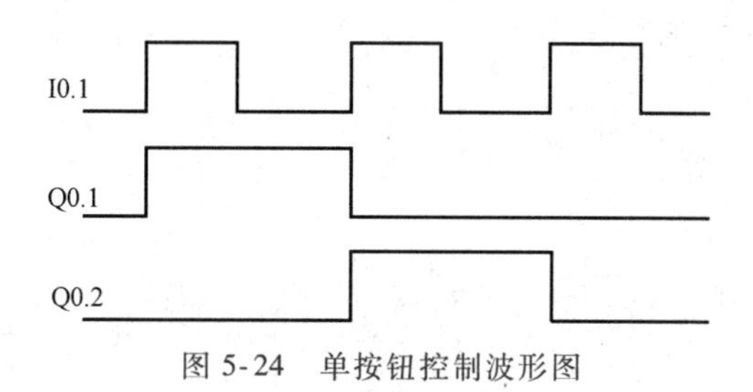

图 5-24　单按钮控制波形图

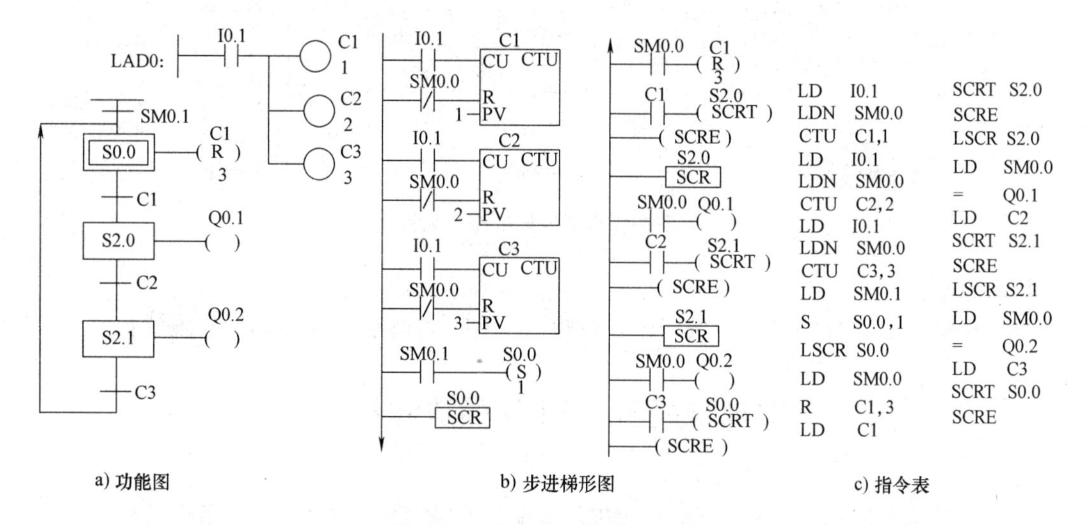

图 5-25　单按钮双路单通控制

【想想练练】

请你用顺序功能图编制一个二分频程序，并绘出步进梯形图。

例5-9 用步进指令编写一个彩灯闪烁电路的控制程序。

控制要求为：两盏彩灯HL1和HL2，按下起动按钮后HL1亮，2s后HL1灭HL2亮，2s后HL2灭HL1亮……如此循环，随时按停止按钮停止系统运行。

解： 1）PLC的I/O地址分配

输入点		输出点	
起动	I0.0	HL1	Q0.0
停止	I0.1	HL2	Q0.1

2）顺序功能图、步进梯形图及指令表的编程如图5-26所示。

当PLC开始运行时，SM0.1产生一初始脉冲使初始状态S0.0置1，进而使S2.0和S2.1复位。当起动按钮I0.0接通，状态转移到S2.0，使S2.0置1，同时S0.0在下一扫描周期自动复位，S2.0马上驱动Q0.0和T37。当转移条件T37闭合，状态从S2.0转移到S2.1，使S2.1置1，同时驱动T38和Q0.1；若T38闭合，又转移到S2.0置位。若运行过程中，停止按钮I0.1闭合，则随时可以使S2.0和S2.1复位，同时Q0.0、Q0.1、T37、T38的线圈也复位，彩灯停止。

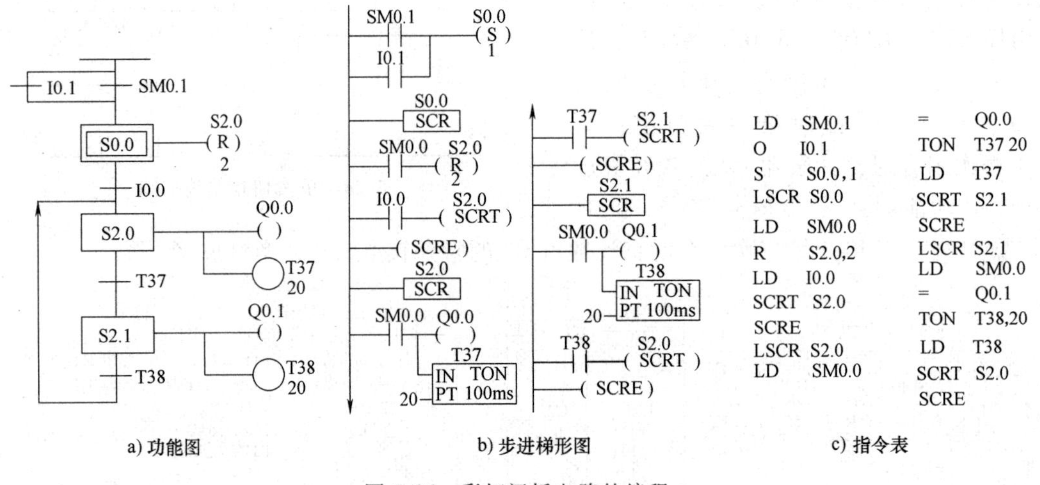

a）功能图　b）步进梯形图　c）指令表

图5-26 彩灯闪烁电路的编程

【想想练练】

彩灯闪烁电路中如果是随时按下停止按钮后，HL2灯亮后停止，如何实现编程？

实训课题五 PLC的流程控制

实训一 STEP7-Micro/WIN编程软件的顺序功能编程操作

一、实训目的

1）熟悉STEP7-Micro/WIN软件中步进指令的编程操作。

2）会用梯形图和指令语句表方式编制SFC程序。

3）掌握利用PLC编程软件进行编辑、调试等的基本操作。

二、实训器材

1）工具：尖嘴钳、螺钉旋具、镊子等。

2）器材：计算机（安装STEP7-Micro/WIN SP9编程软件，并配通信电缆）一台、PLC主机模块一个、导线若干、开关及按钮模块一个、指示灯模块一个。

三、实训步骤

1. 单一顺序的步进控制

1）打开编程软件，选用梯形图方式编制程序。

2）步进梯形图的输入：将图5-27b所示步进梯形图程序输入到计算机中，并通电观察。

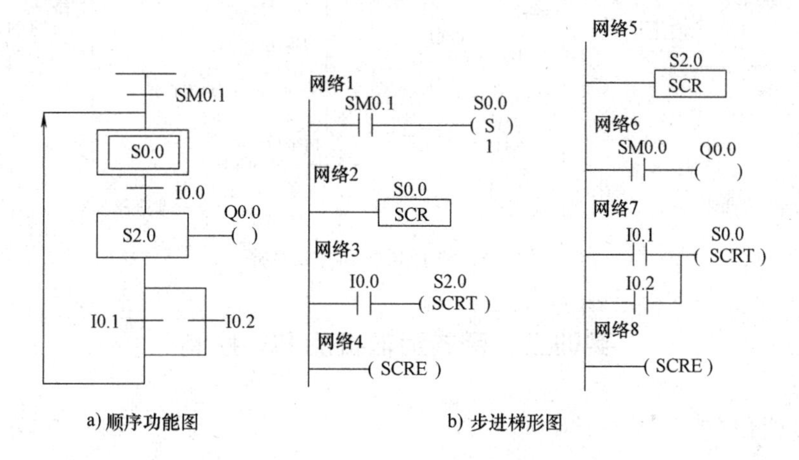

图5-27　单一顺序的功能图

3）指令表方式编制程序：写出图5-27步进梯形图对应的指令语句表，并输入到编程软件中，传输到PLC中运行，并通电观察。

2. 选择顺序和并发顺序的编程输入

1）打开编程软件，选用梯形图方式编制程序。

2）梯形图方式编制程序：将图5-28所示功能图转为步进梯形图，运用编程软件将程序输入到计算机中，并传输到PLC中运行，并通电观察。

3）指令表方式编制程序：写出图5-28步进梯形图对应的指令语句表，并输入到编程软件中，传输到PLC中运行，并通电观察。

四、注意事项

输入图5-28所示的梯形图时，要注意网络24结束并没有SCRE。

五、实训思考

输入顺序功能程序时，用步进梯形图程序、指令语句表程序输入方法哪种更快更方便？

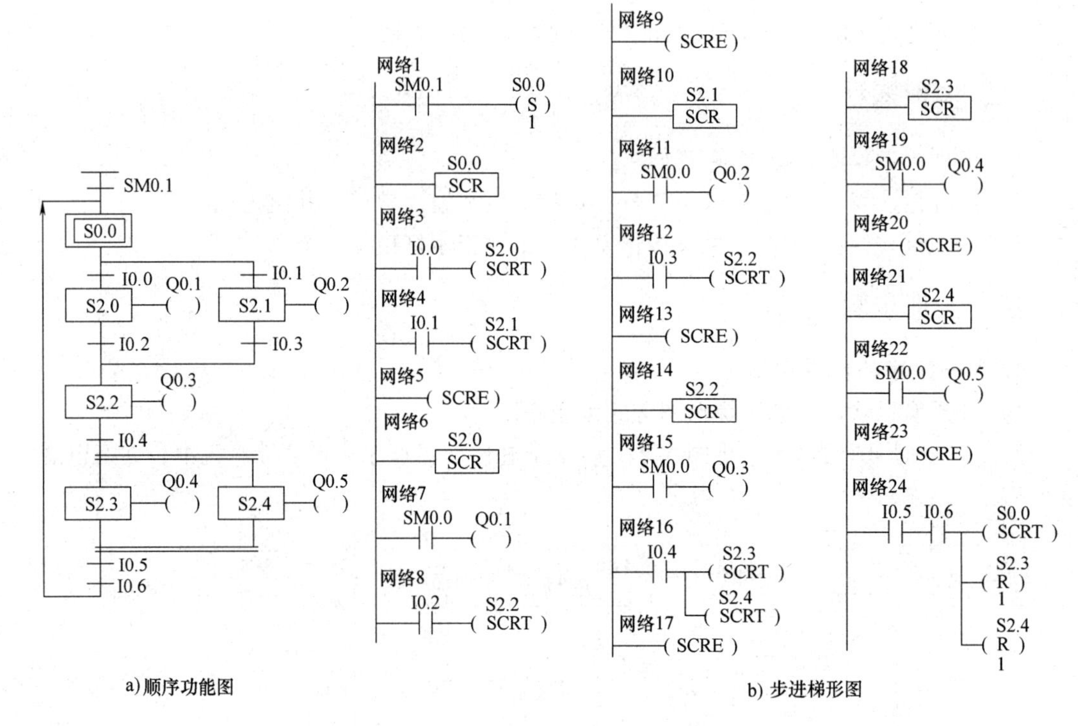

图5-28　选择顺序和并发顺序

实训二　带式运输机的PLC控制

一、实训目的

1）掌握顺序控制指令的使用方法。

2）掌握带式运输机的程序编程和外部接线。

二、实训器材

1）工具：尖嘴钳、螺钉旋具、镊子等。

2）器材：计算机（安装STEP7-Micro/WIN SP9编程软件，并配通信电缆）一台、PLC主机模块一个、导线若干、开关及按钮块一个、指示灯模块一个、带式运输机模拟显示模块一块（带指示灯、接线端口及按钮等）。

三、实训要求

如图5-29所示，原材料从料斗经过PD1、PD2两台带式运输机送出；由电磁阀DT控制从料斗向PD1供料；PD1、PD2分别由电动机M1和M2控制。

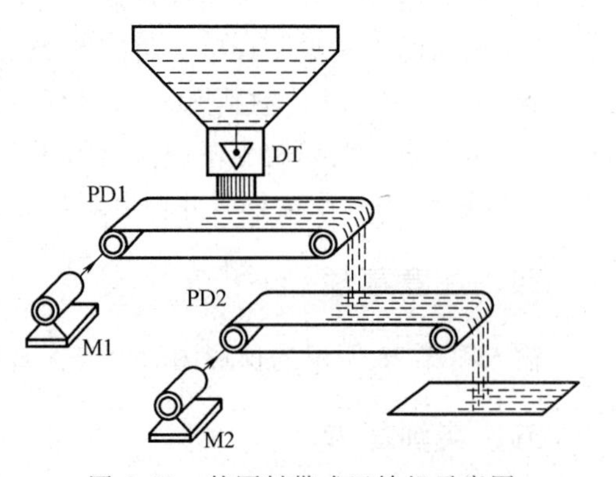

图5-29　某原料带式运输机示意图

控制要求为：

1）初始状态：料斗、传输带PD1和传输带PD2全部处于关闭状态。

2）起动操作：起动时为了避免在前段传输带上造成物料堆积，要求逆送料方向按一定的时间间隔顺序起动。其操作步骤为：

传输带PD2→延时5s→传输带PD1→延时5s→料斗

3）停止操作：停止时为了使运输机传输带上不留剩余的物料，要求顺物料流动的方向按一定的时间间隔顺序停止。其停止的顺序为：

料斗→延时10s→传输带PD1→延时10s→传输带PD2

4）故障停车：在传输带运输机的运行中，若传输带PD1过载，应把料斗和传输带PD1同时关闭，传输带PD2应在传输带PD1停止10s后停止。若传输带PD2过载，应把传输带PD1、传输带PD2和料斗都关闭。

四、实训内容与步骤

1. I/O地址分配

输入地址		输出地址	
起动按钮	I0.0	DT料斗控制	Q0.0
停止按钮	I0.1	M1接触器	Q0.1
M1热继电器	I0.2	M2接触器	Q0.2
M2热继电器	I0.3		

2. 程序编写

根据系统控制要求及PLC的I/O分配，编写带式运输机的功能图，如图5-30所示。

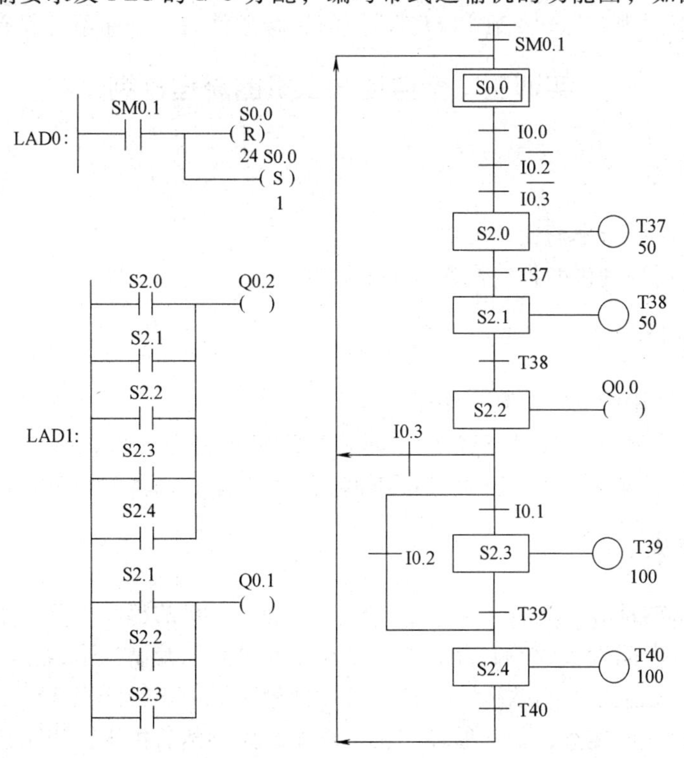

图5-30　带式运输机的PLC顺序功能图

3. 系统接线

根据带式运输机的控制要求，其系统接线图如图 5-31 所示（PLC 的输出负载都用指示灯代替）。

4. 系统调试

1）输入程序：将图 5-30 的顺序功能图转化为步进梯形图或指令语句表，选择合适的方法输入 PLC。

2）静态调试：按图 5-31 所示的系统接线图正确连接好输入设备，进行 PLC 的模拟静态调试，并通过计算机监视，观察其是否与控制要求一致，否则，检查并修改调试程序，直至指示正确。

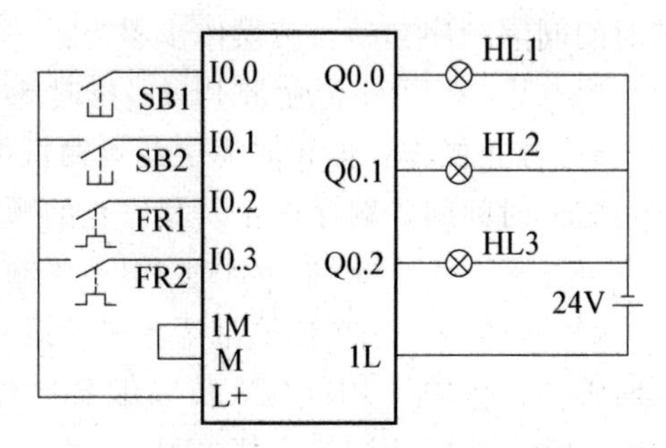

图 5-31　带式运输机的 PLC 模拟接线图

3）动态调试：按图 5-31 所示的系统接线图正确连接好输出设备，进行 PLC 的模拟动态调试，并通过计算机监视，观察其是否与控制要求一致，否则，检查并修改调试程序，直至指示灯能按控制要求指示正确。

五、注意事项

本实训中的 PLC 输出端所接灯的额定电压必须是 DC 24V。

六、实训思考

在编写的功能图中，为什么在初始步后面的转移条件为三个而不是仅有 I0.0？

实训三　全自动洗衣机的流程控制

一、实训目的

1）掌握顺序控制指令的使用方法。

2）理解全自动洗衣机的控制流程及外部接线。

二、实训器材

1）工具：尖嘴钳、螺钉旋具、镊子等。

2）器材：计算机（已安装 STEP7-Micro/WIN SP9 编程软件，并配通信电缆）一台、PLC 主机模块一个、导线若干、开关及按钮模块一个、全自动洗衣机显示模块一个。

三、实训要求

全自动洗衣机的部分控制程序编写。一般全自动洗衣机的控制可分为手动控制洗衣、自动控制洗衣、预定时间洗衣的控制等。其中自动洗衣过程的控制要求为：

起动后，洗衣机进水，高水位开关动作时，开始洗涤。正转洗涤 30s，暂停 3s 后反转洗涤 30s，暂停 3s 再正向洗涤，如此循环三次，洗涤结束；然后排水，当水位下降到低水位时进行脱水（同时排水），脱水时间是 10s，这样完成一个大循环，经过三次大循环后洗衣结

束，并且报警，报警5s后全过程结束，自动停机。

四、实训内容与步骤

1. I/O地址分配

输入继电器		输出继电器	
起动按钮	I0.0	进水阀	Q0.0
高水位检测开关	I0.1	正转接触器	Q0.1
低水位检测开关	I0.2	反转接触器	Q0.2
		排水阀	Q0.3
		脱水电动机	Q0.4
		报警	Q0.5

2. 程序编制

根据系统控制要求及PLC的I/O分配，编写洗衣机的自动控制的功能图，如图5-32所示。

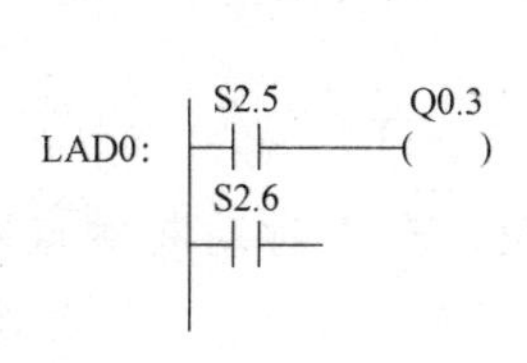

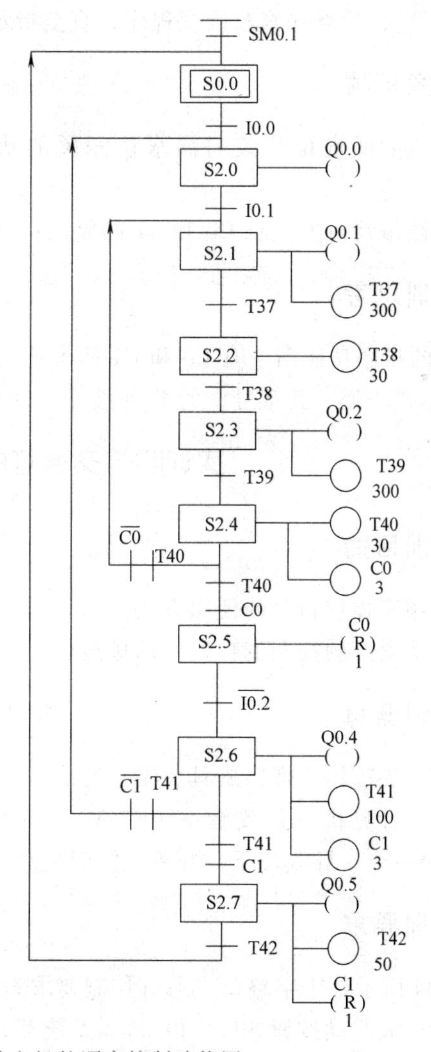

图5-32　自动洗衣机的顺序控制功能图

3. 系统接线

根据洗衣机的控制要求，其系统接线图如图5-33所示（PLC的输出负载都用指示灯代替）。

4. 系统调试

1）输入程序：将图5-32的顺序功能图转化为步进梯形图或指令语句表，选择合适的方法输入PLC。

2）静态调试：按图5-33所示的系统接线图正确连接好输入设备，进行PLC的模拟静态调试，并通过计算机监视，观察其是否与控制要求一致，否则，检查并修改调试程序，直至指示正确。

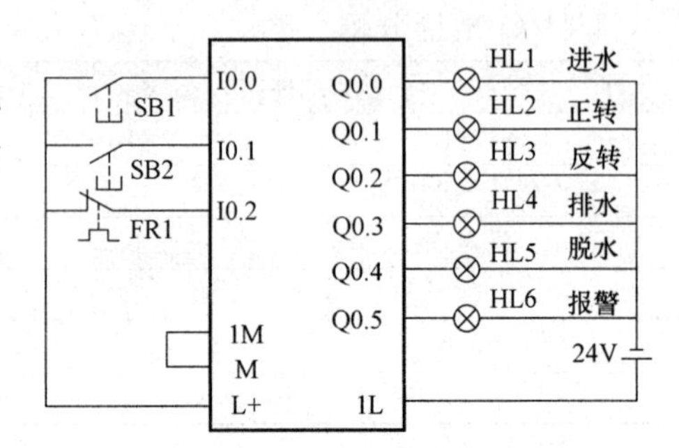

图5-33　洗衣机的PLC模拟接线图

3）动态调试：按图5-33所示的系统接线图正确连接好输出设备，进行PLC的模拟动态调试，并通过计算机监视，观察其是否与控制要求一致，否则，检查并修改调试程序，直至指示灯能按控制要求指示正确。

五、注意事项

1）洗衣机的低水位开关与高水位开关的状态相反，有水时动断触点断开，无水时闭合。

2）功能图编写时要注意C0和C1的复位。

六、实训思考

图5-32的顺序功能图中有C0和C1两个计数器，在转化为步进梯形图时，由于其复位与符号本身不在一处，其符号中的R外接什么触点较合适？

实训四　交通灯的流程控制

一、实训目的

1）掌握顺序控制指令的使用方法。

2）理解交通灯的控制流程及外部接线。

二、实训器材

1）工具：尖嘴钳、螺钉旋具、镊子等。

2）器材：计算机（已安装STEP7-Micro/WIN SP9编程软件，并配通信电缆）一台、PLC主机模块一个、导线若干、开关及按钮模块一个、交通灯显示模块一个。

三、实训要求

如图5-34所示，十字路口交通灯控制要求为：

1）按下白天起动按钮SB1（I0.0），系统开始工作，南北红灯（Q0.3）亮20s，同时东西绿灯（Q0.2）亮10s后开始闪烁5次，每次闪烁先灭后亮，闪烁周期为1s，然后东西黄

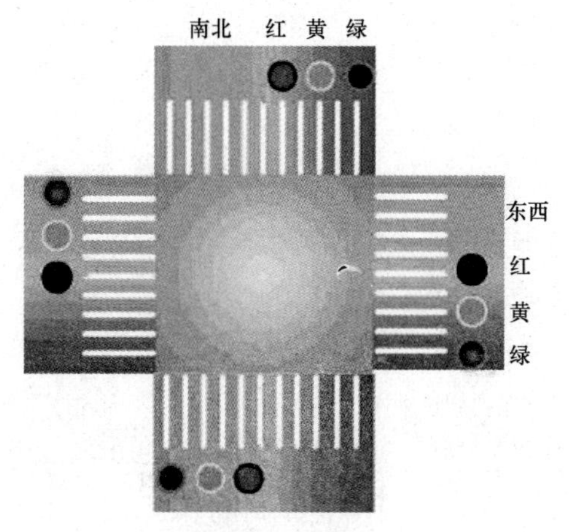

图 5-34 交通灯

灯（Q0.1）亮 5s 熄灭；再切换成东西红灯（Q0.0）亮 20s，同时南北绿灯（Q0.5）亮 10s 后开始闪烁 5 次，每次闪烁先灭后亮，闪烁周期为 1s，然后南北黄灯（Q0.4）亮 5s 熄灭……，如此不断循环。

2）按下夜间按钮 SB2（I0.1），使夜间横向与纵向的黄灯持续闪烁，灭亮各 0.5s。

3）SB1 和 SB2 分别是白天和夜间工作的起动按钮，同时又具备转换控制功能。

4）增加交通管制功能，按下 SB3 为东西绿灯与南北红灯持续亮；按下 SB4 为东西红灯与南北绿灯持续亮。

请编写程序，并按要求接线。

四、实训内容与步骤

1. I/O 地址分配

输入继电器		输出继电器	
白天起动按钮	I0.0	东西红灯	Q0.0
夜间起动按钮	I0.1	东西黄灯	Q0.1
东西管制	I0.2	东西绿灯	Q0.2
南北管制	I0.3	南北红灯	Q0.3
		南北黄灯	Q0.4
		南北绿灯	Q0.5

2. 程序编制

根据系统控制要求及 PLC 的 I/O 分配，编写交通灯的自动控制的功能图，如图 5-35 所示。

3. 系统接线

根据交通灯的控制要求，其系统接线图如图 5-36 所示（PLC 的输出负载都用指示灯代替）。

4. 系统调试

1）输入程序：将图 5-35 的顺序功能图转化为步进梯形图或指令语句表，选择合适的方法输入 PLC。

2）静态调试：按图 5-36 所示的系统接线图正确连接好输入设备，进行 PLC 的模拟静

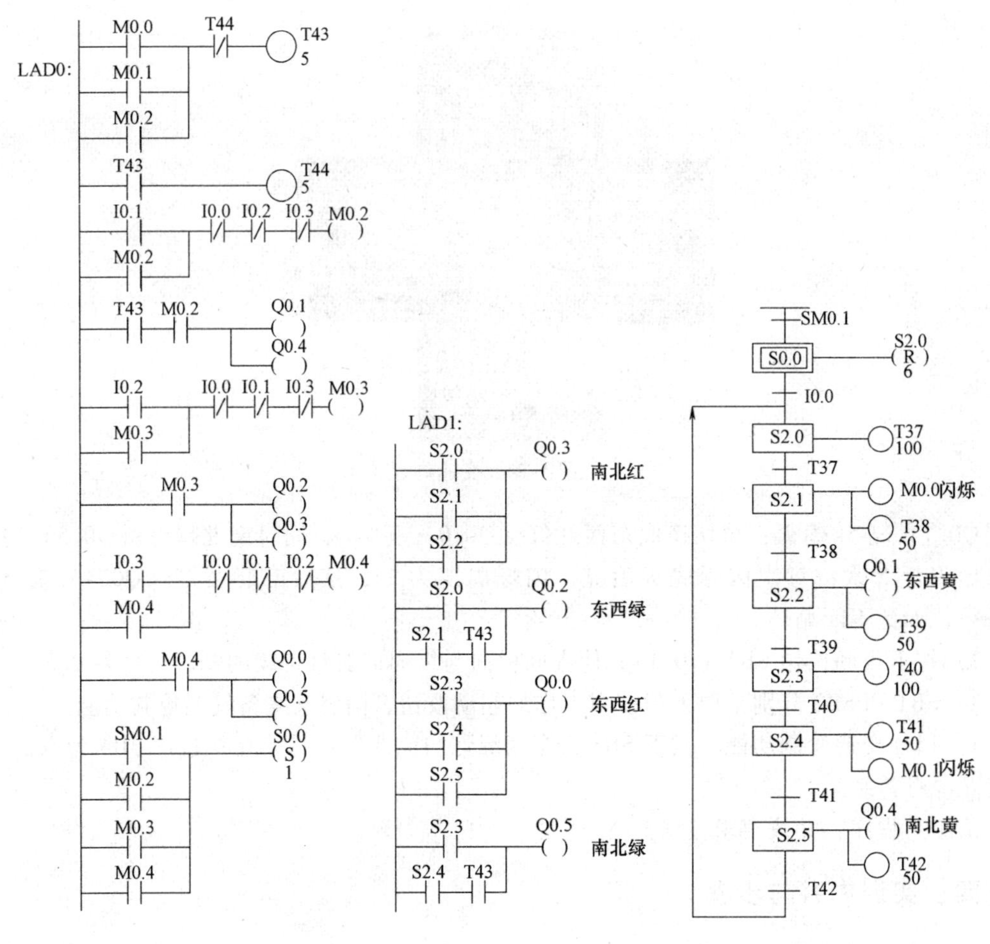

图 5-35　交通灯的顺序控制功能图

态调试，并通过计算机监视，观察其是否与控制要求一致，否则，检查并修改调试程序，直至指示正确。

3）动态调试：按图 5-36 所示的系统接线图正确连接好输出设备，进行 PLC 的模拟动态调试，并通过计算机监视，观察其是否与控制要求一致，否则，检查并修改调试程序，直至指示灯能按控制要求指示正确。

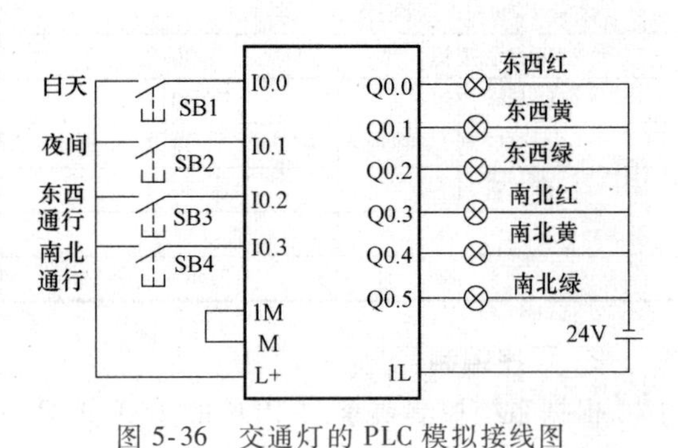

图 5-36　交通灯的 PLC 模拟接线图

五、注意事项

交通灯如果采用发光二极管时，要注意直流电源的极性接法与发光二极管一致。

六、实训思考

如果用并发顺序和选择顺序编制程序，如何实现实训要求？

思考与练习

一、填空题

1. 顺序功能图由______、______和________组成。

2. 步分为______和________。________步用双矩形框表示。

3. 当系统的控制顺序是______时，可以不标注箭头；若控制顺序是______时，必须要标注箭头。

4. 顺序功能图的形式有______、________、__________和__________四种。

5. 步进指令，又称为______指令，其中______和______要求成对使用。

二、单项选择题

1. 状态图中初始步表示初始状态，可以没有动作，用（　　）表示，工作步表示完成一个或多个动作，用（　　）表示。

A. 单线框，双线框　　B. 双线框，单线框

C. 单线框，单线框　　D. 双线框，双线框

2. 下列关于步的说法错误的是（　　）。

A. 步分为初始步和工作步　　B. 每一步中必须有一个或多个特定的动作

C. 初始步表示一个控制系统的初始状态　　D. 一个控制系统必须有一个初始步

3. 画顺序功能图时，下列说法错误的是（　　）。

A. 当系统的控制顺序从上到下时，不必标注箭头

B. 当系统的控制顺序从下到上时，必须标注箭头

C. 选择顺序的转移条件应放在两个双水平线以内

D. 并发顺序的转移条件应放在两个双水平线以外

4. 下列关于功能图的说法不正确的是（　　）。

A. 功能图是由步、转移条件及有向线段组成

B. 初始步表示一个控制系统的初始状态

C. 初始步必须有具体要完成的动作

D. 步与步之间必须有转移条件

5. 下列不符合功能构成规则的是（　　）。

A. 画功能图时，要根据控制系统的具体要求，将控制系统的工作顺序分为若干步，并确定相应的动作

B. 步与步之间用有向线段连接

C. 找出步与步之间的转移条件

D. 确定初始步，用于表示顺序控制的初始状态，系统结束时一般不返回初始状态

6. 下列不是功能图组成的是（　　）。

A. 步　　B. 转移条件　　C. 有向线段　　D. 步进指令

7. 步进指令 LSCR 必须与何指令成对使用（　　）。

A. S　　B. SCRT　　C. SCR　　D. SCRE

8. 在 SCR 段输出时，常用执行 SCR 段的输出操作特殊辅助继电器是（　　）。

A. SM0.0　　B. SM0.1　　C. SM0.4　　D. SM0.5

9. 状态器S作为步进开始的标志位，但只能用（　　）。

A. 1次　　B. 2次　　C. 3次　　D. 4次

10. SCR段程序中能使用指令（　　）。

A. FOR　　B. NEXT　　C. END　　D. LD

三、分析题

1. 利用顺序功能图，编制全自动洗衣机的部分控制程序，工作过程如下：洗衣机接通电源后，按下启动按钮I0.0，进水电磁阀Q0.0线圈通电进水，水位达到检测标志后，水位检测开关I0.1闭合，停止进水，洗涤继电器线圈Q0.1通电开始洗涤，20min后，洗涤结束，排水电磁阀线圈Q0.2通电排水，当水流尽时无水检测开关I0.2闭合，脱水继电器线圈Q0.3通电开始脱水，5min后，脱水结束，进水电磁阀线圈通电进水，重复上述洗涤过程。请完成：①画出顺序功能图；②将功能图转化为步进梯形图。

2. 初始状态下，某压力机的冲压头停在上面，限位开关I0.2为ON，按下起动按钮I0.0，输出继电器Q0.0控制的电磁阀线圈通电，冲压头下行。压到工件后，压力升高，压力继电器动作，使输入继电器I0.1变为ON，用T37保压延时5s后，Q0.0为OFF，Q0.1为ON，上行电磁阀线圈通电，冲压头上行，返回到初始位置时，碰到限位开关I0.2，系统回到初始状态，Q0.1为OFF，冲压头停止上行。画出控制系统的顺序功能图。

3. 现有一个小型的PLC控制系统，实现对某锅炉的鼓风机和引风机进行控制。要求鼓风机比引风机晚12s起动，引风机比鼓风机晚15s停机，其时序波形图如图5-37所示，试编写顺序功能图。

4. 根据Y-△减压起动电路原理，请将如图5-38所示的功能图补画完整。

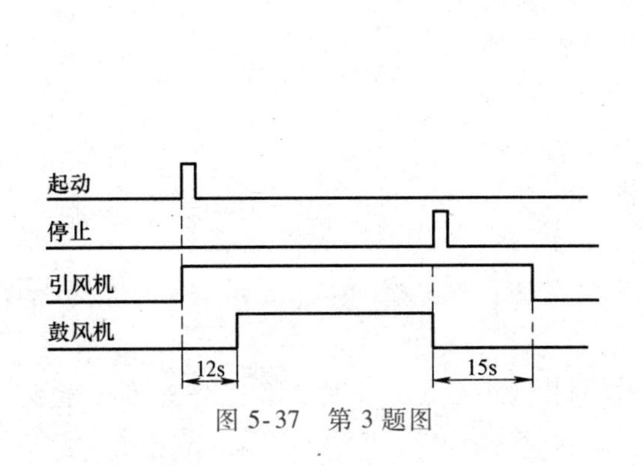

图5-37　第3题图

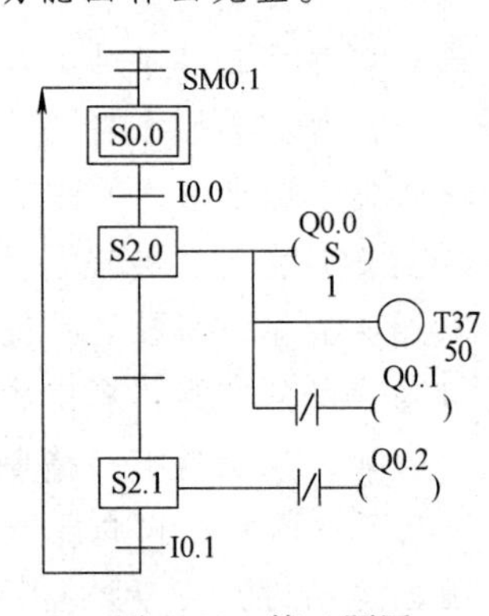

图5-38　第4题图

5. 按下起动按钮SB1后，三只灯HL1、HL2、HL3依次间隔2s顺序循环点亮（每次只能一只灯亮），按下停止按钮SB2后，HL3熄灭后全部停止工作。试编写顺序功能图。

第六章　PLC 的功能指令及编程

基本指令和步进指令是 PLC 最常用的指令，为了满足现代工业控制的需要，PLC 制造商逐步为 PLC 增加了很多功能指令，功能指令使 PLC 具有强大的数据运算和特殊处理功能，从而大大扩展了 PLC 的使用范围。

通过本章的学习，你将熟悉 S7-200 系列 PLC 功能指令的基本规则，并了解常用的功能指令的使用及编程方法。

【知识目标】

1. 了解功能指令的表示方式。
2. 掌握功能指令的功能并进行简单的编程。

【技能目标】

1. 熟悉常用功能指令的基本使用。
2. 会应用功能指令进行编程解决实际问题。

第一节　功能指令的基本规则

一、功能指令的指令格式

功能指令在梯形图中用功能框表示，功能框及指令标识形式如图 6-1 所示。

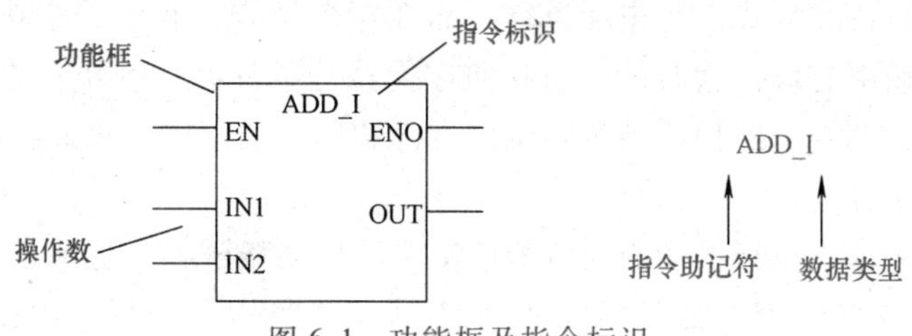

图 6-1　功能框及指令标识

功能框中，指令助记符 ADD 为加法指令，数据类型 I 为整数。IN1、IN2 为源操作数，执行指令后其内容不会改变；OUT 为目标操作数，执行指令后其内容发生改变。EN 为使能输入端，当使能输入端 EN 有效时，执行加法指令；ENO 为使能输出端，它可以作为下一个功能框的输入。

功能指令在语句表中也由助记符和操作数两部分组成。图 6-1 中加法的指令为“+I IN2，OUT”，其中+I 为助记符，表示整数加法；IN2 为源操作数；OUT 为目标操作数。

二、使能输入与使能输出

1. 指令的级联

当功能块在 EN 处有能流而且执行时无错误，则 ENO 状态为 1，ENO 将能流传递给下一

个功能块。如果执行过程中有错误，ENO 状态为 0，能流在出现错误的功能块终止。如图 6-2 所示梯形图中，当 I2.4 的常开触点接通时，能流流到功能块 DIV_ I 的数字量输入端 EN，执行 DIV_ I 指令。梯形图中的“—>|”表示输出是一个可选的能流，用于指令的级连。

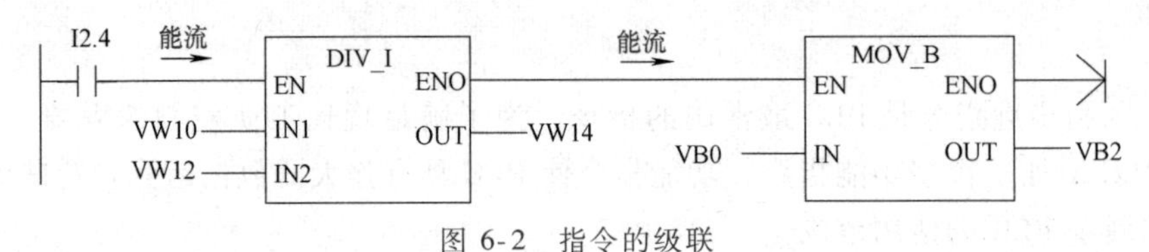

图 6-2 指令的级联

语句表中没有 EN 输入，对于要执行的语句指令，程序中用 AENO（ANDENO）指令访问 ENO，AENO 用来产生与功能块的 ENO 相同的效果。

图 6-2 所示梯形图的语句指令为：

```
LD          I2.4
MOVW        VW10, VW14     //VW10→VW 14
AENO
/I          VW12, VW14     //VW14/VW12→VW14
AENO
MOVB        VB0, VB2       //VB0→VB2
```

2. 执行方式

功能框中以“EN”表示的输入为指令执行的条件。在梯形图中，“EN”连接的为编程软元件触点的组合。从能流的角度出发，当触点组合满足能流达到功能框的条件时，该功能框所表示的指令就得以执行。当功能框 EN 前的执行条件成立时，该指令在每个扫描周期都会被执行一次，这种执行方式称为连续执行。而在很多场合，我们希望功能框只执行一次，即只在一个扫描周期中有效，这时可以用脉冲作为执行条件，这种执行方式称为脉冲执行。连续执行或脉冲执行的结果因功能指令的不同有的相同有的不同，因此在编程时必须给功能框设定合适的执行条件。

必须有能流输入才能执行的功能块（有 EN 端子）或线圈指令称为条件输入指令，它们不能直接连接到左侧母线上。如果需要无条件执行这些指令，可以用接在左侧母线上的 SM0.0 的常开触点来驱动它们。

有的线圈或功能块的执行与能流无关，例如步进指令的 SCR 无 EN 端子，称为无条件输入指令，应将它们直接接在左侧母线上。

不能级连的指令块没有 ENO 输出端和能流流出。例如 JMP、LBL 等指令。

三、数据的类型

S7-200 的数据格式和取值范围见表 6-1。

四、运算结果标志位

算数运算指令可以进行“+”“-”“×”“÷”等运算，运算结果影响标志位。

SM1.0：当执行某些指令，其结果为 0 时，将该位置 1；

SM1.1：当执行某些指令，其结果溢出或为非法数值时，将该位置1；

SM1.2：当执行数学运算指令，其结果为负数时，将该位置1；

SM1.3：试图除以0时，将该位置1。

表6-1　数据格式和取值范围

数据格式	数据长度	数据类型	取值范围
位 BOOL	1位	布尔数	ON(1);OFF(0)
字节 BYTE	8位	无符号整数	0~255;16#0~FF
整数 INT	16位	有符号整数	-32 768~+32 767;16#8000~7FFF
字 WORD	16位	无符号整数	0~65 535;16#0~FFFF
双整数 DINT	32位	有符号整数	-2 147 483 648~+2 147 483 647;16#8000 0000~7FFF FFFF
双字 DWORD	32位	无符号整数	0~4 294 967 295;16#0~FFFF FFFF

第二节　功能指令及编程实例

S7-200的功能指令主要包含数据处理指令、运算指令、程序控制类指令和特殊指令等。

一、数据传送指令（MOV）

传送指令用来完成各存储单元之间进行一个或多个数据的传送。可分为单一传送指令和块传送指令。几种数据传送指令的指令形式及功能如表6-2所示。

表6-2　数据传送指令的指令形式及功能

			输入/输出	功能	数据类型
单一传送	梯形图	MOV_□：EN、ENO、IN、OUT	IN/OUT	使能输入有效时，把一个单字节数据（字、双字或实数）由IN传送到OUT所指的存储单元	字节（字、双字、实数）
	指令	MOV□　IN,OUT			
块传送	梯形图	BLKMOV_□：EN、ENO、IN、N、OUT	IN,N/OUT	把从IN开始的*N*个字节（字或双字）型数据传送到OUT开始的*N*个字节（字或双字）存储单元。*N*的范围为1~255	输入、输出均为字节（字、双字），*N*为字节
	指令	BM□　IN,OUT,N			

注：方框"□"处可为B、W、DW（LAD中为DW，STL中为D）、R。

传送指令使用说明如下：

```
LD      I0.0             //I0.0有效时执行下面操作
MOVB  VB100, VB200      //字节VB100中的数据传送到字节VB200中
MOVW  VW110, VW210      //字VW110中的数据送到字VW210中
MOVD  VD120, VD220      //双字VD120中的数据送到双字VD220中
```

```
BMB    VB130, VB230, 4     //字节 VB130 开始的 4 个连续字节中的数据送到
                           //VB230开始的 4 个连续字节存储单元中
BMW    VW140, VW240, 4     //字 VW140 开始的 4 个连续字中的数据送到字 VW240
                           //开始的 4 个连续字存储单元中
BMD    VD150, VD250, 4     //双字 VD150 开始的连续 4 个双字中的数据送到双字
                           //VD250 开始的 4 个连续双字存储单元中
```

例 6-1 如图 6-3 所示电路为Y-△减压起动控制线路，控制要求为：接通电源，按下起动按钮 SB1，电源接触器 KM1 和Y联结接触器 KM2 同时得电，电动机Y联结减压起动，10s 后 KM2 线圈失电，△联结接触器 KM3 得电，电动机△联结全压运行，按下停止按钮 SB2 或电动机过载，电动机立即停止。试用数据传送指令编写其梯形图。

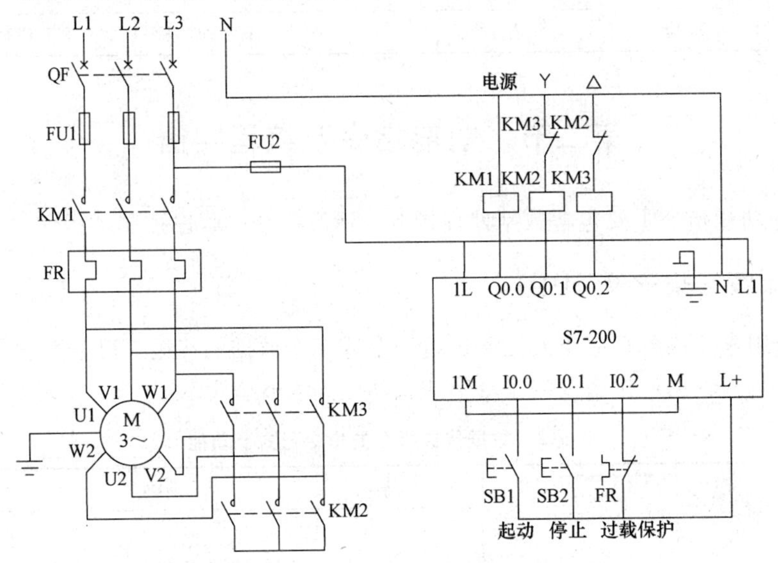

图 6-3 Y-△减压起动控制线路

解： Y-△减压起动元件及传送控制数据如表 6-3 所示。

表 6-3 Y-△减压起动过程和传送控制数据

操作元件	状态	输入端子	输出端口/负载			传送数据
			Q0.2/KM3	Q0.1/KM2	Q0.0/KM1	
SB1	Y形起动，T37 延时 10s	I0.0	0	1	1	3
	T37 延时到，△接法运转		1	0	1	5
SB2	停止	I0.1	0	0	0	0
FR	过载保护	I0.2	0	0	0	0

用数据传送指令实现电动机Y-△减压起动的控制梯形图如图 6-4 所示。

【想想练练】

1. 图 6-4 所示的程序，当△形接法运行时，定时器 T37 一直在运行，若编程时将 T37 前串联 Q0.2 的常闭触点，请分析程序是否完整。

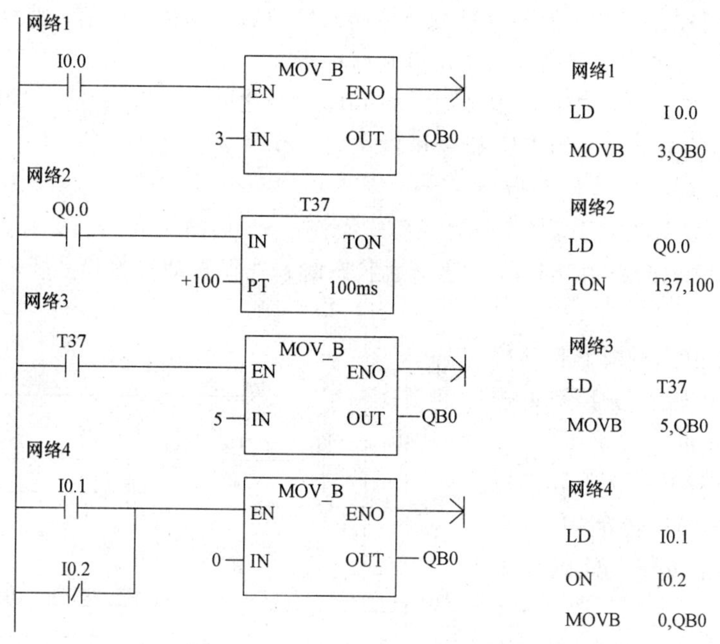

图 6-4　Y-△减压起动控制梯形图

2. 请你用传送指令编写一个实现电动机起保停的程序。

3. 请你用传送指令编写一个实现电动机点动与连续的程序。

二、跳转指令（JMP 和 LBL）

跳转指令属于程序控制类指令，利用跳转指令可以用来选择执行指定的程序段，跳过暂时不需要执行的程序段。跳转指令由跳转指令（JMP）和标号指令（LBL）组成，二者必须配合使用，缺一不可。跳转指令格式如表 6-4 所示。

表 6-4　跳转指令的指令形式与功能

指令名称	梯形图	STL	功能	操作数 N
跳转指令	N —(JMP)	JMP N	当输入端有效时，使程序跳转到标号处执行	常数(0~255)(字型)
标号指令	N LBL	LBL N	指令跳转的目标标号	

使用跳转指令的注意事项：

1）跳转指令与标号指令必须位于同一个程序块中，即同时位于主程序（或子程序、中断程序）内。

2）执行跳转后，被跳过的程序段中的各元件状态如下：

① Q、M、S、C 等元件的位保持跳转前的状态。

② 计数器 C 停止计数，当前值存储器保持跳转前的计数值。

③ 对定时器，因刷新方式不同而工作状态不同。在跳转期间，分辨率为 1ms 和 10ms 的定时器会一直保持跳转前的工作状态，原来工作的继续工作，到设定值后其位的状态也会改变，输出触点动作，其当前值存储器一直累计到最大值 32767 才停止。对分辨率为 100ms 的

定时器，跳转期间停止工作，但不会复位，存储器里的值为跳转时的值。跳转结束后，如输入条件允许，可继续计时，但已失去了准确计时的意义。

3）JMP 指令跳过位于 JMP 和编号相同的 LBL 指令之间的所有指令。

4）编号相同的两个以上的 JMP 指令可以在同一程序中出现，但是，同一程序中不允许出现两个或多个相同编号的 LBL 指令。

例 6-2 某台设备具有手动/自动两种模式操作，SA 是操作模式选择开关，当 SA 处于断开时，选择手动操作模式；当 SA 处于接通状态时，选择自动操作模式，不同模式的进程如下。

1）手动操作模式：按下起动按钮 SB2，电动机运转；按下停止按钮 SB1，电动机停止。

2）自动操作模式：按下起动按钮 SB2，电动机连续运转 60s 后，自动停止；按下停止按钮 SB1 时，电动机立即停止。

手动/自动转换控制电路如图 6-5所示，试编写其控制程序。

解：手动/自动控制梯形图与指令表如图 6-6 所示。

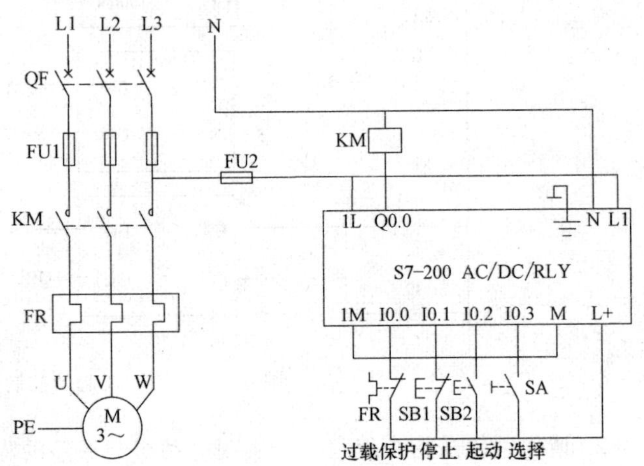

图 6-5 手动/自动转换控制电路

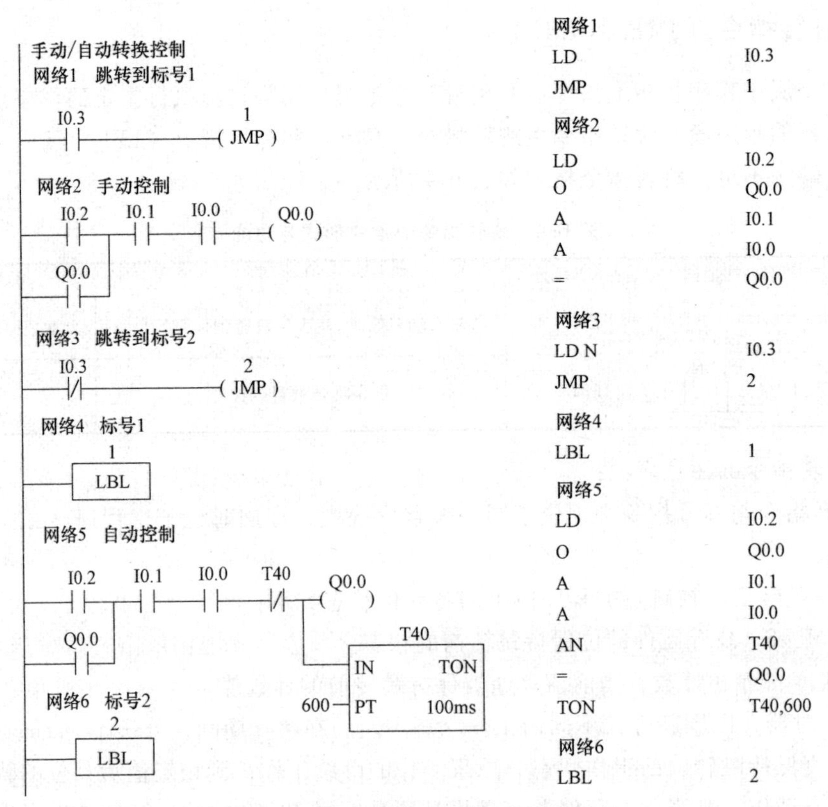

图 6-6 手动/自动控制梯形图和指令表

【想想练练】

如图6-7所示的梯形图程序中，请分析程序所实现的功能。

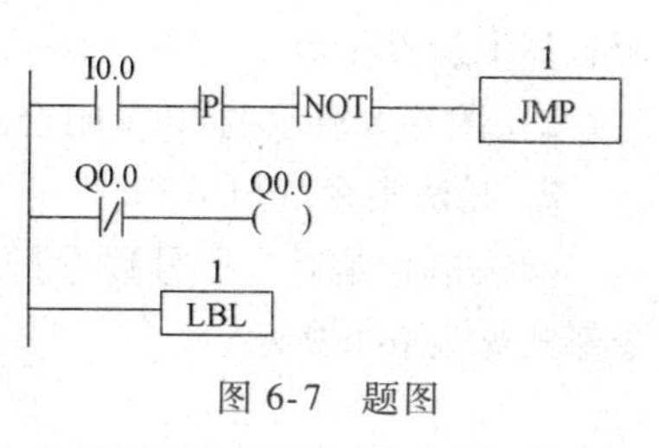

图6-7　题图

三、算数运算指令

算数指令可以进行"+""-""×""÷"等运算，S7-200系列PLC对算数指令用LAD编程时，IN1、IN2和OUT可以使用不一样的存储单元，这样编写的程序比较清晰易懂，但在用STL方式编程时，OUT要和其中的一个操作数使用同一个存储单元。

1. 加法指令（ADD）

加法指令是对有符号数进行相加操作，包括整数加法、双整数加法和实数加法。加法指令格式如表6-5所示。

加法指令使用举例如图6-8所示。

当I0.0触点闭合时，P触点接通一个扫描周期，ADD_ I和ADD_ DI指令同时执行。ADD_ I指令将VW10单元中的整数（16位）与+200相加，结果送入VW30单元中；ADD_ DI指令将MD0、MD10单元中的双整数（32位）相加，结果送入MD20单元中。当I0.1触点闭合时，ADD_ R指令执行，将AC0、AC1单元中的实数（32位）相加，结果保存在AC1单元中。

表6-5　加法指令的指令形式与功能

梯形图	指令表	功能描述		数据类型
		LAD	STL	
ADD_□ EN ENO IN1 OUT IN2	+□　IN2, OUT	IN1+IN2=OUT	OUT +IN2 =OUT	整数加法时，输入输出均为INT； 双整数加法时，输入输出均为DINT； 实数加法时，输入输出均为REAL

注："□"处可为I、DI（LAD中用DI，STL中用D）、R。

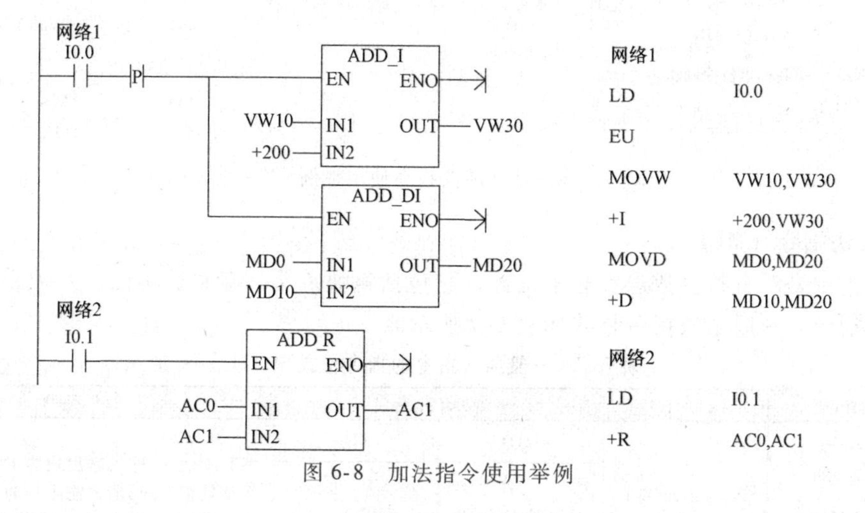

图6-8　加法指令使用举例

使用注意事项：

1）从STL指令表可以看出，IN1、IN2和OUT操作数的地址不相同时，加法指令的格式用两条指令（MOV IN1，OUT和+I IN2，OUT）来描述；当IN1（或IN2）= OUT时，加法指令执行+I IN2（或IN1），OUT，此时该指令节省一条数据传送指令，本规律适用于所有算术运算指令。

2）图6-8所示的I0.1闭合时，每个周期都会进行加法运算。

2. 减法指令（SUB）

减法指令是对有符号数进行相减操作，它包括整数减法、双整数减法和实数减法。其指令格式见表6-6所示。

表6-6 减法指令的指令形式与功能

梯形图	指令表	功能描述		数据类型
		LAD	STL	
ADD_□ EN ENO IN1 OUT IN2	-□ IN2,OUT	IN1-IN2=OUT	OUT-IN2=OUT	整数减法时，输入输出均为INT； 双整数减法时，输入输出均为DINT； 实数减法时，输入输出均为REAL

注："□"处可为I、DI（LAD中用DI，STL中用D）、R。

减法指令使用如图6-9所示。当I0.1接通时，常数+300传送到变量存储器VW10中，常数+1200传送到VW20；当I0.2接通时，执行减法指令，VW10中的数据+300与VW20中的数据+1200相减，运算结果-900存储到变量存储器VW30中。由于结果为负，影响负数标志位SM1.2状态为1，辅助继电器Q0.0通电。

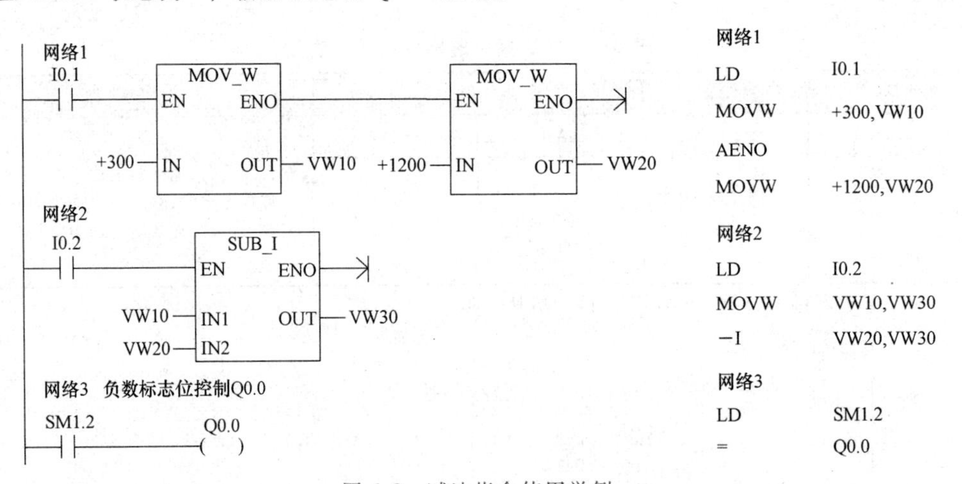

图6-9 减法指令使用举例

3. 乘法指令（MUL）

乘法指令是对有符号数进行相乘运算，它包括整数乘法、双整数乘法、实数乘法和完全整数乘法指令。一般乘法指令格式如表6-7所示。

表6-7 一般乘法指令的指令格式与功能

梯形图	指令表	功能描述		数据类型
		LAD	STL	
MUL_□ EN ENO IN1 OUT IN2	* □ IN2,OUT	IN1×IN2=OUT	OUT×IN2=OUT	整数乘法时，输入输出均为INT； 双整数乘法时，输入输出均为DINT； 实数乘法时，输入输出均为REAL

注："□"处可为I、DI（LAD中用DI，STL中用D）、R。

完整整数乘法指令是将两个单字长（16位）的符号整数IN1和IN2相乘，产生一个32位双整数结果送到OUT指定的存储器单元。其指令格式如表6-8所示。

表6-8 完整整数乘法指令格式与功能

梯形图	指令表	功能描述		数据类型
		LAD	STL	
MUL EN ENO IN1 OUT IN2	MUL IN2,OUT	IN1×IN2 =OUT	OUT×IN2 =OUT	输入为INT； 输出为DINT； 实数乘法时，输入输出均为REAL

整数乘法指令的应用如图6-10所示

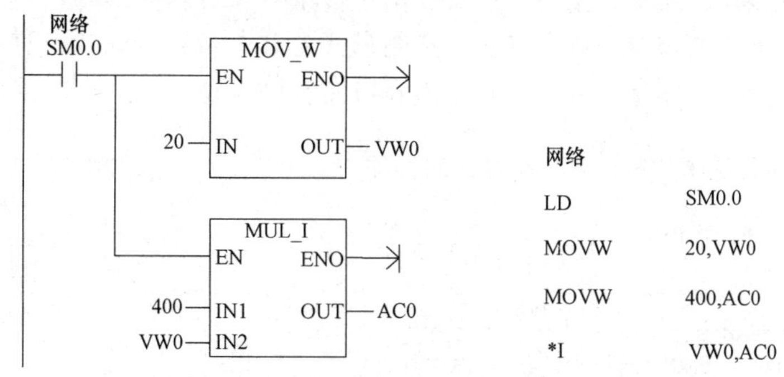

图6-10 乘法指令的应用

4. 除法指令（DIV）

除法指令是对有符号数进行除法运算，包括整数除法、双整数除法、实数除法和完全整数除法指令。一般除法指令格式如表6-9所示。

表6-9 一般除法指令格式与功能

梯形图	指令表	功能描述		数据类型
		LAD	STL	
DIV_□ EN ENO IN1 OUT IN2	/□ IN2,OUT	IN1/IN2=OUT 不保留余数	OUT /IN2=OUT 不保留余数	整数除法时，输入输出均为INT； 双整数除法时，输入输出均为DINT； 实数除法时，输入输出均为REAL

注：“□”处可为I、DI（LAD中用DI，STL中用D）、R。

完全整数除法指令是将两个16位的符号整数相除，产生一个32位结果，其中低16位为商，高16位为余数。完全整数除法指令如表6-10所示。

表6-10 完全整数除法指令格式与功能

梯形图	指令表	功能描述		数据类型
		LAD	STL	
DIV EN ENO IN1 OUT IN2	DIV IN2,OUT	IN1/IN2=OUT	OUT/IN2=OUT	输入为INT； 输出为DINT； 实数除法时，输入输出均为REAL

完全整数除法运算如图6-11所示。被除数存储在变量存储器VW0中，除数存储在VW10中，当I0.0接通，执行除法指令，运算结果存储在VD20中，其中商存储在VW22，余数存储在VW20中。

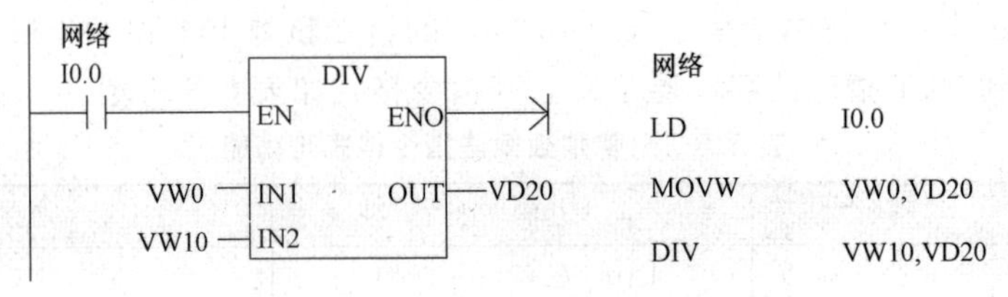

图 6-11　完全整数除法

乘法指令和除法指令使用时要注意：

1）整数数据做乘 2 运算，相当于其二进制形式左移 1 位；做乘 4 运算，相当于其二进制形式左移 2 位；乘 2^N 运算，相当于其二进制形式左移 N 位。

2）整数数据做除 2 运算，相当于其二进制形式右移 1 位；做除 4 运算，相当于其二进制形式右移 2 位；除 2^N 运算，相当于其二进制形式右移 N 位。

例 6-3　编写实现 $Y=\frac{X+30}{6}\times2-8$ 运算的程序。

解：程序如图 6-12 所示。

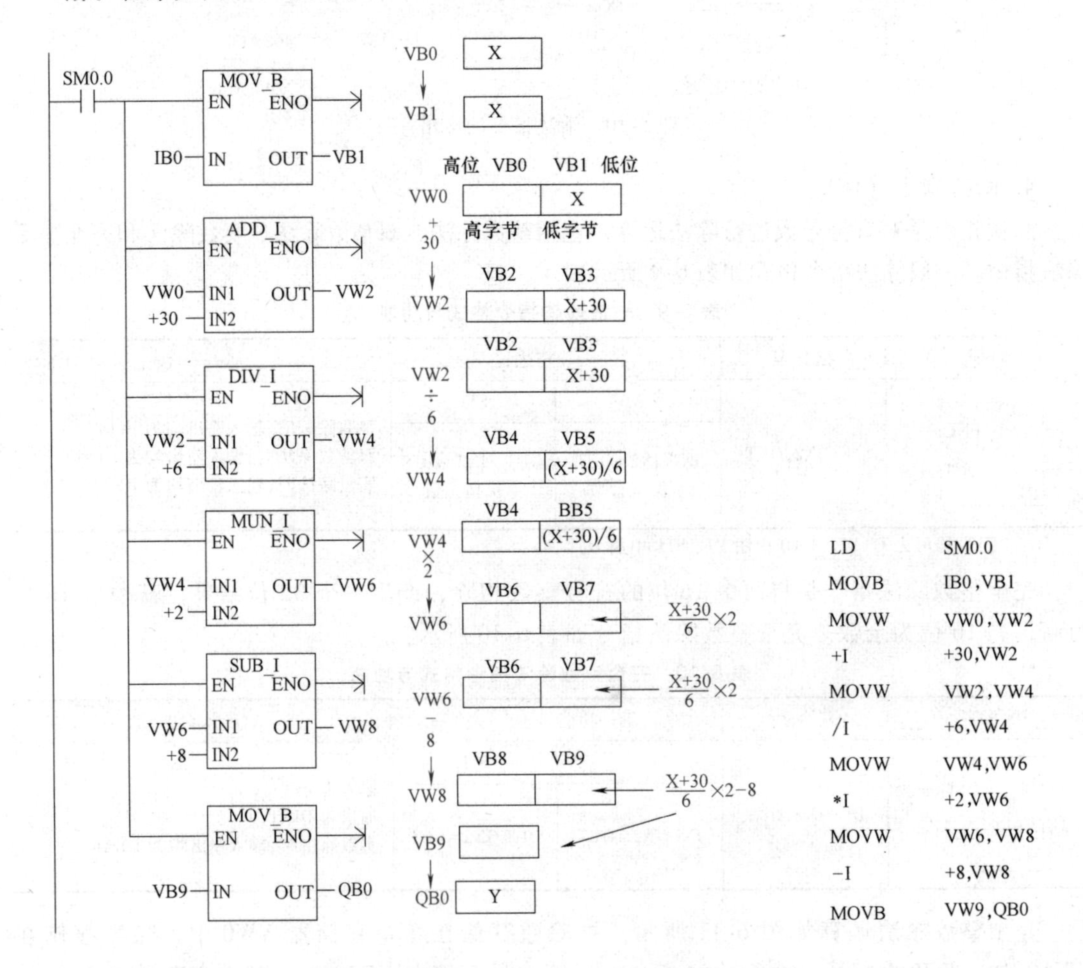

图 6-12　四则混合运算程序

【想想练练】

执行如图6-13所示程序后，VW100～VW106的输出结果为多少？

四、比较指令

比较指令属于数据处理类指令，是将两个数值按指定条件进行比较，当条件满足时，比较触点接通，否则比较触点分断。多用于上下限控制及数值条件的判断。

比较指令的类型有字节比较、整数（字）比较、双整数（字）比较、实数比较和字符串比较五种类型。

数值比较指令的运算符有："= ="（等于）、">"（大于）、">="（大于等于）、"<"（小于）、"<="（小于等于）和"<>"（不等于）六种，而字符串比较指令的运算符只有："= ="（等于）和"<>"（不等于）两种。

对比较指令可进行LD、A和O编程，其格式与功能如表6-11所示。表中以">="为例，其他指令类似。

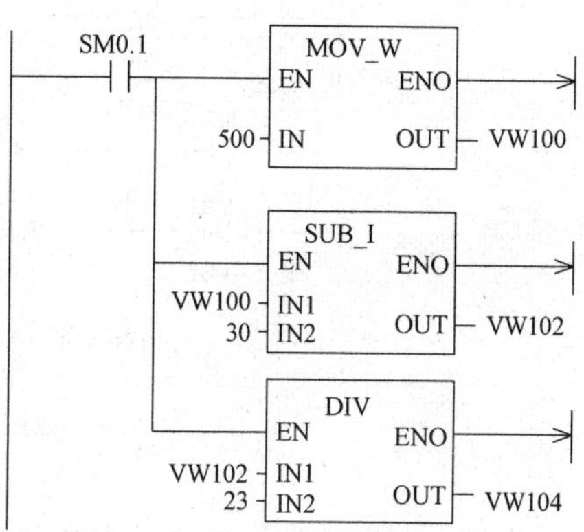

图6-13　算数运算程序

表6-11　比较指令格式与功能

指令名称	梯形图	指令表	功能	操作数范围
字节比较	IN1 ─┤>=B├─ IN2	LDB>=IN1,IN2 AB>=IN1,IN2 OB>=IN1,IN2	当IN1≥IN2时，">=B"触点闭合	无符号数的整数字节
整数比较	IN1 ─┤>=I├─ IN2	LDW>=IN1,IN2 AW>=IN1,IN2 OW>=IN1,IN2	当IN1≥IN2时，">=I"触点闭合	16#8000～7FFF
双整数比较	IN1 ─┤>=D├─ IN2	LDD>=IN1,IN2 AD>=IN1,IN2 OD>=IN1,IN2	当IN1≥IN2时，">=D"触点闭合	16#80000000～7FFFFFFF
实数比较	IN1 ─┤>=R├─ IN2	LDR>=IN1,IN2 AR>=IN1,IN2 OR>=IN1,IN2	当IN1≥IN2时，">=R "触点闭合	-1.175495×10^{-38}～$+3.402823\times10^{38}$

比较指令的使用说明如图6-14所示。

网络1中，当计数器C30中的当前值大于等于30时，Q0.0为ON；网络2中，当I0.0接通后，若VD1中的实数小于95.8，Q0.1为ON；网络3中，VB1中的值大于VB2的值或I0.1为ON时，Q0.2为ON。

例6-4　有一PLC控制的自动仓库，其最大装货量为600，在装货数量达到600时入仓

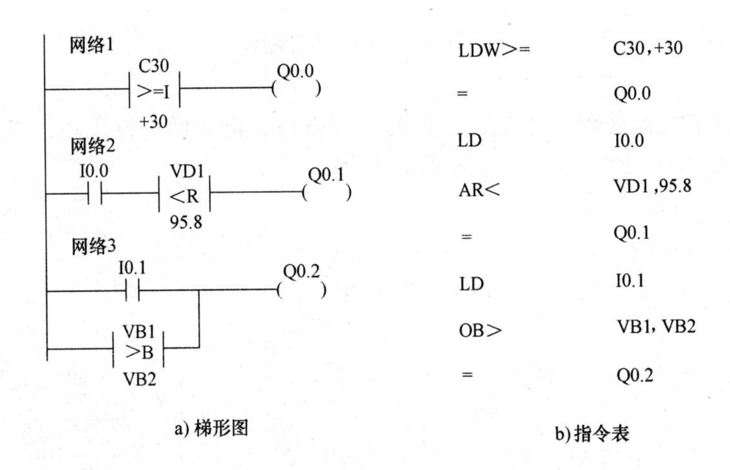

图 6-14 比较指令使用

门自动关闭，在出货时货物数量为 0 时自动关闭出仓门，仓库采用一只指示灯来指示是否有货，灯亮表示有货。设计其 PLC 控制程序。

解： I/O 地址分配如表 6-12。

表 6-12 I/O 地址分配

输入端子			输出端子		
入仓检测	出仓检测	计数器清零	有货指示	关闭入仓门	关闭出仓门
I0. 0	I0. 1	I0. 2	Q0. 0	Q0. 1	Q0. 2

梯形图如图 6-15 所示。

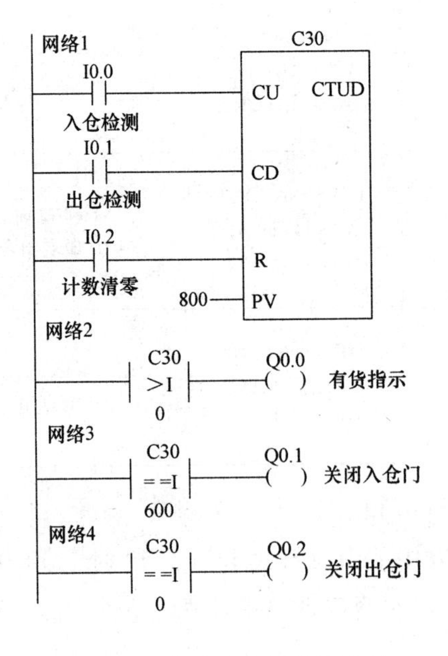

图 6-15 自动仓库管理梯形图

【想想练练】

应用比较指令产生断电 6s、通电 4s 的脉冲周期信号，从 Q0.0 端口输出。

五、加 1/减 1 指令（INC/DEC）

加 1（减 1）指令是将 IN 端指定单元的数加 1（减 1）后存入 OUT 端指定的单元中，它可分为字节加 1（减 1）指令、字加 1（减 1）指令和双字加 1（减 1）指令。

加 1/减 1 指令的说明如表 6-13 所示。

表 6-13　加 1/减 1 指令的指令形式与功能

	梯形图	指令表	功能描述		数据类型
			LAD	STL	
加 1 指令	DEC_□ EN　ENO IN　OUT	INC□　OUT	IN+1=OUT	OUT+1=OUT IN 与 OUT 使用同一存储单元	字节增（减）指令输入输出均为字节 字增（减）指令输入输出均为 INT 双字增（减）指令输入输出均为 DINT
减 1 指令	DEC_□ EN　ENO IN　OUT	DEC□　OUT	IN-1=OUT	OUT-1=OUT IN 与 OUT 使用同一存储单元	

注："□"处可为 B、W、DW（LAD 中为 DW，STL 中为 D）。

加 1/减 1 指令使用说明如图 6-16 所示。

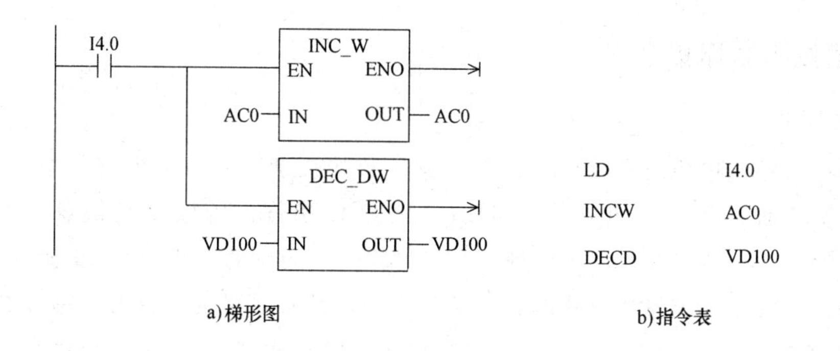

图 6-16　加 1/减 1 指令使用说明

例 6-5　应用加 1/减 1 指令调整 QB0 的状态，要求 QB0 的初始状态为 7，状态调整范围为 5~10。试编写相应的 PLC 程序。

解： PLC 程序如图 6-17 所示。

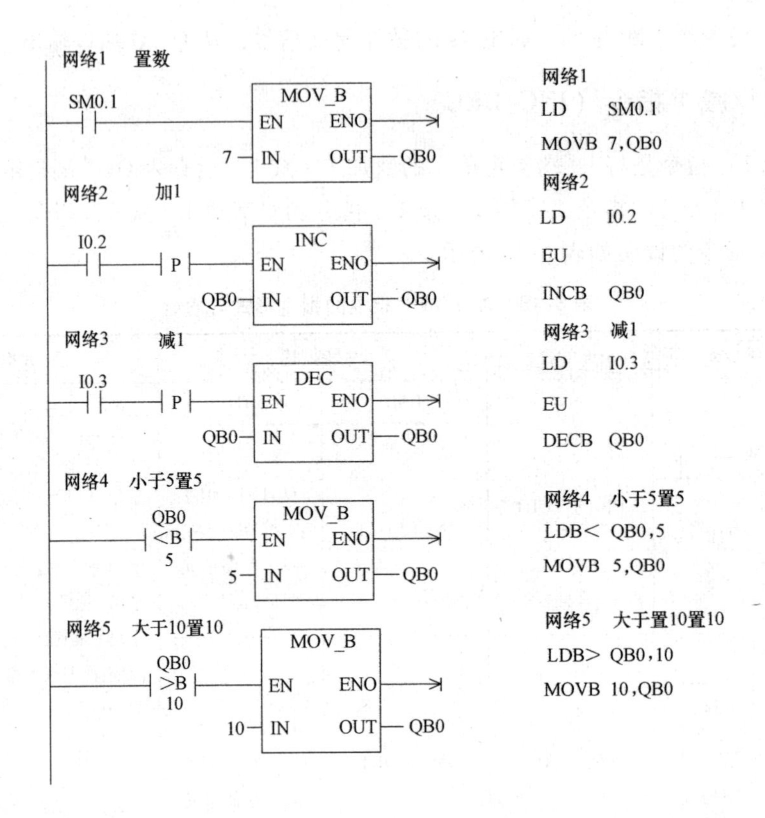

图 6-17 加 1 减 1 指令应用

【想想练练】

执行如图 6-18 所示程序 1min 后，变量寄存器 VW2 的数值为多少？

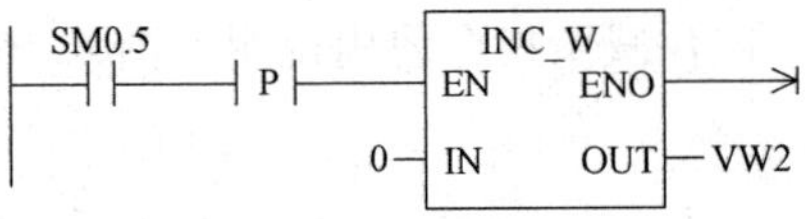

SM0.5　P　INC_W　EN　ENO　0 IN　OUT VW2

图 6-18 题图

六、移位与循环指令

1. 移位指令

移位指令包括左移位与右移位。根据所移位数的长度不同可分为字节型、字型和双字型。移位数据存储单元的移出端与 SM1.1（溢出）相连，所以最后被移出的位被放到 SM1.1 位存储单元。移位时，移出位进入 SM1.1，另一端自动补 0。SM1.1 始终存放最后一次被移出的位。移位次数与移位数据的长度有关。如果所需移位次数大于移位数据的位数，则超出次数无效。如字左移时，若移位次数设定为 20，则指令实际执行结果只能移位 16 次，而不是设定值 20 次。如果移位操作使数据变为 0，则零存储器标志位（SM1.0）自动置位。移位指令使用说明如表 6-14 所示。

移位指令在使用 LAD 编程时，OUT 可以是和 IN 不同的存储单元，但在使用 STL 编程时，因为只写一个操作数，所以实际上 OUT 就是移位后的 IN。

如图 6-19 为左移指令的使用说明。

表 6-14　移位指令的指令形式与功能

	梯形图	指令表	功能描述	数据类型
右移位	SHR_□ EN ENO IN N OUT	SR□ OUT,N	把字节型(字型或双字型)输入数据 IN 右移/左移 *N* 位后,再将结果输出到 OUT 所指的字节(字或双字)存储单元。最大实际可移位次数为 8 位(16 位或 32 位)	输入输出均为字节(字或双字),*N* 为字节型数据
左移位	SHL_□ EN ENO IN N OUT	SL□ OUT,N		

注:"□" 处可为 B、W、DW (LAD 中为 DW, STL 中为 D)。

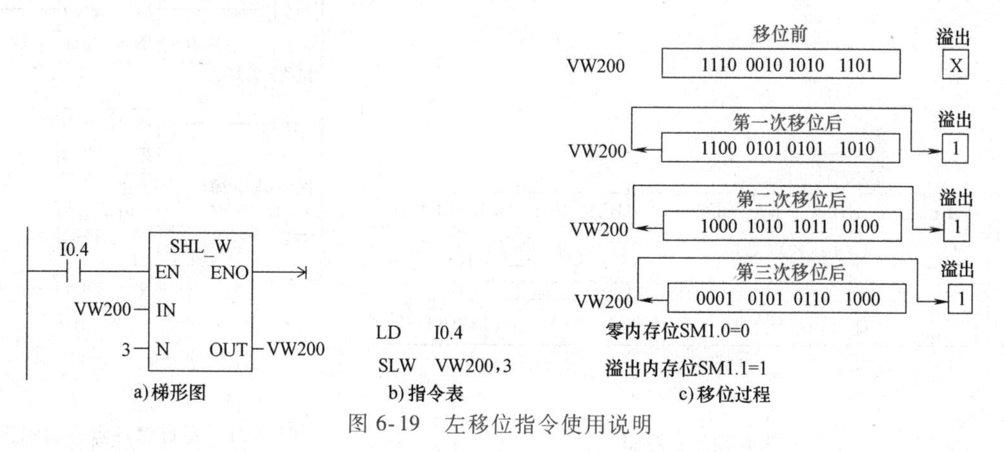

图 6-19　左移位指令使用说明

2. 循环移位指令

循环移位指令包括循环左移和循环右移，循环移位位数的长度分别为字节、字或双字。循环数据存储单元的移出端与另一端相连，同时又与 SM1.1 相连，所以最后被移出的位移到另一端的同时，也被放到 SM1.1 位存储单元。SM1.1 始终存放最后一次被移出的位，移位次数与移位数据的长度有关。移位指令使用说明如表 6-15 所示。

表 6-15　循环移位指令的指令形式与功能

	梯形图	指令表	功能描述	数据类型
循环右移	ROR_□ EN ENO IN N OUT	RR□ OUT,N	把字节型(字型或双字型)输入数据 IN 循环右移/左移 *N* 位后,再将结果输出到 OUT 所指的字节(字或双字)存储单元。实际移位次数为系统设定值取以 8 位(16 位或 32 位)为底的模所得的结果	输入输出均为字节(字或双字),*N* 为字节型数据
循环左移	ROL_□ EN ENO IN N OUT	RL□ OUT,N		

注:"□" 处可为 B、W、DW。

循环右移位指令使用说明

```
LD      I0.0        //I0.0 有效时执行下面操作
RRW     VW0.3       //循环右移指令
```

例 6-6 如图 6-20 有八个彩灯，要求从 HL0 开始循环点亮，每次只亮一只灯，每只灯亮 1s，循环往复。编写 PLC 梯形图。

解： PLC 程序如图 6-21 所示。

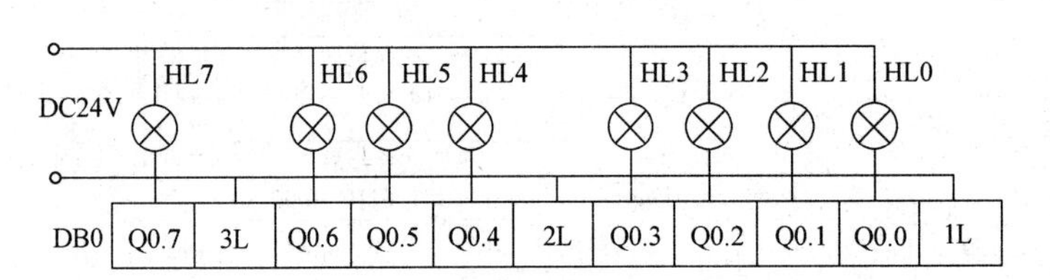

图 6-20 彩灯图

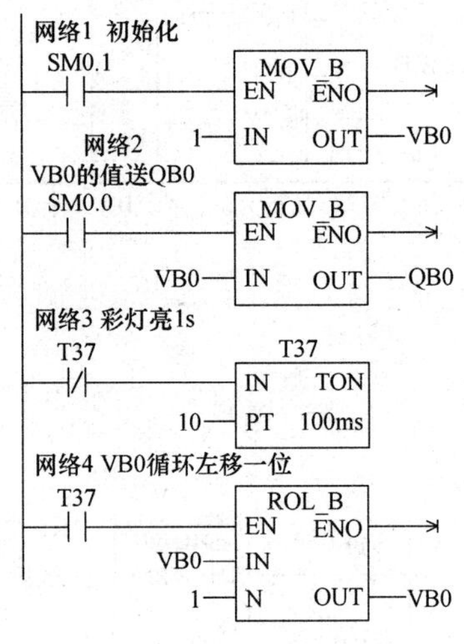

图 6-21 彩灯循环点亮梯形图

【想想练练】

编程使得 Q0.0~Q0.7 上的八个彩灯循环移位，从左到右以 0.5s 速度依次点亮，保持任意时刻只有一个指示灯亮，到达最右端后，再从左到右依次点亮。

3. 移位寄存器指令（SHRB）

移位寄存器指令是一个移位长度可指定的移位指令，其指令格式如表 6-16 所示。

表 6-16 移位寄存器的指令格式及功能

梯形图	指令表	功能描述	数据类型
SHRB EN ENO I1.2—DATA M2.0—S_BIT 8—N	SHRB I1.2, M2.0, 8	指令执行时，将梯形图中数据输入位 DATA 的值移入移位寄存器，S_BIT 为移位寄存器的最低位地址，字节型变量 N 指定移位寄存器的长度和移位方向，正向移位时 N 为正，反向移位时 N 为负。指令移出位被传送到溢出位 SM1.1	位

注："□" 处可为 B、W、DW。

移位寄存器的使用说明如图 6-22 所示。

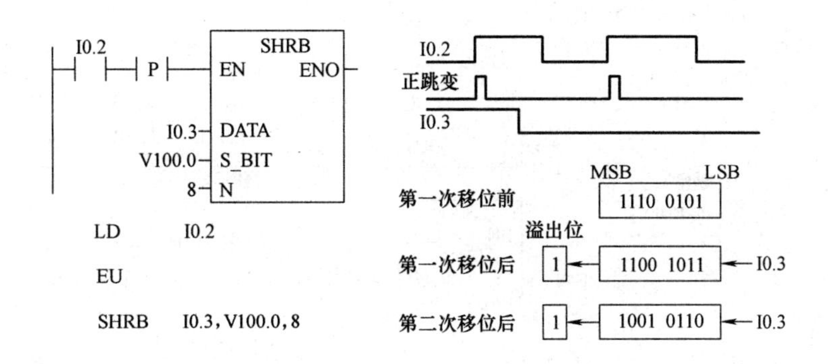

图 6-22　移位寄存器指令

七、七段编码指令（SEG）

七段编码指令 SEG 专用于 PLC 输出端外接七段数码管的显示控制，其指令格式如表 6-17所示。

表 6-17　SEG 指令的指令形式与功能

梯形图	指令表	功能描述	数据类型
SEG EN　ENO IN　OUT	SEG　IN, OUT	将字节型输入数据 IN 的低 4 位有效数字产生相应的七段码，并将其输出到 OUT 所指定的字节单元。编码范围为十六进制的 0~F	IN、OUT 为字节

七段码编码表如表 6-18 所示。

表 6-18　七段数码显示表

段显示	—g f e d c b a	段显示	—g f e d c b a
0	0 0111111	8	01111111
1	0 0000110	9	01100111
2	0 1111011	a	01110111
3	0 1001111	b	01111100
4	0 1100110	c	00111001
5	0 1101101	d	01011110
6	0 1111101	e	01111001
7	0 0000111	f	01110001

a
f　g　b
e　d　c

例 6-7　编写实现用七段码显示数字“5”的程序。

解：PLC 程序如图 6-23 所示。

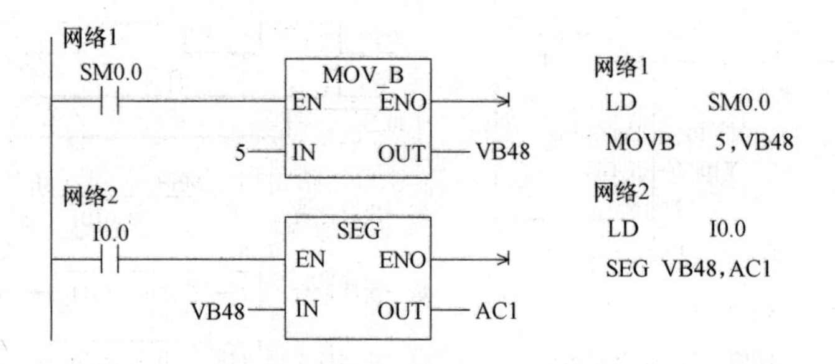

图 6-23 数字 5 显示程序

八、BCD 码转换指令（IBCD）

要想正确的显示十进制数，必须先用 BCD 码转换指令 IBCD 将二进制的数据转换成 8421BCD 码，再利用 SEG 指令编成七段显示码。

其指令格式如表 6-19 所示

表 6-19 IBCD 指令的指令形式与功能

梯形图	指令表	功能描述	数据范围
I_BCD EN ENO IN OUT	IBCD OUT	将整数输入数据 IN 转换成 BCD 码类型，并将结果送到 OUT 输出	输入数据 IN 的范围为 0 ~9999。输入输出均为字

IBCD 指令使用说明如图 6-24 所示。

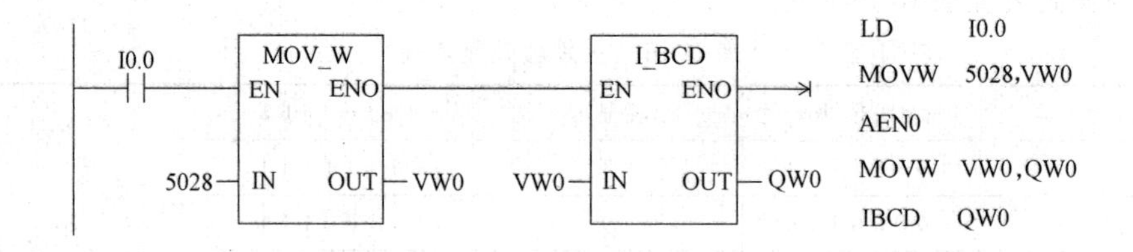

图 6-24 BCD 转换指令 IBCD 应用

此时 VW0 中存储的是二进制数据 $(0001001110100100)_2$，而 QW0 中存放的是 $(0101000000101000)_{8421BCD}$。

九、循环指令（FOR 和 NEXT）

循环指令包括循环开始和循环结束两条指令。当需要某个程序段反复执行多次时，可以使用循环指令。循环指令使用格式如表 6-20 所示。

表 6-20　循环指令的指令形式及功能

	梯形图	指令表	功能描述	数据类型
循环开始指令 FOR	FOR: EN, ENO, INDX, INIT, FINAL	FOR INDX, INIT, FINAL	循环程序段开始，INDX 端指定单元用作对循环次数进行计数，INIT 端为循环起始值，FINAL 端为循环结束值	INDX, INIT, FINAL 均为 INT 型
循环结束指令 NEXT	(NEXT)	NEXT	循环程序段结束	

循环指令使用说明如图 6-25 所示。

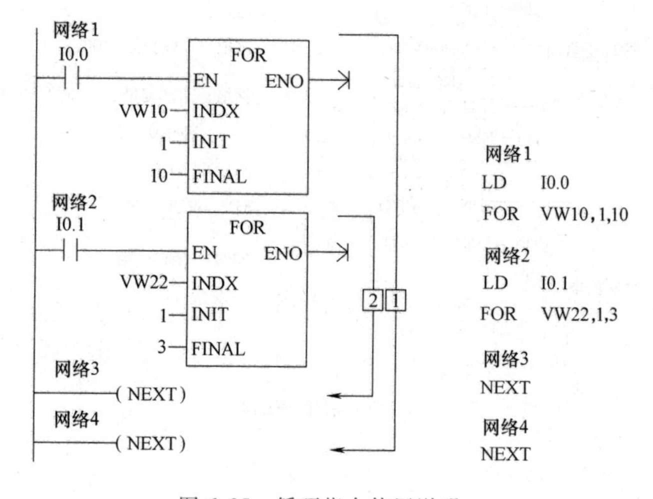

图 6-25　循环指令使用说明

该程序中有两个循环程序段，循环程序段 2 处于循环程序段 1 内部，这种一个程序段包含另一程序段的形式称为嵌套。

图中当 I0.0 触点闭合时，循环程序段 1 开始执行。如果在 I0.0 触点闭合期间 I0.1 触点也闭合，那么在循环程序段 1 执行一次时，内部嵌套循环程序段 2 需要反复执行三次。循环程序段 2 每执行完一次后，INDX 端指定单元 VW22 中的值会自动增 1（在第一次执行 FOR 指令时，INIT 值会传送给 INDX）；循环程序段 2 执行三次后，VW22 中的值由 1 增到 3，然后程序执行网络 4 的 NEXT 指令，该指令使程序又回到网络 1，开始下一次循环。

循环指令使用时：

1）FOR、NEXT 指令必须成对使用。

2）循环允许嵌套，但不能超过 8 层。

3）每次使能输入（EN）重新有效时，指令会自动将INIT值传送给INDX。

4）当INDX值大于FINAL值时，循环不被执行。

5）在循环程序执行过程中，可以改变循环参数。

例6-8 编写求0+1+2+3+…+100的和，将运算结果存入VD4的PLC程序。

解： 程序如图6-26所示。

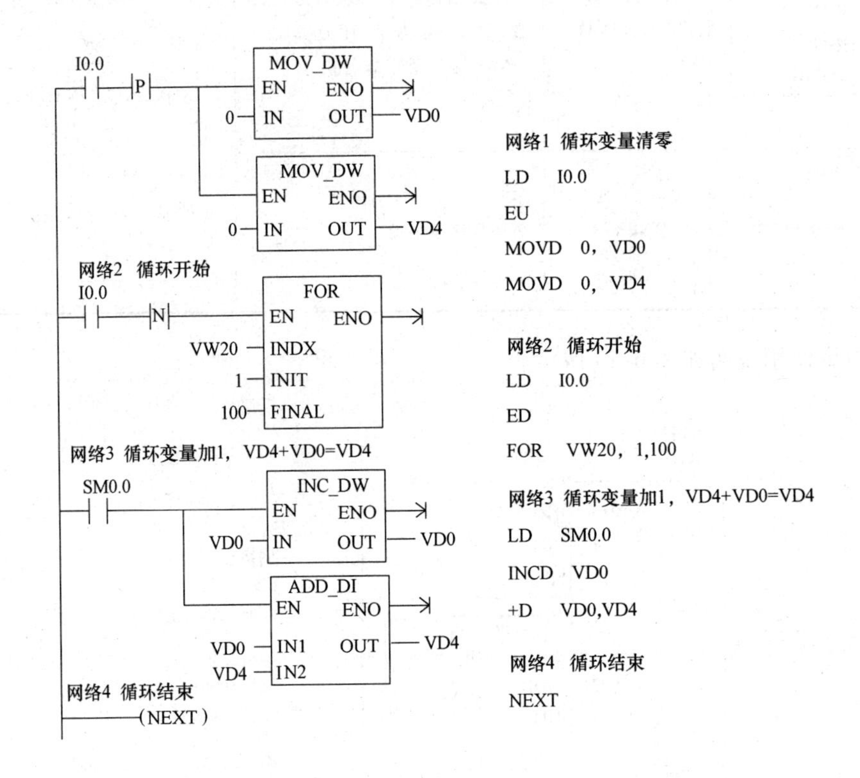

图6-26 求解和的程序

【想想练练】

1. 图6-26中，若求和一直加到200，程序如何修改？能一直加到10000吗？

2. 指出图6-26所示梯形图循环的次数。

实训课题六 功能指令的应用

实训一 多档位功率调节控制

一、实训目的

1）掌握MOV、INC、DEC、比较指令的使用。

2）掌握功能指令编程的基本思路和方法。

3）正确连接PLC控制电路。

二、实训器材

S7-200PLC一台，计算机一台（安装有STEP 7-Micro/WIN 32编程软件）、实训台、RS232—PPI电缆、按钮三个、接触器三个（线圈电压220V），0.5kW、1kW、2kW电热丝各一根（可以用指示灯替代）。

三、实训内容

1. 实训要求

某多档位加热器控制要求为：有七个功率档位，分别是0.5kW、1kW、1.5kW、2kW、2.5kW、3kW和3.5kW。每按一次功率增加按钮SB2，功率上升一档；每按一次功率减少按钮SB3，功率下降一档；按下停止按钮SB3，加热停止。

2. 控制电路

加热器多档位功率控制电路如图6-27所示，输入/输出端口分配见表6-21。

表6-21　输入/输出端口分配表

输入端口			输出端口	
输入继电器	输入元件	作用	输出继电器	控制对象
I0.0	SB1	停止加热	Q0.0	KM1、R1/0.5kW
I0.1	SB2	功率增加1档	Q0.1	KM2、R2/1kW
I0.2	SB3	功率减小1档	Q0.2	KM3、R3/2kW

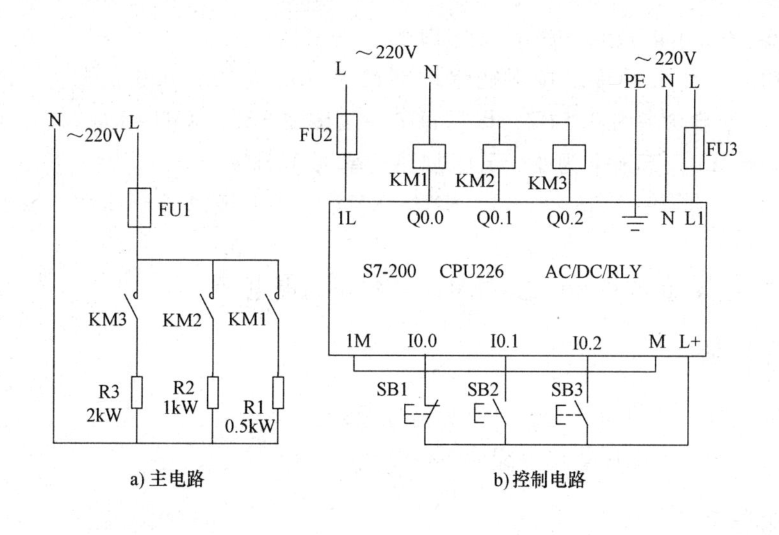

图6-27　加热器多档位功率控制电路

3. 控制程序

多档位功率控制程序如图6-28所示。

四、实训步骤

1）按图6-27所示连接功率控制电路（实习中可以用指示灯代替电热丝加热元件）。

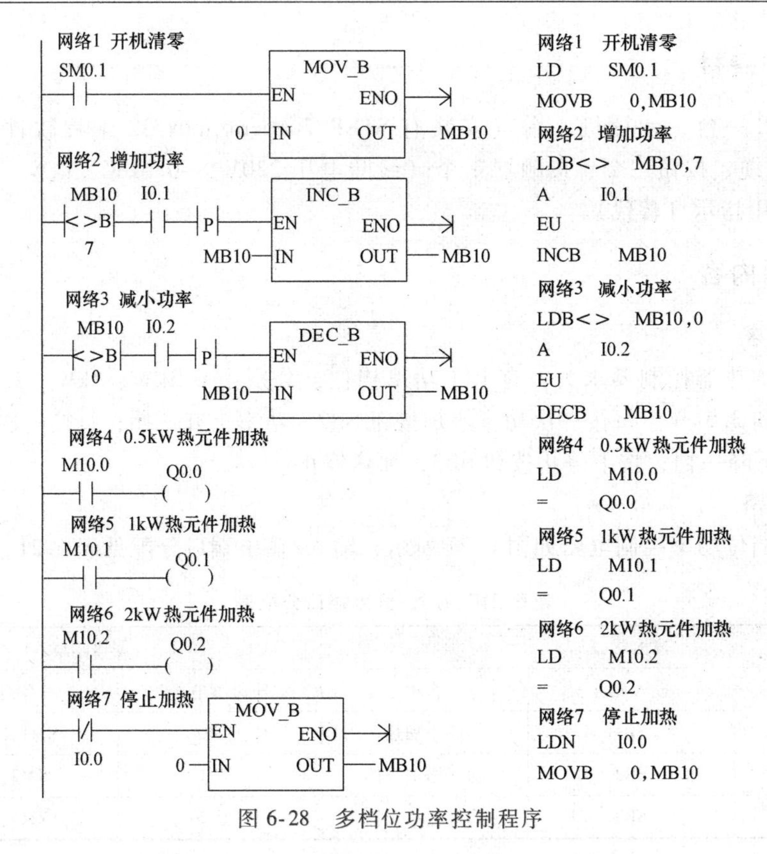

图 6-28 多档位功率控制程序

2）将图 6-28 所示的控制程序下载到 PLC。

3）增加功率。开机后首次按下功率增加按钮 SB2 时，M10.0 状态为 1，Q0.0 通电，KM1 通电动作，加热功率为 0.5kW，以后每按一次按钮 SB2，KM1～KM3 按加 1 规律通电动作，直到 KM1～KM3 全部通电为止，最大加热功率为 3.5kW。

4）减小功率。每按一次按钮 SB3，KM1～KM3 按减 1 规律通电动作，直到 KM1～KM3 全部断电为止。

5）停止。按下停止按钮 SB1 时，KM1～KM3 同时断电。

五、注意事项

1）PLC 接线时，必须断开电源，以免造成短路。

2）接触器线圈额定电压要选择交流 220V。

六、实训思考

程序中采用 MB10，能否直接用 QB0？使用 MB10 有什么好处？

实训二 功能指令实现停车场空位数码显示

一、实训目的

1）掌握 MOV、DIV、INC、DEC、SEG、IBCD、比较指令的使用。

2）掌握功能指令编程的基本思路和方法。

3）能运用功能指令编制较复杂的控制程序。

二、实训器材

S7-200PLC 一台，计算机一台（安装有 STEP 7-Micro/WIN 32 编程软件）、实训台、RS232—PPI 电缆、按钮两个、传感器两个、数码显示管两个、指示灯两个。

三、实训内容

1. 实训要求

用功能指令设计一个停车场空位数码显示程序，其控制要求如下：

停车场最多可停 50 辆车，用两位数码管显示空车位的数量。用出/入传感器检测进出停车场的车辆数目，每进一辆车停车场空车位的数量减 1，每出一辆车空车位的数量增 1。空车位的数量大于 5 时，入口处绿灯亮，允许入场；等于和小于 5 时，绿灯闪烁，提醒待进场车辆将满场；等于 0 时，红灯亮，禁止车辆入场。

2. 控制电路

用 PLC 控制的停车场空位数码显示电路如图 6-29 所示，输入/输出端口分配见表 6-22。

表 6-22　输入/输出端口分配表

输入端口			输出端口	
输入继电器	输入元件	作用	输出继电器	控制对象
I0.0	入口传感器	检测进场车辆	Q0.6~Q0.0	个位数码显示
	SB1	手动调整	Q0.7	绿灯，允许信号
I0.1	出口传感器	检测出场车辆	Q1.6~Q1.0	十位数码显示
	SB2	手动调整	Q1.7	红灯，禁止信号

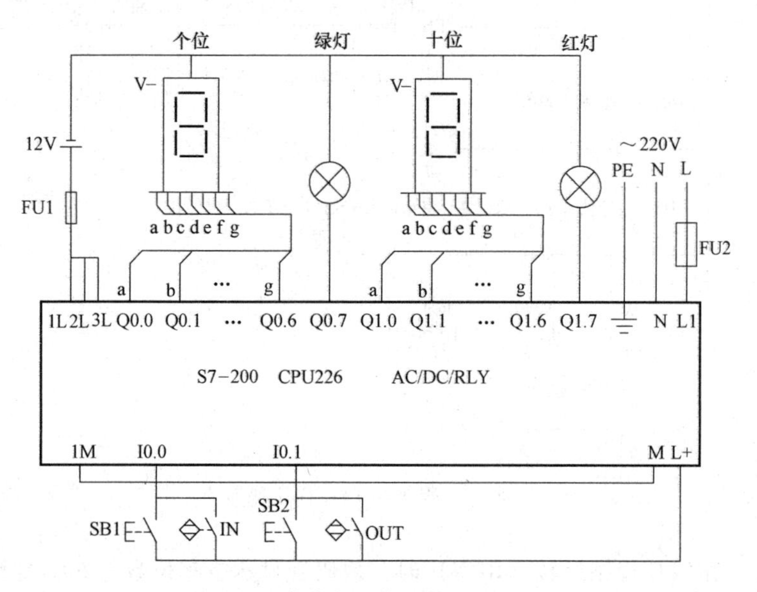

图 6-29　停车场空车位数码显示电路

3. 控制程序

程序梯形图如图 6-30 所示。

四、实训步骤

1）按图 6-29 连接停车场空位数码显示电路。

2）将如图 6-30 所示程序下载到 PLC。

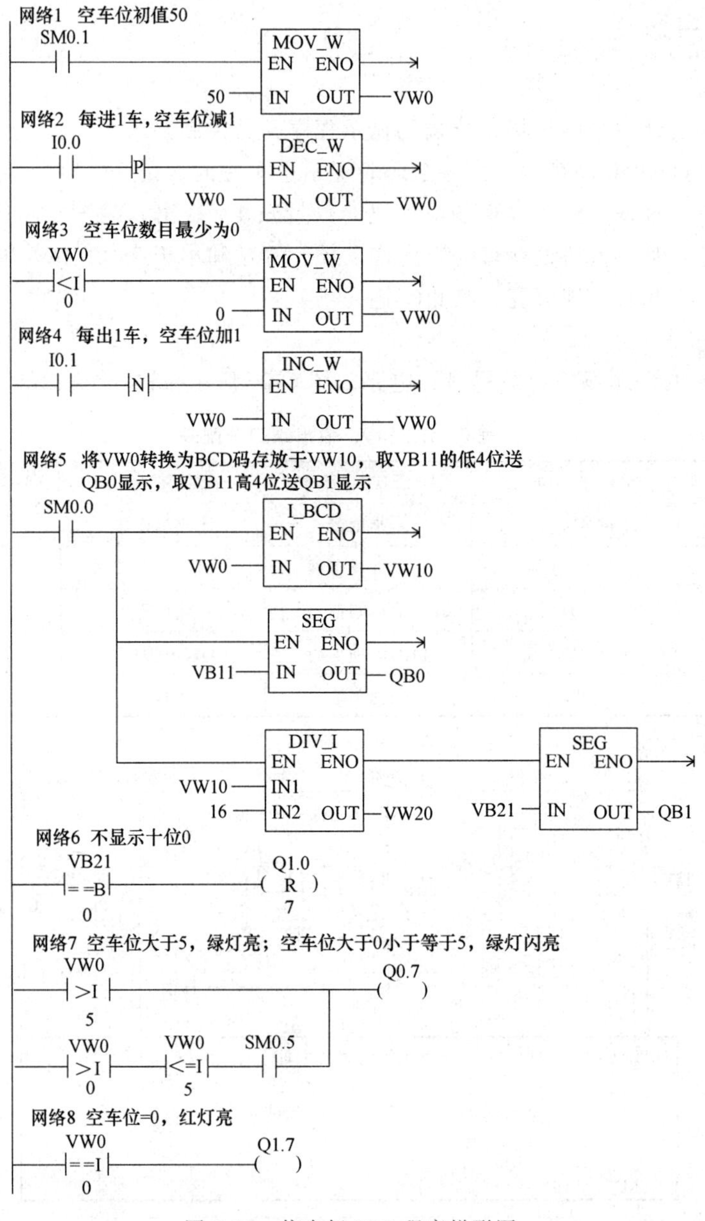

图 6-30 停车场 PLC 程序梯形图

3）开机。当 PLC 程序运转（RUN）时，数码管显示空车位数量 50，绿灯常亮。

4）模拟进车。当按下按钮 SB1 时，空车位数量减 1。

5）模拟出车。当按下按钮SB2时，空车位数量增1。

6）当空车位数量等于或小于5时，绿灯由常亮变为闪烁。

7）当空车位数量等于0时，红灯亮。

五、注意事项

1）PLC接线时，必须断开电源，以免造成短路。

2）认真核对PLC电源规格，交流电源、直流电源不能接错，直流电源极性不能接反。

3）接线时要注意数码管共阴极、共阳极的特性。

六、实训思考

MOV_ W是什么指令？不论停车位数量为多少，是否都可以采用MOV_ W指令？

思考与练习

一、选择题

1. 当数据传送指令的使能端（　　）时将执行该指令。

A. 为1　　B. 为0　　C. 由1变0　　D. 由0变1

2. 若整数的加减法指令的执行结果发生溢出则影响（　）位。

A. SM1.0　　B. SM1.1　　C. SM1.2　　D. SM1.3

3. 段译码指令的梯形图指令的操作码是（　　）。

A. DECO　　B. ENCO　　C. SEG　　D. TRUNC

4. S7-200系列PLC，数据块传送采用的指令是（　　）。

A. BMB　　B. MOVB　　C. SLB　　D. PID

二、分析编程题

1. 根据图6-31所示程序分析程序执行情况，并将分析结果填入表格。

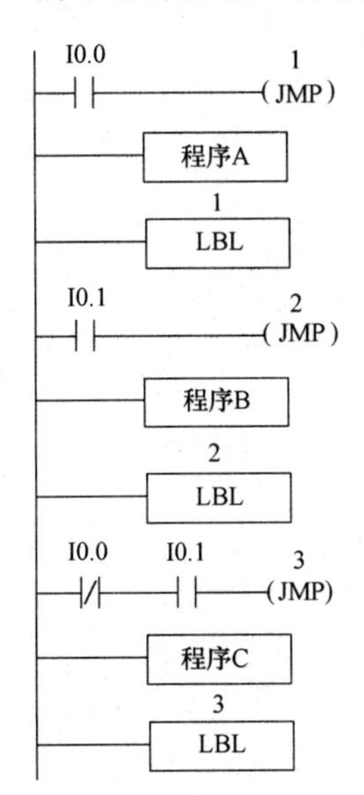

I0.0	I0.1	执行的程序段
1	0	
0	1	
0	0	
1	1	

图6-31　第1题图

2. 利用跳转指令完成某生产线对药丸进行加工处理。生产线对药丸进行加工处理控制系统的控制要求为：每当检测到 100 个药丸时，进入到装瓶控制程序；每当检测到 900 个药丸（9 个小包装），直接进入到盒装控制程序。其中瓶装控制程序与盒装控制程序省略。

3. 某生产线有五台电动机，要求每台电动机间隔 5s 起动，试用比较指令编写起动控制程序。

4. 将数值 125 与数值 256 相乘，结果存放 VW400 中；将数值 330 与数值 556 相乘，结果保存在 VD1000 中；最后将 VW400 与 VD1000 相加，结果保存在一个变量寄存器中。编写程序计算变量寄存器中存储的数据数值。

5. 若 VB100=6，在执行指令 SEG VB100，QB0 指令后，在 Q0.0~Q0.7 上输出状态如何？若连接了 LED 数码管时，数码管的显示是什么数字？

6. 一自动仓库存放某种货物，最多 6000 箱，需要对所需的货物进出计数。货物多于 1000 箱，灯 L1 亮；货物多于 5000 箱，灯 L2 亮。其中 L1 和 L2 分别受 Q0.0 和 Q0.1 控制，数值 1000 和 5000 分别存储在 VW20 和 VW30 存储单元中。设计其控制梯形图。

7. 设有八盏指示灯，控制要求是：当 I0.0 接通时，全部灯亮；当 I0.1 接通时，奇数灯亮；当 I0.2 接通时，偶数灯亮；当 I0.3 接通时，全部熄灭。试用数据传送指令编写程序。

第七章　变频器及应用

变频器是运动控制系统中的功率变换器，利用电力电子器件将工频交流电变换成各种频率的交流电以实现电动机的变速运行。主要用于对三相异步交流电动机的控制和速度调节，在泵、风机、机床、升降机、运输机、食品机械、印刷机械及冶金设备等自动生产设备和生产线使用非常广泛。如图7-1所示是西门子MM420系列变频器的外形图。

图7-1　西门子MM420系列变频器

本章以西门子MM420系列变频器为例，对变频器的基本应用及与PLC的综合运用进行介绍。通过本章的理论学习和实践操作，将熟悉变频器的基础知识，并学会西门子MM420系列变频器的接线及基本操作，初步接触变频器跟PLC的综合应用。

【知识目标】

1. 了解西门子MM420变频器的分类和基本结构。
2. 掌握西门子MM420变频器的接线规律。

【技能目标】

1. 能熟练操作西门子MM420变频器的面板。
2. 能熟练利用外部端子对西门子MM420变频器进行操作。
3. 熟悉西门子MM420变频器与西门子S7-200系列PLC的综合应用。

第一节　变频器基础

一、变频器的基本组成

变频器由主电路和控制电路构成，基本组成如图7-2所示。

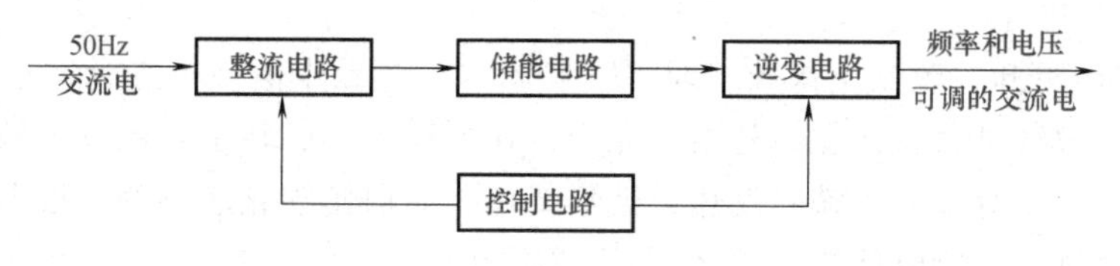

图7-2　变频器的基本组成

主电路包括整流电路、储能电路和逆变电路，主要实现电能的转换。电源输入单相交流电或三相交流电，经整流电路转换为直流电，供给逆变电路，逆变电路在CPU的控制下，将直流电逆变成电压和频率均可调的三相交流电供给电动机负载。

1）整流电路：将交流电全波整流为直流电。

2）储能电路：具有储能和平稳直流电压的作用。

3）逆变电路：将直流电逆变成三相交流电，驱动电动机工作。

变频器的控制电路主要以单片机为核心构成，控制电路具有设定和显示运行参数、信号检测、系统保护、计算与控制、驱动逆变管等功能。

二、变频器分类

1. 根据供电电压、相数及功率分

1）按供电电压：低压变频器（110V、220V、380V）、中压变频器（500V、660V、1140V）、高压变频器（3kV、3.3kV、6.6kV、10kV）。

2）按供电电源：单相输入变频器和三相输入变频器。

3）按输出功率：小功率变频器、中功率变频器和大功率变频器。

2. 根据变换环节分

1）交-交变频：把固定频率的交流电源直接变换为频率连续可调的交流电。该变频器没有中间环节，变换效率高，但是可调频率范围窄，一般不到额定频率的1/2。

2）交-直-交变频：先将固定频率的三相交流电整流成直流电，再把直流电逆变成频率连续可调的三相交流电。

3. 根据直流电源的性质分

根据电源中间直流环节的滤波方式可分为电流型和电压型变频器。

1）电流型变频器：储能元件是电感线圈。

2）电压型变频器：储能元件是电容器。

4. 按变频器控制方式分

可分为 U/f 控制变频器、矢量控制（VC）变频器、转差率控制（SF）变频器、直接转矩控制变频器。

三、变频器的调速原理

三相异步电动机的调速公式为

$$n=n_1(1-s)=\frac{60f_1}{p}(1-s) \tag{7-1}$$

式中：n_1 为同步转速，单位为 r/min；f_1 为电源频率，单位为 Hz；p 为电动机磁极对数；s 为电动机转差率。

从式（7-1）可知，改变电源频率即可实现调速。对异步电动机进行调速时，希望主磁通保持不变，因为磁通太弱，铁心利用不充分，在同样大小的转子电流下，转矩减小，电动机负载能力下降；磁通太强，铁心发热，波形变坏。如何实现磁通不变？根据三相异步电动机定子每相电动势的有效值计算公式

$$E_1=4.44Kf_1N_1\Phi_m=U_1 \tag{7-2}$$

式中：K 为绕组因数；f_1 为电动机定子频率；N_1 为定子绕组有效匝数；Φ_m 为主磁通，单位为 Wb。

从式（7-2）可知，对 E_1、f_1 进行适当控制，即可维持磁通量不变。因此三相异步电动机的变频调速，必须按照一定的规律同时改变其定子电压和频率，即必须通过变频器获得电

压或频率均可调的供电电源。

1）基频以下的恒磁通变频调速。从基频（电动机的额定频率）向下调速，为了保持电动机的负载能力，应保持气隙主磁通 Φ_m 不变，这就要求在降低供电频率的同时降低感应电动势，这种控制方式称为恒磁通变频调速，属于恒转矩调速。由于 E_1 难于被直接检测和直接控制，实际操作中常保持 U_1/f_1 为常数即可。

2）基频以上的弱磁变频调速。频率由额定值向上增大，由于电压 U_1 受额定电压的限制不能再升高，只能保持额定电压值不变，必然会使主磁通随 f_1 的上升而减小，相当于直流电动机的弱磁调速情况，属于近似恒功率调速方式。

四、西门子 MM420 变频器的接线

MM420（MicroMaster420）是一种用于控制三相交流电动机调速的通用型变频器，适用于各种变频驱动装置，尤其适用于风机、泵类和传送带系统的驱动装置。既可以用于单驱动系统，也可以集成到自动化系统中。

1. 变频器与电源、电动机的连接

变频器与电源、电动机连接如图 7-3 所示，其中供电电源可以是单相交流电源（图 7-3a）和三相交流电源（图 7-3b）。

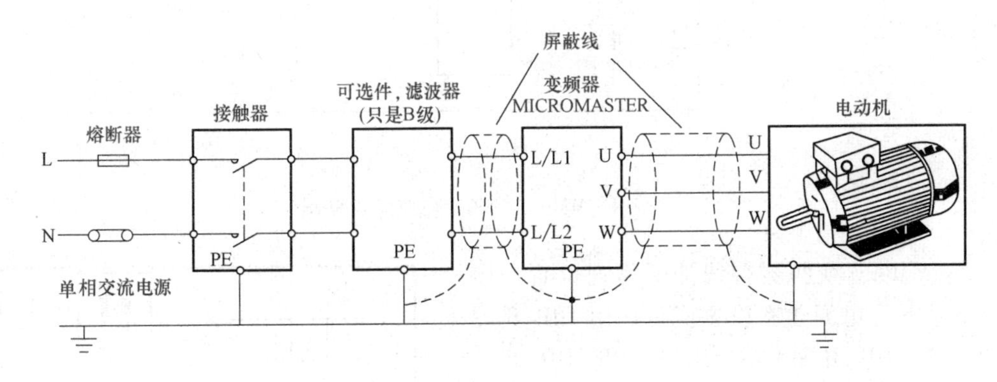

a) 单相交流电源

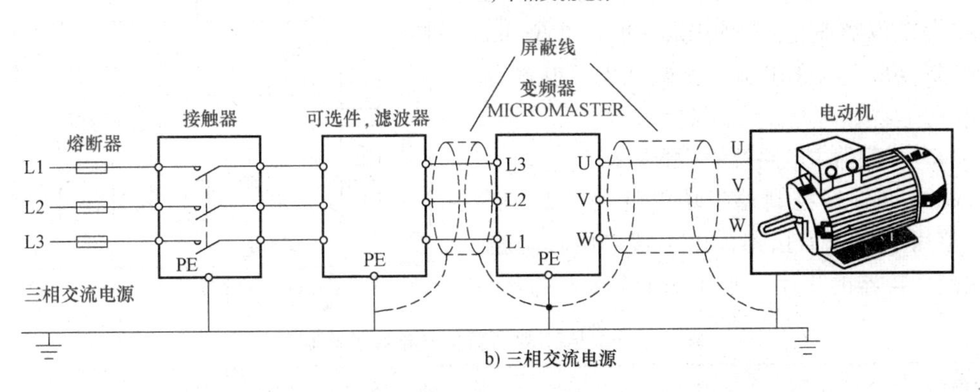

b) 三相交流电源

图 7-3　MM420 变频器、电源、电动机接线图

2. MM420 变频器端子及功能

1）MM420 变频器的电路结构框图及外部接线端：如图 7-4 所示。

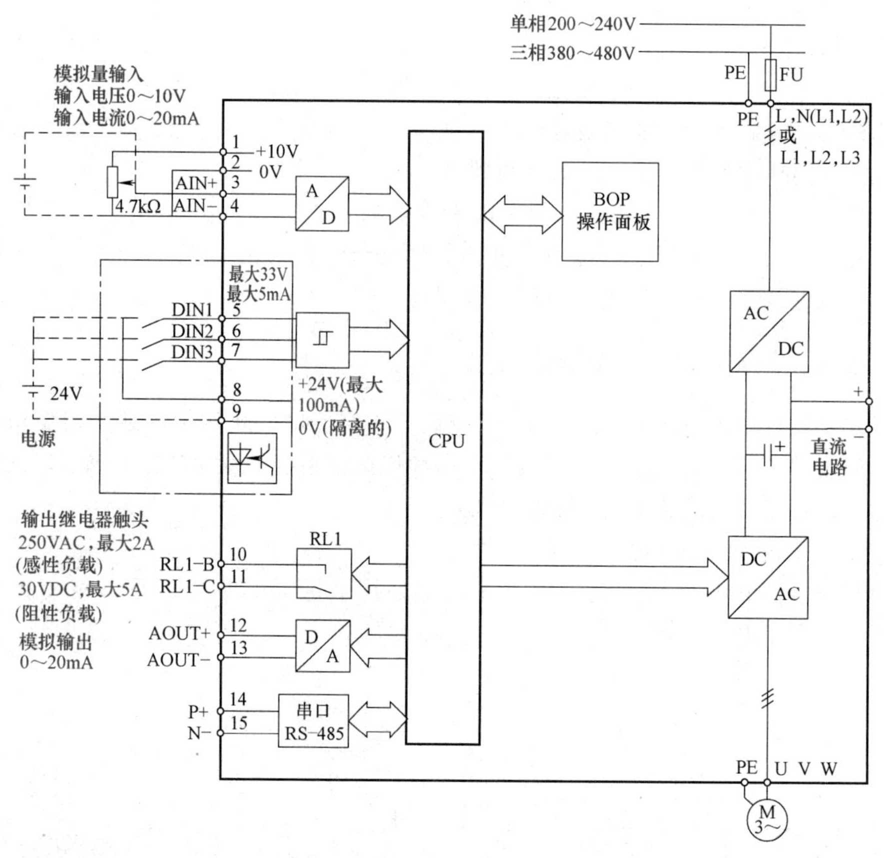

图7-4　MM420变频器电路结构框图

2）MM420变频器接线端子排列位置：如图7-5所示，电源频率设置值可以用DIP开关加以改变。DIP开关1不供用户使用。DIP开关2在OFF位置时设置频率为50Hz，功率单位kW；在ON位置时设置60Hz，功率单位hp（1hp=745.700W）。DIP开关2默认出厂设置为OFF位置。

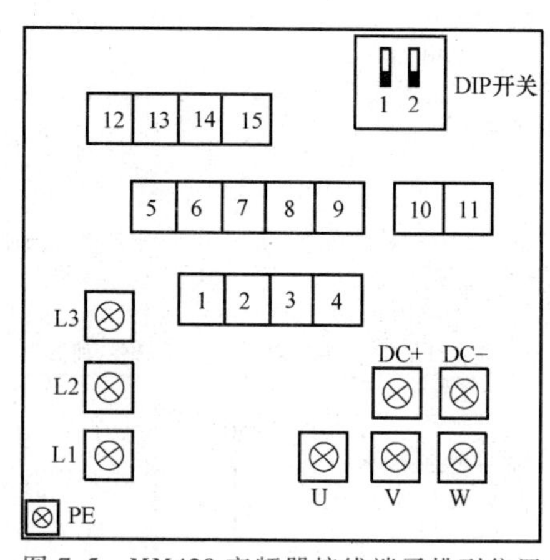

图7-5　MM420变频器接线端子排列位置

MM420变频器主电路端子功能见表7-1。

MM420变频器控制端子功能见表7-2。控制端子使用了快速插接器，用小螺钉旋具轻轻撬压快速插接器的簧片，即可将导线插入夹紧。

表7-1　MM420变频器主电路端子功能

端子号	功　能
L1、L2、L3	三相电源输入端，连接380V、50Hz交流电源
U、V、W	三相交流电压输出端，连接三相交流电动机首端。此端若误接三相电源端，则变频器通电将烧毁

（续）

端子号	功　能
DC+、DC-	直流回路电压端，供维修测试用。即使电源切断，电容器上仍然带有危险电压，在切断电源5min后才允许打开本设备
PE	通过接地导体的保护性接地

表7-2　MM420变频器控制端子功能

端子号	端子功能	电源/相关参数代号/出厂设置值
1	模拟量频率设定电源（+10V）	模拟量传感器也可使用外部高精度电源，直流电压范围0~10V
2	模拟量频率设定电源（0V）	
3	模拟量输入端AIN+	P1000=2，频率选择模拟量设定值
4	模拟量输入端AIN-	
5	数字量输入端DIN1	P0701=1，正转/停止
6	数字量输入端DIN2	P0702=12，反转
7	数字量输入端DIN3	P0703=9，故障复位
8	数字量电源（+24V）	也可使用外部电源，最大为直流33V
9	数字量电源（0V）	
10	继电器输出RL1-B	P0731=52.3，变频器故障时继电器动作，常开触点闭合，用于故障识别
11	继电器输出RL1-C	
12	模拟量输出端AOUT+	P0771~P0781
13	模拟量输出端AOUT-	
14	RS-485串行链路P+	P2000~P2051
15	RS-485串行链路N-	

【想想练练】

1. 变频器主要由哪几部分组成？
2. 变频调速的基本原理是什么？
3. 主电路接线时，电源、电动机如何与变频器连接？

第二节　MM420变频器的操作面板及常用基本参数

MM420变频器的操作面板有状态显示板SDP、基本操作面板BOP和高级操作面板AOP，其中SDP是最基本配置，如图7-6所示为SDP和BOP的操作面板图。利用基本操作面板（BOP）可以改变变频器的参数，具有五位数字的七段显示，能够显示参数序号、故障信息、数值报警和参数的设定值、实际值，但是BOP不能存储参数信息。

一、应用基本操作面板（BOP）的调试

1. BOP操作面板

采用BOP进行调试时，缺省设置BOP控制电动机的功能被禁止，若要用BOP进行控制，选择命令参数P0700应设置为1，频率设定参数P1000也设置为1。BOP操作面板上的

a) SDP状态显示板

b) BOP基本操作板

图 7-6　MM420 变频器的操作面板

按钮说明见表 7-3。

表 7-3　基本操作面板（BOP）按钮说明

显示/按钮	功能	功能的说明
r0000	状态显示	LCD 显示变频器当前的设定值
I	起动变频器	按此键起动变频器。缺省值运行时此键是被封锁的
0	停止变频器	OFF1:按此键,变频器将按选定的斜坡下降速率减速停车,缺省值运行时此键被封锁 OFF2:按此键两次(或一次,但时间较长)电动机将在惯性作用下自由停车。此功能总是“使能”的
	改变电动机的转动方向	按此键可以改变电动机的转动方向。电动机的反向用负号表示或用闪烁的小数点表示,缺省值运行时此键是被封锁
jog	电动机点动	在变频器无输出的情况下按此键,将使电动机起动,并按预设定的点动频率运行。释放此键时,电动机停车。如果变频器/电动机正在运行,按此键将不起作用
Fn	功能	此键用于浏览辅助信息。 变频器运行过程中,在显示任何一个参数时按下此键并保持不动 2s,将显示以下参数值(在变频器运行中从任何一个参数开始): ①直流回路电压(用 *d* 表示,单位:V) ②输出电流(A) ③输出频率(Hz) ④输出电压(用 *o* 表示,单位 V) ⑤由 P0005 选定的数值,连续多次按下此键将轮流显示以上参数。 跳转功能: 在显示任何一个参数(rXXXX 或 PXXXX)时短时间按下此键,将立即跳转到 r0000,如果需要的话,可以接着修改其他参数。跳转到 r0000 后,按此键将返回原来的显示点

（续）

显示/按钮	功能	功能的说明
P	访问参数	按此键即可访问参数
▲	增加数值	按此键即可增加面板上显示的参数数值
▼	减少数值	按此键即可减少面板上显示的参数数值

2. 用 BOP 修改参数数值

BOP 可对参数值进行更改，以参数 P0004 的数值更改为例进行介绍，步骤见表 7-4。

表 7-4 设置更改参数 P0004 操作步骤

操作步骤	显示结果
1. 按 P 访问参数	r0000
2. 按 ▲ 直到显示出 P0004	P0004
3. 按 P 进入参数数值访问级	0
4. 按 ▲ 或 ▼ 达到所需的数值	3
5. 按 P 确认并存储参数数值	P0004

用 BOP 修改参数数值时，BOP 有时会显示“busy”，这表示变频器正在处理优先级别更高的任务。

3. 用 BOP 改变单个参数数值

为了快速修改参数数值，可以对显示的数字进行单独修改，具体操作如下：

1）按功能键 Fn，最右边数字闪烁。

2）按 ▲ 或 ▼ 可对该闪烁数字的数值进行修改。

3）再按 Fn，相邻数字闪烁。

4）重复前面操作，直到显示出所需数值。

5）按 P，退出。

二、BOP 快速调试功能

MM420 变频器 BOP 面板快速调试的流程图如图 7-7 所示。

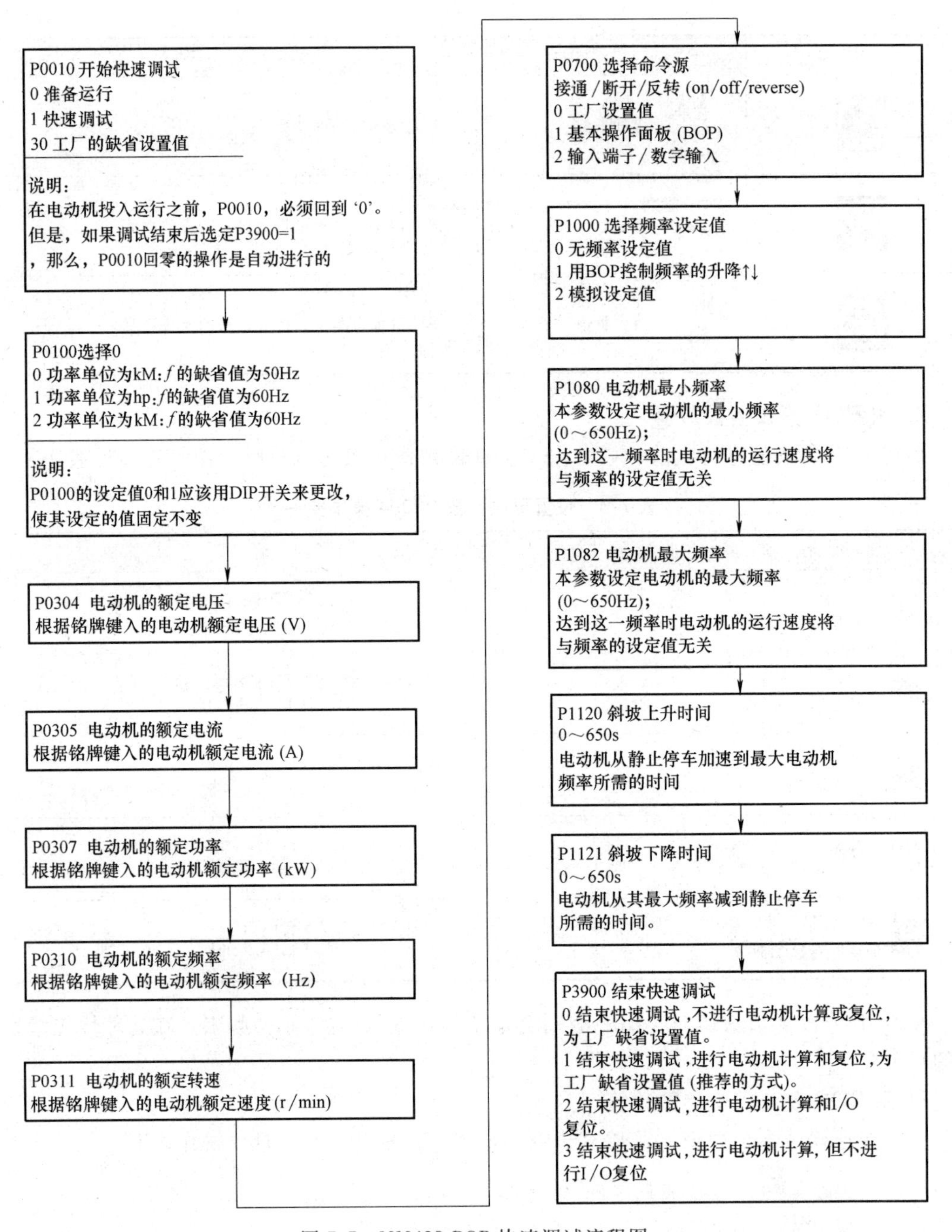

图 7-7 MM420 BOP 快速调试流程图

三、MM420 变频器复位操作

使用 BOP 对参数进行复位操作的步骤如下：

1）P0010=30。

2）P0970=1。

复位时 LCD 显示“P----”，完成复位过程大约需要 3min，即可完成出厂设置。

四、MM420 变频器常规操作

进行常规操作时要满足以下条件：

1）P0010=0，正确进行运行命令的初始化。

2）P0700=1，BOP 操作面板上起动/停止按钮。

3）P1000=1，电动电位器设定值。

基本操作如下：

1）按下绿色按钮起动电动机。

2）电动机运转时按下键，使电动机的运行频率提升到 50Hz。

3）电动机的运行频率达到 50Hz 时，按下键降低电动机的运行速度。

4）按钮可以改变电动机的转向。

5）按红色按钮使电动机停止运行。

五、MM420 变频器常用基本参数

MM420 基本操作面板（BOP）可对变频器的参数进行修改和设定，选择的参数号和设定的参数值在五位数字的 LCD 上显示。以 r 开头的四位数字××××表示只读参数，以 P 开头的四位数字××××表示设定参数。在修改参数数值时若 BOP 会显示“P----”，表示变频器此时正忙于处理优先级别更高的任务。其中常用参数见表 7-5。

表 7-5　MM420 变频器常用参数

参数号	参数名称	出厂值	用户访问级	修改参数时变频器状态	快速调试时是否能修改参数
r0000	驱动装置只读参数的显示值	—	2	—	—
P0003	用户的参数访问级	1	1	调试/运行/运行准备就绪	不能
P0004	参数过滤器	0	1	调试/运行/运行准备就绪	不能
P0010	调试用的参数过滤器	0	1	调试/运行	不能
P0014	存储方式	0	3	运行/运行准备就绪	不能
P3900	快速调试结束	0	1	调试	能
P0970	复位为工厂设置值	0	1	调试	不能

六、数字输入量功能

MM420 变频器的模拟量输入端也可以作为数字量输入量 DIN4，模拟量输入端作为数字量输入端的电路连接图如图 7-8 所示。

注意：DIN4 的选择功能参数 P0704 不能设置数值 15、16、17，即 DIN4 端子没有固定频率的选项。

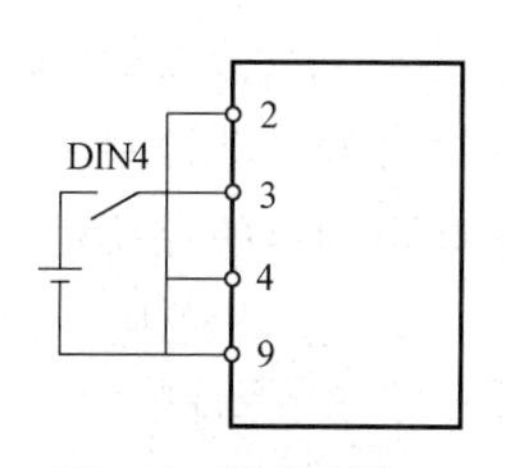

图 7-8　模拟量输入端作为数字量输入端的电路连接图

MM420 变频器有四个数字输入端 DIN1～DIN4，每个输入端子都对应有一个参数，用来设定该端子的功能，其相应的参数设置见表 7-6。

表 7-6 MM420 的四个输入量参数设置及功能

端子编号	数字编号	参数编号	功能说明
5	DIN1	P0701	0:禁止数字输入 1:接通正转/断开停车 2:接通反转/断开停车 4:断开按斜坡曲线快速停车 9:故障复位 10:正向点动 11:反向点动 12:反转(与正转命令配合使用) 13:MOP 升速(用端子接通时间控制升速) 14:MOP 降速(用端子接通时间控制降速) 15:固定频率设定值(直接选择) 16:固定频率设定值(直接选择+ON 命令) 17:固定频率设定值(二进制编码选择+ON 命令) 21:远程控制 25:直流制动 29:由外部信号出发跳闸 33:禁止附加频率设定值 99:使能 BICO 参数化
6	DIN2	P0702	
7	DIN3	P0703	
3	DIN4	P0704	

【想想练练】

1. 简述恢复出厂设置的过程。
2. 变频器常规操作前应该满足的条件是什么?
3. 如何将 MM420 变频器的模拟量输入端作为数字量输入量 DIN4 使用? DIN1、DIN2、DIN3、DIN4 四个输入端有何异同?
4. 简述 MM420 快速调试的过程。

第三节 MM420 变频器应用实例

一、电动机的点动控制

点动控制是各类机械在调试过程中经常使用的操作方式。掌握变频器的点动控制运行非常必要。点动控制可分为外部点动控制和内部点动控制。

1. 外部点动控制

外部点动控制就是通过变频器的外部接线端子来控制电动机的点动运行。

1）电路连接：L1、L2、L3 接三相交流电；U、V、W 接电动机。

外部端子控制回路如图 7-9 所示连接。

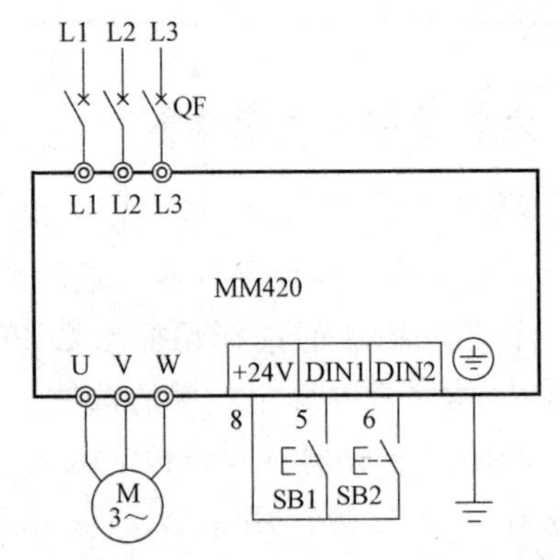

图 7-9 MM420 点动控制外部端子接线图

2）参数设定及含义：利用变频器控制电动机运行，首先要将变频器复位，然后根据电动机铭牌数据

对电动机参数进行设置，最后根据控制要求对变频器内部参数进行设置。

恢复出厂设置参数设置见表7-7，电动机参数设置见表7-8，MM420变频器点动控制的参数设置见表7-9。

表7-7 MM420恢复出厂设置

参数号	参数名称	设定值	功能
P0010	调试参数过滤器	30	进行出厂设置
P0970	出厂复位	1	参数复位

注：MM420进行各项操作前的恢复出厂设置方法是相同的。

表7-8 电动机参数设置

参数号	参数名称	设定值	功 能
P0010	调试参数过滤器	1	快速调试
P0100	使用地区	0	选择功率单位用kW表示，功率缺省值:50Hz
P0304	电动机额定电压	380V	设定电动机额定电压
P0305	电动机额定电流	1A	设定电动机额定电流
P0307	电动机额定功率	1.1kW	设定电动机额定功率
P0310	电动机额定频率	50Hz	设定电动机额定频率
P0311	电动机额定转速	1400r/min	设定电动机额定转速
P3900	结束快速调试	1	结束快速调试，并按出厂设置使参数复位

注：本书中所用电动机类型相同，故本书各实例中对变频器参数设置方法也相同。

表7-9 MM420点动控制参数设置

参数号	参数名称	设定值	功能
P0003	用户访问级	2	设定为扩展级
P1000	频率设定值的选择	1	设定值由键盘输入
P1058	正向点动频率	50Hz	设置电动机正向点动运转频率
P1059	反向点动频率	40Hz	设置电动机反向点动运转频率
P1060	点动斜坡上升时间	10s	设定点动斜坡上升时间为10s
P1061	点动斜坡下降时间	10s	设定点动斜坡下降时间为10s
P0700	选择命令	2	由端子排输入
P0701	数字输入1	10	正向点动
P0702	数字输入2	11	反向点动
P1300	变频器控制方式	0	设定变频器为线性特性的 U/f 控制

对上述参数补充说明如下：

① P0010快速调试。变频器运行前此参数默认值为0，若设置为1，变频器进行快速调试。与电动机相关的参数P0304、P0305、P0307、P0310等只能在快速调试模式下进行修改，要设置此类参数，必须将P0010设置为1，这些参数的设置与所用电动机的不同而

不同。

② P0700 选择命令源。缺省状态下参数为 0，选择 1 时可以由 BOP 面板上的jog键完成电动机的点动控制。本例中 P0700 参数设置为 2，由端子排进行输入。

③ P0701 数字输入 1 的功能。MM420 变频器有四个数字输入端（P0701~P0704），本例中选择 5 号端子完成正转点动控制，设置参数值为 10。

④ P0702 数字输入 2 的功能。本例中选择 6 号端子完成反转点动控制，设置参数值为 11。

⑤ P1300 控制方式。控制电动机的速度与变频器输出电压之间的对应关系。参数值设定为 0 表示选择线性特性的 *U/f* 控制。

3）操作步骤

① 按照图 7-9 接好外部按钮、开关，接通电源。

② 按下 BOP 操作面板P键，按照表 7-7 对变频器进行复位。

③ 按照表 7-8 对电动机参数进行设置，按照表 7-9 所示进行电动机点动控制参数设置。

④ 参数设置完毕，此时可以通过外部端子控制电动机的点动运行。

⑤ 按下 SB1，电动机正转运行；松开 SB1，电动机减速直至停止运行。

⑥ 按下 SB2，电动机反转运行；松开 SB2，电动机减速直至停止运行。

2. 内部点动控制

内部点动控制就是通过变频器的操作面板进行操作，点动频率通过改变参数来确定。

内部点动控制的操作步骤为：

1）将电源、变频器、电动机按照如图 7-10 所示接好。

2）检查无误后，通电。

3）按下操作面板P，进行参数设置。将参数 P1000 设置为 1，参数 P0700 设置为 1，按P确认。再设置点动频率控制参数 P1058 为 50Hz，点动上升时间/下降时间设定为 10s。

4）参数设定完毕，按Fn切换为运行监视模式。

5）按下面板的jog键，电动机按照反向点动设定频率 40Hz 加速运行，实现点动控制。松开jog键，电动机逐渐减速停止。

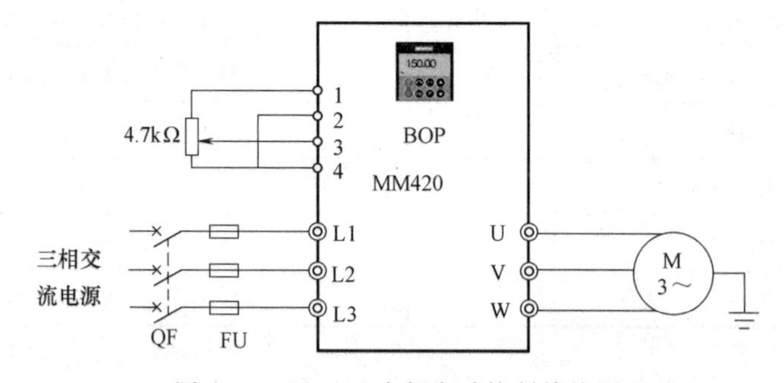

图 7-10　MM420 内部点动控制接线图

3. 点动控制操作注意事项

1）接线完毕后要检查主电路的连接，以防连接失误烧坏变频器。

2）变频器接线时，内部端子的连接操作不要用力过猛，以防损坏端子。

3）通电和停电操作要注意安全，特别是停电操作，必须等面板 LCD 显示全部熄灭后方可打开盖板。

4）变频器参数设定时要仔细观察 LCD 的显示内容，以免设置出错。

5）外部端子点动控制必须在变频器停止时使用点动运行。

6）运行过程中要观察电动机和变频器的运行状态。

【想想练练】

如图 7-9 所示，控制要求为：①正转点动运行频率为 30Hz，点动斜坡上升时间为 10s，点动斜坡下降时间为 5s；②反转点动运行频率为 45Hz，点动斜坡上升时间为 15s，点动斜坡下降时间为 17s。请你分析需设置哪些参数？

二、电动机的单向连续控制

1. 电动机单向连续控制电路接线图

1）电路连接。主电路连接：L1、L2、L3 接三相交流电；U、V、W 接电动机。

外部端子控制回路如图 7-11 连接。

2）参数设定及含义。恢复出厂设置参数设置见表 7-7，电动机参数设置见表 7-8，MM420 变频器单向连续控制的参数设定见表 7-10。

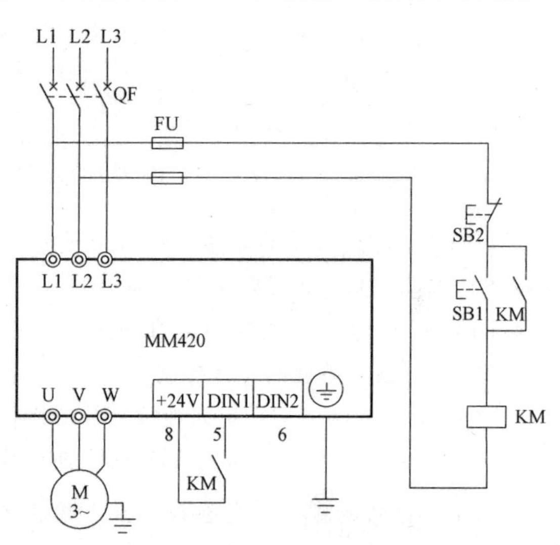

图 7-11　MM420 单向连续控制外部端子接线图

表 7-10　MM420 单向连续控制参数设置

参数号	参数名称	设定值	功　能
P0003	用户访问级	2	设定为扩展级
P1000	频率设定值的选择	1	设定值由键盘输入
P1040	输出频率	50Hz	MOP 的设定值
P1120	斜坡上升时间	10s	设置斜坡上升时间为 10s
P1121	斜坡下降时间	10s	设置斜坡下降时间为 10s
P0700	选择命令	2	由端子排输入
P0701	数字输入 1	1	正转/停车命令
P1300	变频器控制方式	0	设定变频器为线性特性的 U/f 控制

对上述参数补充说明如下：

① P1040 MOP 的设定值。由 MOP 设定变频器的输出频率；设定范围：-650~650Hz；缺省值：50Hz。

② P1120/P1121 斜坡上升/下降时间。表示频率从 0 变到最大频率或从最大频率减小到 0 所用的时间。设定范围：0~650s。参数含义如图 7-12 所示，其中 P1082 表示电动机运行

的最高频率。

注意：斜坡上升或下降的时间不宜设置太短，设置太短有可能导致变频器跳闸。

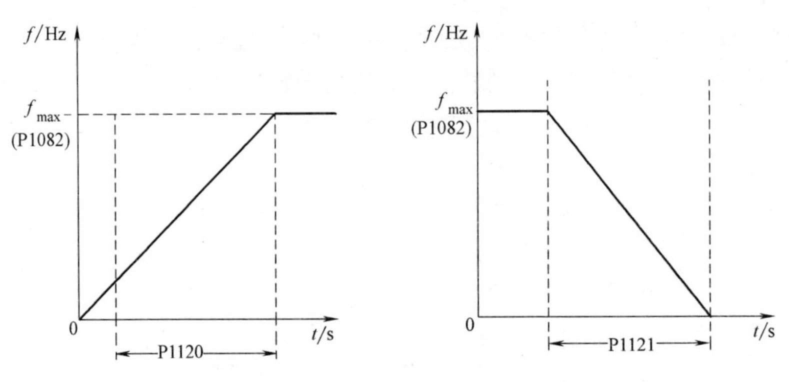

图 7-12　MM420 参数 P1120、P1121 含义图

③ P0701 数字输入 1 的功能。MM420 变频器有四个数字输入端，选择 5 号端子完成电动机的正转连续控制，将设定值设置为 1。

④ P1300 控制方式。控制电动机的速度与变频器输出电压之间的对应关系。参数值设定为 0 表示选择线性特性的 U/f 控制。

3）BOP 面板控制电动机单向连续运行的操作步骤。

① 将电源、变频器、电动机按图 7-11 所示连接好，检查无误后通电。

② 按下操作面板P，进行参数设置。将参数 P1000 设置为 1，参数 P0700 设置为 1，按P确认。再设置频率控制参数 P1040，设置输出频率为 50Hz，斜坡上升/下降时间设定为 10s。

③参数设定完毕，按Fn切换为运行监视模式。

④按下面板的I起动键，电动机按照设定频率 50Hz 加速运行，实现正转连续控制。

⑤按下面板的0停止键，电动机将按照设定的斜坡下降时间逐渐减速直至停车。

⑥如果需要对电动机运行频率进行修改，可以在不停车的情况下进行。按Fn键，显示 r0000 后按P，再按▲或▼将频率调节至所需值即可。

4）外部端子控制电动机连续运行操作步骤。

① 按照图 7-11 所示接好外部按钮、开关，接通电源。

② 按下 BOP 操作面板P键，按照表 7-7 对变频器进行复位。

③ 按照表 7-8 对电动机参数进行设置，按照表 7-10 所示进行电动机单向连续控制参数设置。

④ 按下 SB1，电动机正转运行；按下 SB2，电动机减速直至停止运行。

2. PLC 控制的电动机单向连续控制电路

如图 7-13 所示为 PLC 控制的电动机正转控制电路接线图，其控制梯形图如图 7-14 所示。

PLC 输入与输出端口的作用和变频器输入端子的功能见表 7-11。

表 7-11 输入与输出端口的作用和变频器输入端子功能表

输入信号			输出信号		
1	I0.1	起动按钮 SB1	1	Q0.0	DIN1
2	I0.2	停止按钮 SB2			

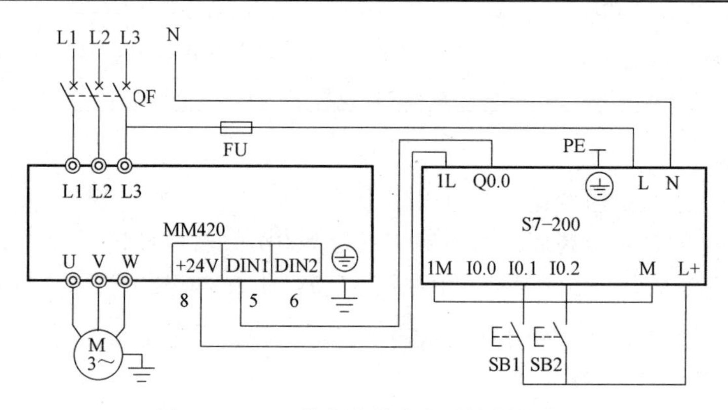

图 7-13 PLC 控制的单向连续控制接线图

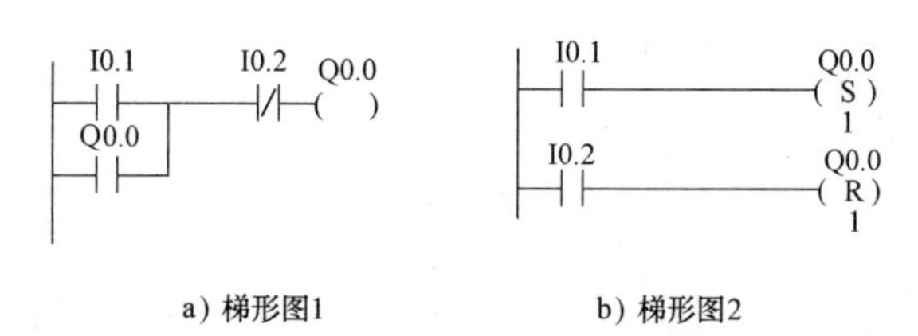

图 7-14 电动机单向连续控制梯形图

【想想练练】

如图 7-13 所示连接电路，要求电动机正转频率 30Hz，斜坡上升时间 15s，斜坡下降时间 5s。请分析如何设置变频器的各种参数。

3. 模拟量调速控制

通过变频器基本操作面板 BOP 控制变频器的起动和停止，通过调节 4.7kΩ 电位器，产生模拟电压信号（模拟电压范围 0~10V），控制变频器的输出频率，以实现电动机的无级变速控制。

1）电路连接。MM420 模拟量调速接线图如图 7-15 所示。

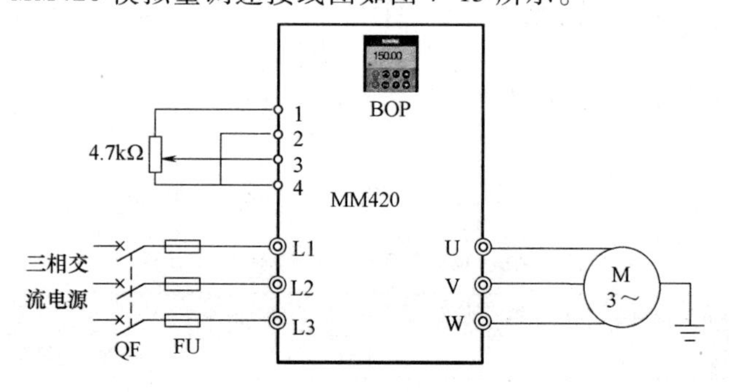

图 7-15 MM420 模拟量调速接线图

2）参数设置。按照表7-7对变频器进行复位，按照表7-8对电动机参数进行设置，按照表7-12对变频器系统参数进行设置。

表7-12　MM420模拟量调速的参数设置

参数号	参数名称	设定值	功　　能
P0003	用户访问级	3	设定为专家级
P0700	选择命令	1	BOP面板控制
P1000	频率设定值选择	2	模拟输入(模拟设定频率值)
P1300	变频器控制方式	0	设定变频器为线性特性的 U/f 控制

3）操作步骤

① 连接线路并进行参数设置。

② 把电位器逆时针旋转到底，输出频率设定为0Hz。然后慢慢顺时针旋转电位器，使变频器输出频率逐渐增大，当3号端子的电压为10V时，变频器输出频率达到50Hz。

③ 起动。按下基本操作面板BOP的 I “起动”按键，电动机正向起动，变频器的输出频率随着电位器的调节而变化。

④ 停止。按下基本操作面板BOP的 O “停止”按键，电动机减速停止。

三、电动机正反转控制电路

1. 电动机正反转控制电路接线图

1）电路连接。主电路连接：L1、L2、L3接三相交流电；U、V、W接电动机。

外部端子控制回路如图7-16连接。

2）参数设定及含义。恢复出厂设置参数设置见表7-7，电动机参数设置见表7-8，MM420变频器正反转控制参数设定见表7-13。

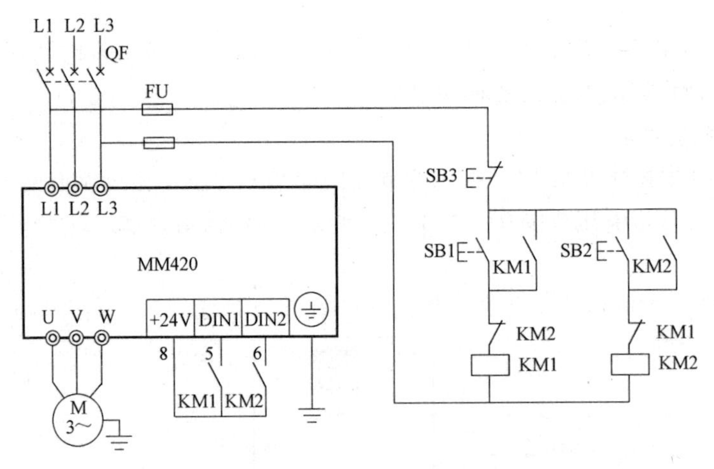

图7-16　开关控制的电动机正反转控制电路

表7-13　MM420正反转控制参数设置

参数号	参数名称	设定值	功　　能
P0003	用户访问级	2	设定为扩展级
P1000	频率设定值的选择	1	设定值由键盘输入

（续）

参数号	参数名称	设定值	功　能
P1040	输出频率	50Hz	MOP 的设定值
P1120	斜坡上升时间	10s	设置斜坡上升时间为 10s
P1121	斜坡下降时间	10s	设置斜坡下降时间为 10s
P0700	选择命令	2	由端子排输入
P0701	数字输入 1	1	正转/停车命令
P0702	数字输入 2	12	反转/停车命令
P1300	变频器控制方式	0	设定变频器为线性特性的 U/f 控制

3）BOP 面板控制电动机正反转运行的操作步骤

① 将电源、变频器、电动机按图 7-16 所示连接好，检查无误，通电。

② 按下操作面板，进行参数设置。将参数 P1000 设置为 1，参数 P0700 设置为 1，按确认。再设置点动频率控制参数 P1040，设置输出频率为 50Hz，斜坡上升/下降时间 P1120、P1121 设定为 10s。

③ 参数设定完毕，按切换为运行监视模式。

④ 按下面板的起动键，电动机按照设定频率 50Hz 加速运行，实现正转运行。

⑤ 按下键，电动机反转运行。

⑥ 按下面板的停止键，电动机将按照设定的斜坡下降时间逐渐减速直至停车。

⑦ 如果需要对电动机运行频率进行修改，可以在不停车的情况下进行。按键，显示 r0000，按，再按或将频率调节至所需值即可。

4）外部端子控制电动机正反转运行的操作步骤

① 按照图 7-16 接好外部按钮、开关，接通电源。

② 按下 BOP 操作面板键，按照表 7-7 对变频器进行复位。

③ 按照表 7-8 对电动机参数进行设置。

④ 按照表 7-13 所示进行电动机正反转控制参数设置。

⑤ 按下 SB1，电动机正转运行；按下 SB3，电动机减速直至停止运行。

⑥ 按下 SB2，电动机反转运行；按下 SB3，电动机减速直至停止运行。

2. PLC 控制的电动机正反转控制电路

如图 7-17 所示为 PLC 控制的电动机正反转控制电路接线图，其控制梯形图如图 7-18 所示。

PLC 输入与输出端口的作用和变频器输入端子的功能见表 7-14。

表 7-14　输入与输出端口的作用和变频器输入端子功能表

输入信号			输出信号		
1	I0.1	正转起动按钮 SB1	1	Q0.0	DIN1
2	I0.2	反转起动按钮 SB2	2	Q0.1	DIN2
3	I0.3	停止按钮 SB3			

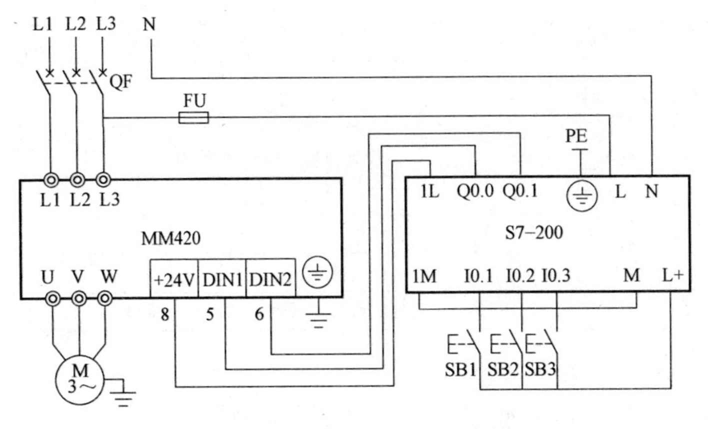

图 7-17 PLC控制的电动机正反转控制电路接线图

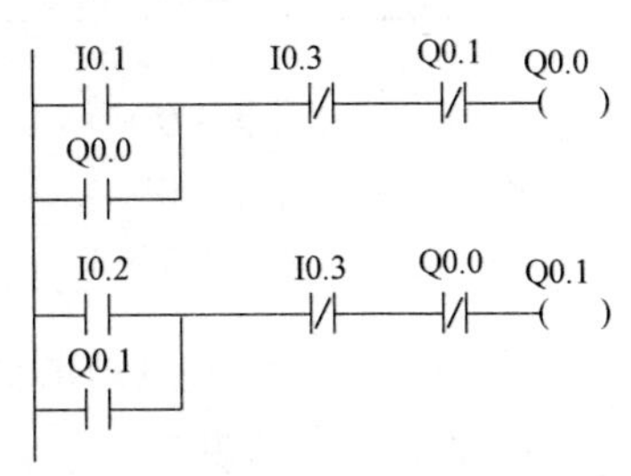

图 7-18 电动机正反转控制梯形图

四、多段速控制

多段速功能，是设置参数 P1000=3 的条件下，用开关量端子选择固定频率的组合，实现电动机多段速度运行。

1. 多段速控制功能

可通过直接选择、直接选择+ON 命令、二进制编码选择+ON 命令三种方法实现变频器的多段速控制，最多可实现八段速（含转速为0）控制。具体设置方法如下：

1）直接选择（P0701、P0702、P0703 值为 15）——在此操作方式下，一个数字输入选择一个固定频率，端子与参数设置对应关系见表 7-15。如果有几个固定频率输入同时被激活，选定的频率是它们的总和。但要注意在直接选择的操作方式下，还需要一个 ON 命令才能使变频器投入运行。

表 7-15 端子与参数设置对应表

端子编号	参数编号	频率设置参数	说　明
5	P0701	P1001	频率给定源 P1000 必须设置为 3；当多个选择同时激活时，选定的频率是它们的总和
6	P0702	P1002	
7	P0703	P1003	

2）直接选择+ON 命令（P0701、P0702、P0703 值为 16）——这种操作模式，数字量输入（端子 5，6，7）既能选择固定频率（见表 7-15），又具备起动功能。

3）二进制编码选择+ON 命令（P0701、P0702、P0703 值为 17）——MM420 变频器的三个数字输入端口（DIN1～DIN3），通过 P0701～P0703 设置实现多频段控制。每一频段的频率分别由 P1001～P1007 参数设置，最多可实现八段速控制，各个固定频率的数值选择见表 7-16。在多频段控制中，电动机的转速方向是由 P1001～P1007 参数所设置的频率正负决定的。三个数字输入端口，哪一个作为电动机运行、停止控制，哪些作为多段频率控制，是可以由用户任意确定的，一旦确定了某一数字输入端口的控制功能，其内部的参数设置值必须与端口的控制功能相对应。

表 7-16　固定频率选择对应表

频率设定	DIN3	DIN2	DIN1
P1000	0	0	0
P1001	0	0	1
P1002	0	1	0
P1003	0	1	1
P1004	1	0	0
P1005	1	0	1
P1006	1	1	0
P1007	1	1	1

2. PLC 与变频器控制电动机正反向多段速运行

1）控制要求：如图 7-19 所示，利用变频器进行多段速控制，通过变频器参数设置和外部端子接线来控制变频器的输出频率，达到电动机的多段速运行控制。若运行结束按下停止按钮，电动机停止；若不按停止按钮，系统循环工作。

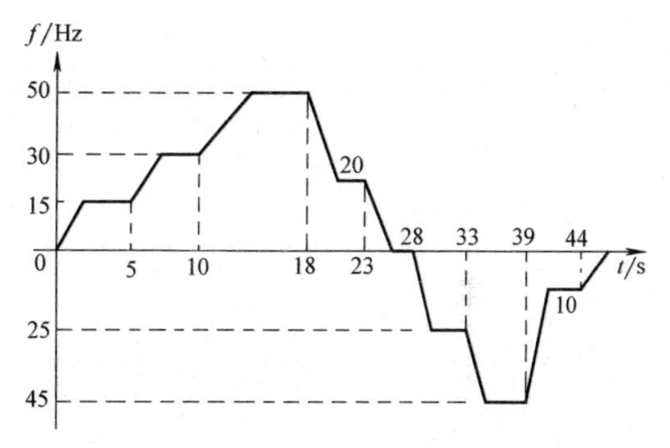

图 7-19　正反向多段速控制运行曲线图

2）设计思路：电动机的八速运行采用变频器的多段运行来控制。变频器的运行信号通过端子 DIN3、DIN2、DIN1 提供。

3）变频器参数设定：恢复出厂设置参数设置见表 7-7；电动机参数设置见表 7-8；根据控制要求对变频器的参数进行设定，具体参数值见表 7-17。

表 7-17　MM420 多段速控制参数设置

参数号	参数名称	设定值	功　能
P0003	用户访问级	2	设定为扩展级
P1000	频率设定值的选择	3	选择固定频率设定值
P1040	输出频率	0Hz	MOP 的设定值
P1120	斜坡上升时间	10s	设置斜坡上升时间为 10s
P1121	斜坡下降时间	10s	设置斜坡下降时间为 10s
P0700	选择命令	2	由端子排输入
P0701	数字输入 1	17	固定频率二进制编码选择+ON 命令
P0702	数字输入 2	17	固定频率二进制编码选择+ON 命令
P0703	数字输入 3	17	固定频率二进制编码选择+ON 命令
P1001	固定频率 1	15	设定固定频率 1=15Hz
P1002	固定频率 2	30	设定固定频率 2=30Hz
P1003	固定频率 3	50	设定固定频率 3=50Hz
P1004	固定频率 4	20	设定固定频率 4=20Hz
P1005	固定频率 5	−25	设定固定频率 5=−25Hz
P1006	固定频率 6	−45	设定固定频率 6=−45Hz
P1007	固定频率 7	−10	设定固定频率 7=−10Hz
P1300	变频器控制方式	0	设定变频器为线性特性的 U/f 控制

4）PLC 的 I/O 分配：PLC 输入与输出端口的作用和变频器输入端子的功能见表 7-18。

表 7-18　PLC 输入与输出端口的作用和变频器输入端子的功能表

输入信号			输出信号		
1	I0.0	起动按钮 SB1	1	Q0.0	DIN1
2	I0.1	停止按钮 SB2	2	Q0.1	DIN2
			3	Q0.2	DIN3

5）操作步骤

① 按如图 7-20 所示进行接线，检查无误后通电。

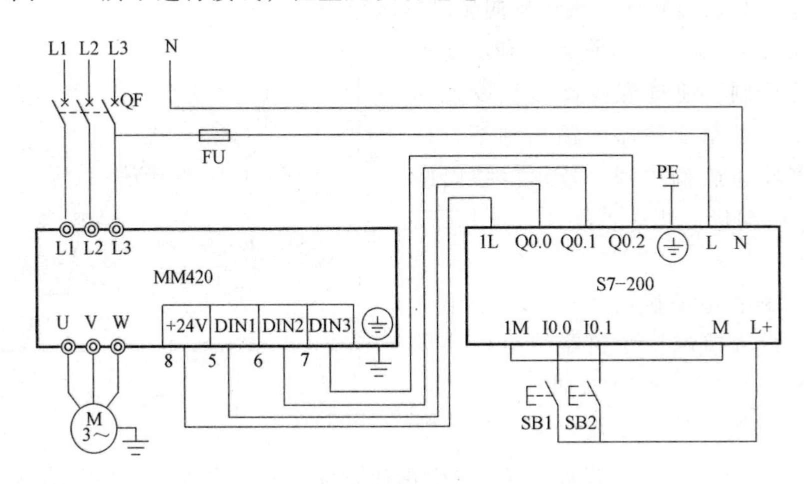

图 7-20　正反向多段速控制接线图

② 按照表 7-17 对变频器进行参数设置。

③ 参数设置完毕后切换到运行监控模式，观察变频器 LCD 显示内容，并通过Fn键可以监视输出频率、输出电流、输出电压。

④ 运行端子设定如下：

第一段速：正转 15Hz，端子 5 接通；

第二段速：正转 30Hz，端子 6 接通；

第三段速：正转 50Hz，端子 5、6 接通；

第四段速：正转 20Hz，端子 7 接通；

第五段速：停止 0Hz，端子 5、6、7 均断开；

第六段速：反转 25Hz，端子 5、7 接通；

第七段速：反转 45Hz，端子 6、7 接通；

第八段速：反转 10Hz，端子 5、6、7 均接通。

6）顺序功能图设计

如图 7-21 所示。

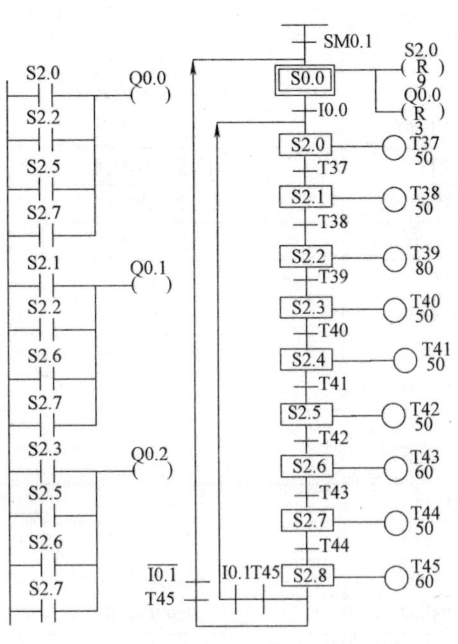

图 7-21　正反向多段速控制顺序功能图

【想想练练】

利用 MM420 变频器外部端子实现控制功能为：

1）控制电动机正转、反转和点动。

2）电动机加减速时间均为 6s，点动频率为 15Hz。

3）DIN1 端口设为反转控制，DIN2 端口设为正转控制。

请进行参数设置、操作调试。

实训课题七　PLC 与变频器的综合实训

实训一　变频器操作面板应用

一、实训目的

1）熟悉变频器的面板操作。

2）熟练设置变频器的功能参数。

3）熟练掌握变频器的点动、正反转频率调节方法。

二、实训器材

1）工具：电工常用工具一套。

2）器材：变频器（西门子 MM420 变频器）、电动机（Y—112—0.55）一台、常开按钮开关若干、实训控制台一个、连接导线若干。

三、实训任务

通过变频器操作面板对电动机的起动、正反转、点动、调速控制。

四、实训内容与步骤

1. 系统接线图

系统接线如图 7-22 所示。

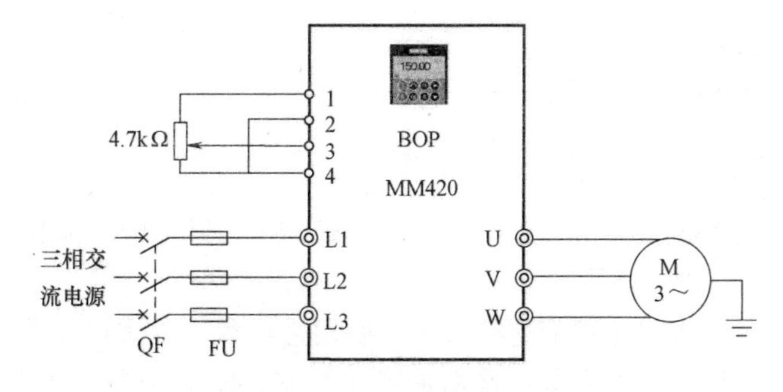

图 7-22　变频器面板操作接线图

2. 参数设置

1）按照表 7-7 对变频器复位。

2）按照表 7-8 对电动机参数进行设置。

3）按照表 7-19 对 BOP 操作系统参数进行设置。

表 7-19　MM420BOP 操作控制参数设置

参数号	参数名称	设定值	功　能
P0003	用户访问级	1	设定为标准级
P0004	参数过滤器	7	快速访问命令通道 7(二进制 I/O)
P0700	选择命令	1	由键盘输入设定值
P0004	参数过滤器	10	设定值通道和斜坡函数发生器
P1000	频率设定值选择	1	由键盘输入设定值
P1080	电动机最低运行频率	0	设定电动机的最低运行频率为 0Hz
P1082	电动机最高运行频率	50	设定电动机的最高运行频率为 50Hz
P1040	MOP 设定值	20	设定键盘控制频率为 20Hz
P1058	正向点动频率	10	设定正向点动频率 10Hz
P1059	反向点动频率	10	设定反向点动频率 10Hz
P1060	点动斜坡的上升时间	5	设定点动斜坡的上升时间为 5s
P1061	点动斜坡的下降时间	5	设定点动斜坡的下降时间为 5s

3. 变频器运行操作

1）变频器起动：在变频器的操作面板上按起动键，变频器将驱动电动机升速，并运行在由 P1040 所设定的 20Hz 频率对应的转速上。

2）正反转及加减速运行：电动机的转速（运行频率）可直接通过按操作面板上的增/减键（▲/▼）来改变。电动机的运行方向可由操作面板的进行控制。

3）点动运行：按下变频器操作面板上的点动键，则变频器驱动电动机升速，并运行在由 P1058 所设置的正向点动 10Hz 频率值上。当松开变频器面板上的点动键，则变频器将驱动电动机降速至零。这时，如果按下变频器操作面板上的换向键，在重复上述的点动运行操作，电动机可在变频器的驱动下反向点动运行。

4）电动机停车：在变频器的操作面板上按停止键，则变频器将驱动电动机降速至零。

4. 写出实训操作报告

五、注意事项

1）接线完毕后要进行电路接线检查，防止连接失误烧坏变频器，特别是主电路的连接。

2）变频器接线时，内部端子的连接操作不要用力过猛，以防损坏端子。

3）通电和停电操作要注意安全，特别是停电操作，必须等面板 LCD 显示全部熄灭后方可打开盖板。

4）变频器参数设定时要仔细观察 LCD 的显示内容，以免设置出错。

5）学生接线完毕，必须经教师检查无误后方可通电。

六、实训思考

怎样设置变频器的最大和最小运行频率？

实训二　送料车自动往返控制系统的综合控制

一、实训目的

1）掌握变频器多段速频率控制方式。

2）熟练掌握变频器的多段速运行操作过程。

二、实训器材

1）工具：电工常用工具一套。

2）器材：变频器（西门子 MM420 变频器）、电动机（Y—112—0.55）一台、常开按钮开关若干、实训控制台一个、连接导线若干。

三、实训任务

通过变频器和 PLC 实现自动往返控制电路。要求变频器的输出频率按照图 7-23 所示曲线自动运行一个周期。

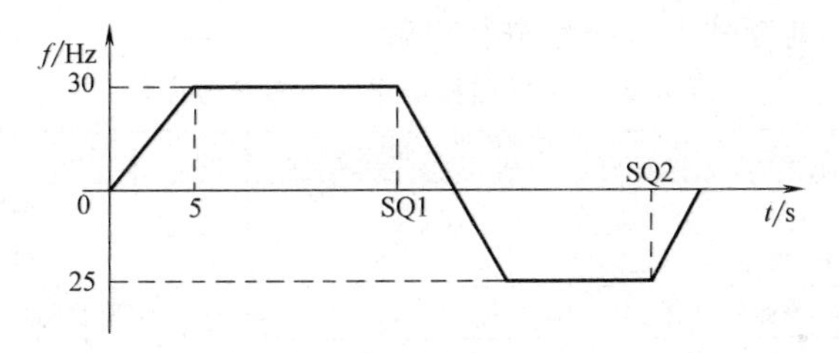

图 7-23　变频器控制运行曲线

当按下起动按钮时，电动机起动，斜坡上升时间为 5s，正转运行频率为 30Hz，运料车前进。当运料车前进至限位时，限位开关 SQ1 闭合，小车减速停止后又开始反向起动，斜坡下降/上升时间均为 5s，小车后退时电动机的运行频率为 25Hz。当小车到达后退限位时，后限位开关 SQ2 闭合，电动机减速直至停止。

四、实训内容与步骤

1. I/O 分配

系统的 I/O 分配表见表 7-20。

表 7-20　送料小车的 I/O 分配表

输入信号			输出信号		
1	I0.0	起动按钮 SB1	1	Q0.0	DIN1
2	I0.1	停止按钮 SB2	2	Q0.1	DIN2
3	I0.2	前进限位 SQ1			
4	I0.3	后退限位 SQ2			

2. 系统接线图

系统接线如图 7-24 所示。

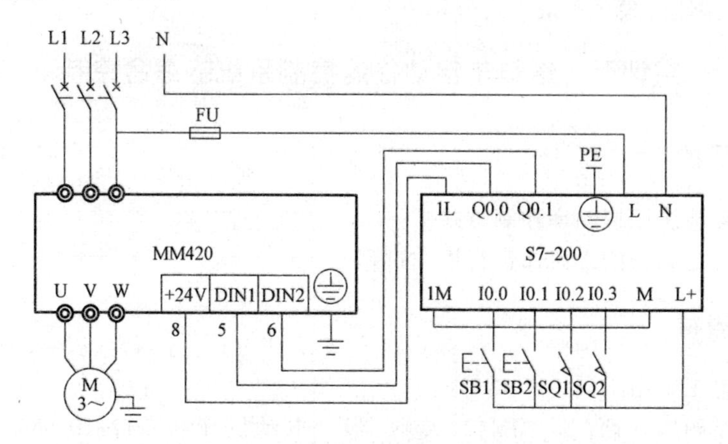

图 7-24 送料小车系统接线图

3. 参数设置

1）按照表 7-7 对变频器进行复位。

2）按照表 7-8 对电动机参数进行设置。

3）按照表 7-21 对变频器系统参数进行设置。

表 7-21 变频器控制送料小车参数设置

参数号	参数名称	设定值	功　能
P0003	用户访问级	3	参数访问专家级
P1000	频率设定值的选择	3	选择固定频率设定值
P0004	参数过滤器	7	快速访问命令通道 7(二进制 I/O)
P0700	选择命令	2	由外部数字端子控制
P0701	数字输入 1	16	固定频率直接选择+ON 命令
P0702	数字输入 2	16	固定频率直接选择+ON 命令
P0004	参数过滤器	10	快速访问设定值通道 10
P1001	固定频率	30	设置固定频率 1=30Hz
P1002	固定频率	-25	设置固定频率 2=-25Hz
P1120	斜坡上升时间	5s	设置斜坡上升时间为 5s
P1121	斜坡下降时间	5s	设置斜坡下降时间为 5s
P1300	变频器控制方式	0	设定变频器为线性特性的 *U/f* 控制

4. 梯形图编程

梯形图编程如图 7-25 所示。

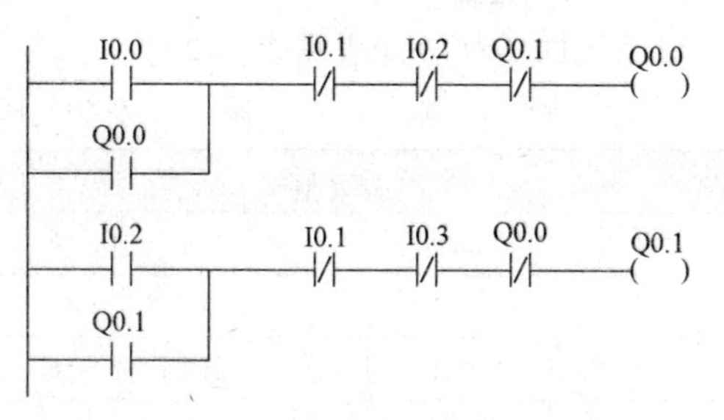

图 7-25 自动往返调速控制梯形图

5. 系统调试

1）设定参数。按照上述变频器的设定参数值对变频器参数进行设定。

2）输入程序。按照 7-25 所示程序图正确输入程序。

3）调试。按下起动按钮 SB1 后，电动机正

转加速运行（加速时间为5s），正转运行频率为30Hz（第一段速）；当前限位开关SQ1闭合时，电动机开始减速停止（减速时间为5s）后开始反向起动（反向加速时间为5s），反转运行频率为25Hz（第二段速）；当后限位开关SQ2闭合时，电动机减速直至停止。

6. 写出实训操作报告

五、注意事项

1）接线完毕后要进行电路检查，防止连接失误烧坏变频器，特别是主电路的连接。

2）变频器接线时，内部端子的连接操作不要用力过猛，以防损坏端子。

3）通电和停电操作要注意安全，特别是停电操作，必须等面板LCD显示全部熄灭后方可打开盖板。

4）变频器参数设定时要仔细观察LCD的显示内容，以免设置出错。

5）学生接线完毕，必须经教师检查无误后方可通电。

六、实训思考

若通过顺序功能图进行该程序编程，请你画出顺序功能图。

思考与练习

一、填空题

1. 交-直-交变频器主要由________、________、________三部分组成。其中________将交流电转换成直流电。

2. 变频器的组成可分为________和________。

3. 按控制方式变频器可分为________、________、________、________。

4. MM420变频器参数P0700用于________。

5. 变频器的加速时间是指____________，减速时间是指____________。

6. MM420快速调试应设置________，在电动机投入运行前P0010必须设置为________。

7. MM420输入电源要接到________，电动机必须接到________。

8. MM420参数P1000是用来____________，参数P1040是用来____________。

9. MM420参数P1120用于____________。

10. MM420参数P1000=2表示____________。

二、单项选择题

1. 变频器种类很多，其中按滤波方式可分为电压型和（　　）。

A. 电流型　　B. 电阻型　　C. 电感型　　D. 电容型

2. 对异步电动机实行调速时，希望（　　）不变。

A. 定子电流　　B. 主磁通　　C. 定子电压　　D. 转子电压

3. 变频器布线时最好不要太长，一般情况下布线距离最长（　　）m。

A. 100　　B. 1000　　C. 500　　D. 200

4. 西门子MM420变频器P0003、P0004分别用于设置（　　）。

A. 访问参数等级、访问参数层级

B. 显示参数、访问参数层级

C. 访问参数等级、显示参数

D. 选择参数分类、访问参数等级

5. MM420 变频器频率控制方式由功能码（ ）设定。

A. P0003 B. P0010 C. P0700 D. P1000

6. MM420 变频器要使操作面板有效，应设置参数（ ）。

A. P0010=1 B. P0010=0 C. P0700=1 D. P0700=2

7. MM420 变频器操作面板上的显示屏幕可显示（ ）位数字和字母。

A. 2 B. 3 C. 4 D. 5

8. 变频调速过程中，为了保持磁通恒定，必须保持（ ）。

A. 输出电压 U 不变 B. 频率 f 不变

C. U/f 不变 D. U-f 不变

9. MM420 变频器具有多段速控制功能，最多可以设置（ ）段不同运行频率。

A. 3 B. 5 C. 8 D. 15

三、判断题

1. 变频器输出电压的额定值是指输出电压的最大值。（ ）

2. 安装变频器的操作面板时，一定要拆下前盖板。（ ）

3. 变频器在安装时必须牢固安装，既可以垂直安装也可以水平安装。（ ）

4. 变频器控制回路接线必须跟主电路接线分开布线。（ ）

5. MM420 变频器复位时间大约为 3s。（ ）

四、简答作图题

1. 变频调速时，改变电源频率 f_1 的同时须控制电源电压 U_1，试说明其原因。

2. 变频器跟电源、电动机是怎样连接的？画出主回路接线图。

3. 有一车床用变频器控制主轴电动机转动，要求用操作面板进行频率的运行控制。已知电动机的功率为 22kW，功率因数为 0.85，效率为 0.95，转速范围为 200～1450r/min。请设定功能参数。

4. 设计变频器的输入端子控制电动机的正反转。用 S1 和 S2 控制变频器 MM420，实现电动机的正转和反转功能，电动机的加速时间为 5s，DIN1 端口设为正转控制，DIN2 端口设为反转控制。请完成：

① 电动机参数设置；

② 相关功能参数设置；

③ 变频器外围接线图。

参 考 文 献

[1] 崔金华. 电器及 PLC 控制技术与实训 [M]. 2 版. 北京：机械工业出版社，2015.

[2] 高勤. 电器及 PLC 控制技术 [M]. 2 版. 北京：高等教育出版社，2008.

[3] 西门子（中国）有限公司. S7-200 系统手册.

[4] 阮友德. 电气控制与 PLC [M]. 北京：人民邮电出版社，2009.

[5] 张伟林，李海霞. 电气控制与 PLC 综合应用技术 [M]. 2 版. 北京：人民邮电出版社，2015.

[6] 杜从商. PLC 编程应用基础（西门子）[M]. 北京：机械工业出版社，2014.

[7] 廖常初. S7-200 SMART PLC 编程及应用 [M]. 2 版. 北京：机械工业出版社，2015.

[8] 王淑英，赵建光. S7-200 西门子 PLC 基础教程 [M]. 2 版. 北京：人民邮电出版社，2016.

[9] 王建，杨秀双. 西门子变频器入门与典型应用 [M]. 北京：中国电力出版社，2011.